"十四五"职业教育系列教材

大语言模型
技术与应用

王琦伟　顾一帆　周　苏◎主编

内 容 简 介

本书针对职业教育"人工智能"课程编写。全书共14课，包括从人工智能起步、语言模型及其发展、大语言模型定义、大语言模型架构、人工数据标注、大语言模型预训练数据、组织大语言模型开发、大语言模型智能体、强化学习方法、提示工程技术、微调与检索增强生成、大语言模型应用框架、技术伦理与限制、面向通用人工智能等。本书理论与实践结合，可使读者深入了解人工智能领域和自然语言处理领域的最新技术和研究成果，提升专业技能与竞争力。

本书适合作为高等职业院校人工智能、大数据等相关专业的教材，也可供对人工智能以及大语言模型相关领域感兴趣的读者阅读参考。

图书在版编目（CIP）数据

大语言模型技术与应用 / 王琦伟，顾一帆，周苏主编. -- 北京：中国铁道出版社有限公司，2024.11.（"十四五"职业教育系列教材）. -- ISBN 978-7-113-31452-1

Ⅰ. TP391

中国国家版本馆CIP数据核字第2024KR0430号

书　　名：	大语言模型技术与应用
作　　者：	王琦伟　顾一帆　周苏

策　　划：	汪　敏	编辑部电话：（010）51873135
责任编辑：	汪　敏　彭立辉	
封面设计：	尚明龙　郭瑾萱	
责任校对：	苗　丹	
责任印制：	赵星辰	

出版发行：中国铁道出版社有限公司（100054，北京市西城区右安门西街8号）
网　　址：https://www.tdpress.com/51eds
印　　刷：河北燕山印务有限公司
版　　次：2024年11月第1版　2024年11月第1次印刷
开　　本：787 mm×1 092 mm　1/16　印张：16.5　字数：392 千
书　　号：ISBN 978-7-113-31452-1
定　　价：49.80 元

版权所有　侵权必究

凡购买铁道版图书，如有印制质量问题，请与本社教材图书营销部联系调换。电话：（010）63550836
打击盗版举报电话：（010）63549461

前　言

　　大语言模型是一种基于深度学习技术的先进人工智能模型，特别适用于理解和生成自然语言文本。大语言模型通常建立在 Transformer 架构之上，该架构因其高效的并行计算能力和优异的序列学习能力而被广泛应用。

　　大语言模型的特点在于其庞大的参数规模，通常含有数十亿乃至上万亿级别的参数，这让它们具备更强大的表达能力和泛化性能。大语言模型首先在大规模无标签文本数据上进行预训练，通过监督学习学会预测文本中的缺失部分。然后，经过微调，可以适应各种下游自然语言处理任务。通过学习大量文本数据，大语言模型不仅能解析文本的语法结构和语义含义，还能根据上下文生成连贯甚至是高度创造性的新文本内容。

　　相较于传统的单一用途自然语言处理模型，大语言模型的多功能性和通用性，使其能够在未经专门训练的情况下处理多种类型的自然语言任务。代表性的大语言模型有 OpenAI 的 ChatGPT、阿里云的通义千问等。随着技术的发展，大语言模型已经成为自然语言处理领域的重要基石，并持续推动人工智能技术的进步和社会应用的拓展。

　　学习大语言模型相关课程，其意义在于：

　　（1）理解技术前沿：大语言模型是人工智能领域的一大突破，通过学习本课程，可以深入了解该领域的最新技术和研究成果，紧跟人工智能发展的步伐。

　　（2）提升技能与竞争力：掌握大语言模型技术可以帮助个人在人工智能、自然语言处理等领域提高技术水平，增强就业竞争力，尤其是在涉及聊天机器人开发、问答系统构建、文本生成、语义理解和翻译等方面的工作。

　　（3）创新应用开发：大语言模型具有强大的语言生成和理解能力，学习本课程有助于启发和引导开发者设计并实施一系列创新应用，如辅助写作工具、在线客服系统、智能搜索引擎优化等。

　　（4）体现社会价值：随着大语言模型逐渐应用于日常生活和工作中，学习相关知识有助于更好地推动科技服务于社会，解决实际问题，例如无障碍沟通、教育资源普及、医疗健康咨询等。

（5）伦理与社会责任：了解大语言模型的同时，也能促使人们思考其在数据安全、隐私保护、消除偏见、防止滥用等方面带来的挑战和应对策略，从而培养负责任的技术创新能力。

可见，学习大语言模型课程不仅有利于个人专业成长，更能对社会进步和技术创新产生积极影响。人工智能及其大语言模型技术，是每个职业教育学生乃至社会人所必须关注、学习和重视的知识与现实。

本书针对职业院校学生的认知特点，为职业院校"大语言模型"课程编写。本书介绍的大语言模型知识主要包括从人工智能起步、语言模型及其发展、大语言模型定义、大语言模型架构、人工数据标注、大语言模型预训练数据、组织大语言模型开发、大语言模型智能体、强化学习方法、提示工程技术、微调与检索增强生成、大语言模型应用框架、技术伦理与限制、面向通用人工智能等。

本书在编写时遵循下列要点：

（1）介绍与分析深入浅出，让读者能切实理解和掌握人工智能和大语言模型的相关知识与应用场景。

（2）经典案例丰富有趣，注重培养基本理论知识，重视培养学习方法。

（3）习题设置精心巧妙，让读者在自我检测中建构人工智能与大语言模型的基本观念与技术。

（4）理论与实践结合，为每一课知识点都设计了有针对性的"实训与思考"环节，在动手实践中融入人工智能与大语言模型发展进程。

此外，还为各课设计了作业（四选一标准选择题），学生只要认真阅读各课内容，所有题目都能准确回答，并且在附录A提供了作业参考答案，供读者对比思考。

本课程的教学进度设计见"课程教学进度表"，可作为教师授课和学生学习的参考。实际执行时，应按照教学大纲和校历中关于本学期节假日的安排，确定本课程的教学进度。

本课程的教学评测可以从这样几方面入手：

（1）结合每课的课后作业（四选一标准选择题，14组）。

（2）结合各课知识内容安排的"实训与思考"环节，理论联系实际，切实掌握和应用课文知识（14组和一个课程学习与实训总结大作业）。

（3）随机抽查的课文阅读与笔记。

（4）结合平时考勤。

（5）任课老师认为必要的其他考核方法。

本书特色鲜明、易读易学，适合作为高等职业院校人工智能、大数据等相关专业的教材，也可供对人工智能以及大语言模型相关领域感兴趣的读者阅读参考。

本书配套授课电子课件，需要的教师可登录中国铁道出版社教育资源数字化平台 https://www.tdpress.com/51eds 下载。欢迎教师与作者交流并索取为本书教学配套的相关资料。电子邮箱：zhousu@qq.com；QQ：81505050。

本书由王琦伟、顾一帆、周苏主编，盛诚泽、范惠平、王文参与编写。在本书的编写过程中得到嘉善技师学院、浙大城市学院、杭州汇萃智能科技有限公司等多所院校、企业的支持，在此一并表示感谢！

由于时间仓促，加上编者水平有限，书中难免存在疏漏与不妥之处，恳请读者批评指正。

编　者

2024 年夏于杭州西湖

课程教学进度表

（20　　—20　　学年第　　学期）

课程号：_____　课程名称：大语言模型技术与应用　学分：2　周学时：___

总学时：__32__　（理论学时：__32__　实践学时：_____）

主讲教师：_____

校历周次	课程名称与内容	学时	教学方法	课后作业布置
1	第1课　从人工智能起步	2+2	课文	作业 实训与思考
2	第2课　语言模型及其发展	2		
3	第3课　大语言模型定义	2		
4	第4课　大语言模型架构	2		
5	第5课　人工数据标注	2		
6	第6课　大语言模型预训练数据	2		
7	第7课　组织大语言模型开发	2		
8	第8课　大语言模型智能体	2		
9	第9课　强化学习方法	2		
10	第10课　提示工程技术	2		
11	第11课　微调与检索增强生成	2		
12	第12课　大语言模型应用框架	2		
13	第13课　技术伦理与限制	2		
14	第14课　面向通用人工智能	2+2		课程学习与实训总结

填表人（签字）：　　　　　　　　　　　　　　日期：

系（教研室）主任（签字）：　　　　　　　　　日期：

目　录

第1课　从人工智能起步 1

1.1　人工智能概述 2
    1.1.1　"智能"的概念 2
    1.1.2　人工智能的历史 3
    1.1.3　人工智能定义 3
    1.1.4　人工智能大师 4

1.2　人工智能实现途径 5

1.3　人工智能知识要点 6
    1.3.1　计算机建模 6
    1.3.2　机器学习 7
    1.3.3　监督学习与无监督学习 7
    1.3.4　人工神经网络与深度学习 9

1.4　大数据助力人工智能 9
    1.4.1　大数据三个思维转变 10
    1.4.2　大数据思维特点和原则 10
    1.4.3　大数据与人工智能相辅相成 10

1.5　定义生成式人工智能 11
    1.5.1　关键特征和类型 11
    1.5.2　世界模型问题 12
    1.5.3　知识传递和语言支持 13
    1.5.4　开源和闭源 14

作业 14

【实训与思考】了解典型的大语言模型 16

第2课　语言模型及其发展 18

2.1　语言模型的定义 19

2.2　语言模型发展的三个阶段 20
    2.2.1　基础模型阶段 20
    2.2.2　能力探索阶段 20
    2.2.3　突破发展阶段 21

2.3　Transformer模型 21
    2.3.1　Transformer核心 21
    2.3.2　Transformer过程 22

2.3.3　Transformer结构 25
2.3.4　Transformer模块 26
2.4　混合专家架构 27
作业 30
【实训与思考】熟悉阿里云大模型"通义千问" 32

第3课　大语言模型定义 35

3.1　Blockhead思维实验 36
3.2　大语言模型的定义 37
3.3　大语言模型工作原理 37
3.3.1　大模型的研究基础 38
3.3.2　词元及其标记化 39
3.3.3　基础模型 39
3.3.4　词嵌入及其含义 40
3.3.5　基于Transformer模型 40
3.3.6　自注意力机制 41
3.3.7　生成和理解 42
3.3.8　预训练过程与微调 42
3.4　大模型的幻觉 43
3.4.1　幻觉的分类 43
3.4.2　产生幻觉的原因 44
3.4.3　检测大模型病症 45
3.4.4　减轻幻觉 45
作业 46
【实训与思考】字节跳动的AI产品：豆包 48

第4课　大语言模型架构 51

4.1　生成式预训练语言模型 52
4.2　大语言模型生成技术 53
4.2.1　思维链 54
4.2.2　上下文学习 58
4.2.3　指令微调 59
4.2.4　零样本/少样本 59
4.2.5　训练策略及优化 59
4.3　多模态语言模型 60
4.3.1　多模态指令微调 61
4.3.2　多模态上下文学习 61
4.3.3　多模态思维链 61

  4.3.4 大模型辅助视觉推理 62
4.4 大语言模型的结构 62
  4.4.1 关键组成与设计原则 62
  4.4.2 稀疏注意力机制分类 64
4.5 应用技术架构 65
作业 66
【实训与思考】熟悉百度大模型"文心一言" 68

第 5 课　人工数据标注 72

5.1 知识表示方法 73
  5.1.1 知识的概念 73
  5.1.2 知识表示的定义 74
  5.1.3 知识表示的过程 75
5.2 数据标注概述 75
5.3 数据标注分类 76
  5.3.1 图像标注 77
  5.3.2 语音标注 78
  5.3.3 3D点云标注 78
  5.3.4 文本标注 79
5.4 执行数据标注 79
  5.4.1 制定标注规则 79
  5.4.2 数据标注过程 80
  5.4.3 标注团队管理 82
5.5 智能数据标注 83
作业 83
【实训与思考】熟悉Globe Explorer智能搜索引擎 85

第 6 课　大语言模型预训练数据 87

6.1 数据来源 89
  6.1.1 通用数据 89
  6.1.2 专业数据 90
6.2 数据处理 91
  6.2.1 质量过滤 91
  6.2.2 冗余去除 92
  6.2.3 隐私消除 92
  6.2.4 词元切分 93
6.3 数据影响分析 93
  6.3.1 数据规模 94

  6.3.2 数据质量 94
6.4 典型的开源数据集 95
  6.4.1 Pile数据集 95
  6.4.2 ROOTS 96
6.5 数据集面临的挑战 97
  6.5.1 规模和质量待提升 98
  6.5.2 大模型与数据集相辅相成 98
  6.5.3 标准规范需健全 99
  6.5.4 存储性能待提高 99
6.6 训练集、测试集、验证集的异同 100
  6.6.1 训练、测试与验证数据集的不同之处 100
  6.6.2 训练、测试与验证数据集的相似之处 101
作业 103
【实训与思考】熟悉科大讯飞大模型"讯飞星火认知" 105

第7课　组织大语言模型开发 109

7.1 大模型开发流程 110
7.2 大模型数据处理 112
  7.2.1 数据采集 112
  7.2.2 数据清洗和预处理 113
  7.2.3 数据标注 113
  7.2.4 数据集划分 114
  7.2.5 模型设计 114
  7.2.6 模型初始化 115
  7.2.7 模型训练 116
  7.2.8 模型验证 116
  7.2.9 模型保存 117
  7.2.10 模型测试 117
  7.2.11 模型部署 118
7.3 分而治之的思想 118
  7.3.1 分布式计算 119
  7.3.2 消息传递接口 119
  7.3.3 MapReduce模型 120
  7.3.4 批处理和流处理 121
7.4 分布式训练与策略 122
  7.4.1 分布式训练概述 122
  7.4.2 数据并行性 124
  7.4.3 模型并行性 124

		7.4.4	流水线并行性	125
		7.4.5	混合并行	126
		7.4.6	分布式训练集群架构	126
	作业			127
	【实训与思考】程序员：文心大模型开发代码智能体			129

第8课　大语言模型智能体 131

	8.1	智能体和环境		132
	8.2	智能体的良好行为		133
		8.2.1	性能度量	133
		8.2.2	理性	133
	8.3	环境的本质		134
		8.3.1	指定任务环境	134
		8.3.2	任务环境的属性	135
	8.4	智能体的结构		137
		8.4.1	智能体程序	138
		8.4.2	学习型智能体	139
		8.4.3	智能体组件的工作	140
	8.5	构建大模型智能体		141
	作业			142
	【实训与思考】人形机器人创业独角兽Figure AI			144

第9课　强化学习方法 146

	9.1	强化学习概述		147
		9.1.1	强化学习的定义	147
		9.1.2	不同于监督和无监督学习	148
		9.1.3	不同于传统机器学习	149
		9.1.4	大模型的强化学习	150
		9.1.5	先验知识与标注数据	151
	9.2	强化学习基础		151
		9.2.1	基于模型与免模型环境	151
		9.2.2	探索与利用	152
		9.2.3	片段还是连续任务	153
		9.2.4	网络模型设计	153
	9.3	强化学习分类		154
		9.3.1	从奖励中学习	154
		9.3.2	被动与主动强化学习	155
		9.3.3	学徒学习	155

9.4 深度强化学习 156
作业 157
【实训与思考】熟悉文生视频大模型Sora 159

第10课 提示工程技术 163
10.1 提示工程的定义 164
10.2 提示的原理 166
 10.2.1 提示构成 166
 10.2.2 提示调优 167
10.3 提示工程 167
 10.3.1 链式思考提示 168
 10.3.2 生成知识提示 168
 10.3.3 少样本提示 169
 10.3.4 自一致提示 169
 10.3.5 思维树提示 170
 10.3.6 提示的通用技巧 171
10.4 提示学习和语境学习 172
 10.4.1 提示学习 172
 10.4.2 语境学习 174
 10.4.3 提示学习与语境学习的关系 175
作业 175
【实验与思考】文生图：注册使用Midjourney绘图工具 177

第11课 微调与检索增强生成 180
11.1 微调的原因 181
11.2 微调工程定义 181
 11.2.1 微调工程关键步骤 182
 11.2.2 上下文窗口扩展 183
 11.2.3 手动构建指令 183
 11.2.4 自动构建指令 183
11.3 技术路线与流行方案 185
 11.3.1 微调技术路线 185
 11.3.2 提示微调 185
 11.3.3 前缀微调 185
 11.3.4 LoRA方法 185
 11.3.5 QLoRA方法 186
11.4 检索增强生成技术 186
 11.4.1 信息检索基础 186

11.4.2　检索增强生成的定义 187
　　11.4.3　检索增强生成核心组成 187
　　11.4.4　检索增强生成工作原理 188
11.5　检索增强生成与微调对比 188
作业 189
【实训与思考】熟悉智谱华章大模型"智谱" 192

第12课　大语言模型应用框架 197

12.1　大语言模型哲学问题 198
　　12.1.1　组成性 198
　　12.1.2　天赋论与语言习得 198
　　12.1.3　语言理解与基础 199
12.2　大语言模型应用流程 199
　　12.2.1　确定需求大小 200
　　12.2.2　数据收集 201
　　12.2.3　数据集预处理 201
　　12.2.4　模型预训练 201
　　12.2.5　任务微调与部署 202
12.3　大语言模型应用场景 203
　　12.3.1　大模型典型应用领域 203
　　12.3.2　大模型助力医疗诊断 204
作业 207
【实训与思考】精通垃圾分类的ZenRobotics机器人 209

第13课　技术伦理与限制 212

13.1　人工智能面临的伦理挑战 213
　　13.1.1　人工智能与人类的关系 213
　　13.1.2　人与智能机器的沟通 214
13.2　数据隐私保护对策 215
　　13.2.1　数据主权和数据权问题 215
　　13.2.2　数据利用失衡问题 215
　　13.2.3　构建隐私保护伦理准则 216
　　13.2.4　健全道德伦理约束机制 216
13.3　人工智能伦理原则 217
　　13.3.1　职业伦理准则的目标 217
　　13.3.2　创新发展道德伦理宣言 218
　　13.3.3　欧盟可信赖的伦理准则 219
13.4　大模型的知识产权保护 220

13.4.1　Midjourney绘画工具 ……………………………………………… 220
　　13.4.2　尊重隐私，保障安全，促进开放 ………………………………… 222
　　13.4.3　边缘群体的数字平等 ……………………………………………… 222
作业 ……………………………………………………………………………… 222
【实训与思考】人工智能独立完成的视觉艺术品无法获得版权 ……………… 224

第14课　面向通用人工智能 …………………………………………… 226

14.1　生成式人工智能层次 …………………………………………………… 227
　　14.1.1　应用层 ……………………………………………………………… 227
　　14.1.2　平台层 ……………………………………………………………… 227
　　14.1.3　模型层 ……………………………………………………………… 228
　　14.1.4　基础设施层 ………………………………………………………… 228
14.2　人工智能生成内容 ……………………………………………………… 229
　　14.2.1　内容孪生 …………………………………………………………… 230
　　14.2.2　内容编辑 …………………………………………………………… 230
　　14.2.3　内容生成的应用 …………………………………………………… 230
14.3　视频作为新的决策语言 ………………………………………………… 231
14.4　人工智能发展愿景 ……………………………………………………… 233
　　14.4.1　大模型用于智能制造 ……………………………………………… 234
　　14.4.2　预测人类行为的新模型 …………………………………………… 234
14.5　通用人工智能涌现 ……………………………………………………… 236
　　14.5.1　通用人工智能定义 ………………………………………………… 236
　　14.5.2　大模型与通用人工智能 …………………………………………… 236
　　14.5.3　通用人工智能的关键特性 ………………………………………… 237
　　14.5.4　从生成式人工智能迈向通用人工智能 …………………………… 238
作业 ……………………………………………………………………………… 239
【实训与思考】利用人工智能生成内容完成人机交互界面设计 …………… 241

附　录 ……………………………………………………………………… 245

附录A　作业参考答案 ………………………………………………………… 245
附录B　课程学习与实训总结 ………………………………………………… 246

参考文献 …………………………………………………………………… 250

第 1 课　从人工智能起步

● **学习目标**

（1）熟悉人工智能定义及基础知识。
（2）熟悉人工智能实现途径。
（3）熟悉大数据与人工智能发展的关系。

● **学习难点**

（1）大数据与人工智能学科知识的关系。
（2）理解人工的智能行为与人工智能发展的关系。

● **素质要素**

（1）价值观引导：在回顾人工智能技术基础知识时，强调技术创新应服务于社会进步和人类福祉，引导学生思考技术伦理问题，树立正确的科技价值观。

（2）跨学科融合教学：将人工智能基础知识的教学与哲学、社会学、法学等人文社科课程相融合，促进学生全面理解技术发展对社会的影响，培养其跨学科思维和批判性思维能力。

（3）创新与合作精神：强调团队合作在人工智能研发中的重要性，倡导开放共享的科学精神，教育学生在追求技术创新的同时，要注重协作与分享，促进形成科研氛围和道德规范。

（4）自主学习与批判思维：教导学生如何在快速迭代的人工智能领域持续学习，同时培养其批判性思维，鼓励学生质疑现有技术框架，探索更加人性化、可持续的技术发展方向。

人类，又称智人，即有智慧的人，这是因为智能对于人类来说尤其重要。几千年来，人们一直在试图理解人类是如何思考和行动的，也就是不断地了解人类的大脑是如何凭借其小部分的物质去感知、理解、预测并操纵一个远比自身更大、更复杂的世界。

随着科技的飞速发展，"数据成为新生产要素，算力成为新基础能源，人工智能（artificial intelligence，AI）成为新生产工具"。人工智能是计算机科学的一个重要分支，专注于创建

"智能系统",是一个围绕设计、理论、开发和应用能够展现出类似人类认知功能的机器而展开的多元化领域,这个领域涉及理解和构建智能实体,并确保这些机器在各种情况下都能有效和安全地行动。具有人工智能的机器努力模仿人类的思维和行为,它对世界的影响"将超过迄今为止人类历史上的任何事物",它包含大量不同的子领域,从学习、推理、感知等通用领域到下棋、证明数学定理、写诗、驾车或诊断疾病等。人工智能可以与任何智能任务产生联系,是真正普遍存在的领域。

1.1 人工智能概述

人工智能是研究、开发用于模拟、延伸和扩展人的智能的理论、方法、技术及应用系统的一门新的技术科学,是一门自然科学、社会科学和技术科学交叉的边缘学科,它涉及的学科内容包括哲学和认知科学、数学、神经生理学、心理学、计算机科学、信息论、控制论、不定性论、仿生学、社会结构学与科学发展观等。

1.1.1 "智能"的概念

"智能"涉及诸如意识、自我、思维(包括无意识的思维)等问题。事实上,人应该了解的是人类本身的智能,但人们对自身智能、对构成人的智能必要元素的了解有限,很难准确定义出什么是"人工"制造的"智能"。因此,人工智能的研究往往涉及对人的智能本身的研究(见图1-1),其他关于动物或人造系统的智能也普遍被认为是与人工智能相关的研究课题。

图1-1 研究人的智能

1906年,法国心理学家阿尔弗雷德·比奈这样定义智能:"判断,又或称为判断力强,实践感强,首创精神,适应环境的能力。良好决策、充分理解、正确推论……但记忆与判断不同且独立于判断。"

《牛津英语词典》对智能的定义是"获取和应用知识与技能的能力",这显然取决于记忆。也许人工智能领域已经影响了人们对智力的一般性认识,人们会根据对实际情况的指导作用来判断知识的重要程度。人工智能的一个重要领域就是存储知识以供计算机使用。

棋局是程序员研究的早期问题之一。他们认为,就象棋而言,只有人类才能获胜。

1997 年，IBM 计算机深蓝击败了象棋大师加里·卡斯帕罗夫，但深蓝并没有显示出任何人类特质，仅仅只是对这一任务进行快速有效的编程而已。

1.1.2 人工智能的历史

"人工智能"一词的首次使用可归因于 1956 年在新罕布什尔州汉诺威达特茅斯学院担任助理数学教授的约翰·麦卡锡，他与其他三位资深研究人员（哈佛大学的马文·明斯基、IBM 的内森·罗切斯特和贝尔电话实验室的克劳德·香农）一起，提议在达特茅斯举办一次关于这个主题的夏季会议，会上与会专家共同提出了"人工智能"这个名词。

在达特茅斯会议之后，对该领域的兴趣（以及某些领域对它的反对）迅速增长。研究人员开始着手各种任务，从证明定理到设计游戏等，早期的突破性工作包括阿瑟·塞缪尔于 1959 年开发的跳棋程序。当时的许多演示系统都专注于"玩具问题"，将其适用性限制在某些简化或自包含的世界中，如游戏或逻辑。这种简化在一定程度上受当时有限的计算能力所驱使，另一方面也因为这并不涉及收集大量相关数据，而当时电子形式的数据很少。

计算机的诞生使信息存储和处理的各个方面都发生了革命，计算机理论的发展产生了计算机科学并最终促使了人工智能的出现。计算机这个用电子方式处理数据的发明，为人工智能的可能实现提供了一种媒介。

虽然计算机为人工智能提供了必要的技术基础，但人们直到 20 世纪 50 年代早期才注意到人类智能与机器之间的联系，人工智能 70 余年的发展历程颇具周折。总结人工智能历史里程碑的快速方法之一是列举相关的图灵奖得主。获得图灵奖的人工智能科学家是：马文·明斯基（1969 年图灵奖得主）和约翰·麦卡锡（1971 年图灵奖得主），定义了基于表示和推理的领域基础；艾伦·纽厄尔和赫伯特·西蒙（1975 年图灵奖得主），提出了关于问题求解和人类认知的符号模型；爱德华·费根鲍姆和劳伊·雷迪（1994 年图灵奖得主），开发了通过对人类知识编码来解决真实世界问题的专家系统；莱斯利·瓦伦特（2010 年图灵奖得主），对众多计算理论（包括 PAC 学习、枚举复杂性、代数计算和并行与分布式计算）做出了变革性的贡献；朱迪亚·珀尔（2011 年图灵奖得主）提出了通过原则性的方式处理不确定性的概率因果推理技术；约书亚·本吉奥、杰弗里·辛顿和杨立昆（2018 年图灵奖得主），将"深度学习"（多层神经网络）作为现代计算的关键部分。

回顾图灵奖 50 余年的历史可以发现，人工智能一直是图灵奖不断鼓励、不断发现的重要话题。图灵的思考是计算机的起点，至今炙手可热的人工智能仍能从他的思考里找到启迪。

"AlphaGo 之父"哈萨比斯表示："我提醒诸位，必须正确地使用人工智能。正确的两个原则是：人工智能必须用来造福全人类，而不能用于非法用途；人工智能技术不能仅为少数公司和少数人所使用，必须共享。"

1.1.3 人工智能定义

约翰·麦卡锡在 1956 年的达特茅斯会议上提出的人工智能定义是：人工智能就是要让机器的行为看起来像是人类所表现出的智能行为一样。另一个定义指出："人工智能是人造机器所表现出来的智能性。"总体来讲，对人工智能的定义大多可划分为四类，即机器"像人一样思考""像人一样行动""理性地思考""理性地行动"。这里"行动"应广义地理解为采取行动，或制定行动的决策，而不是肢体动作。

尼尔逊教授对人工智能下了这样一个定义："人工智能是关于知识的学科——怎样表示知识以及怎样获得知识并使用知识的科学。"而温斯顿教授认为："人工智能就是研究如何使计算机去做过去只有人才能做的智能工作。"这些说法反映了人工智能学科的基本思想和基本内容，即人工智能是研究人类智能活动的规律，构造具有一定智能的人工系统，研究如何让计算机去完成以往需要人的智力才能胜任的工作，也就是研究如何应用计算机的软/硬件来模拟人类某些智能行为的基本理论、方法和技术。

20世纪70年代以来，人工智能被称为世界三大尖端技术之一（空间技术、能源技术、人工智能），也被认为是21世纪三大尖端技术（基因工程、纳米科学、人工智能）之一，这是因为近几十年来人工智能获得了迅速发展，在很多学科领域都获得了广泛应用，取得了丰硕成果。

1.1.4 人工智能大师

艾伦·图灵（见图1-2），出生于英国伦敦帕丁顿，毕业于普林斯顿大学，是英国数学家、逻辑学家，被誉为"计算机科学之父""人工智能之父"，他是计算机逻辑的奠基者。1950年，图灵在其论文《计算机器与智能》中提出了著名的"图灵机"和"图灵测试"等重要概念，首次提出了机器具备思维的可能性。他还预言，到20世纪末一定会出现可以通过图灵测试的计算机。图灵思想为现代计算机的逻辑工作方式奠定了基础。为了纪念图灵对计算机科学的巨大贡献，1966年，由美国计算机协会（ACM）设立一年一度的"图灵奖"，被喻为"计算机界的诺贝尔奖"，以表彰在计算机科学事业中做出重要贡献的人。

约翰·冯·诺依曼（见图1-3），出生于匈牙利，毕业于苏黎世联邦工业大学，是数学家，现代计算机、博弈论、核武器和生化武器等领域内的科学全才，被后人称为"现代计算机之父"和"博弈论之父"。他在泛函分析、遍历理论、几何学、拓扑学和数值分析等众多数学领域及计算机学、量子力学和经济学中都有重大成就，也为第一颗原子弹和第一台电子计算机的研制做出了巨大贡献。

图1-2 计算机科学之父、人工智能之父——图灵

图1-3 现代计算机之父、博弈论之父——冯·诺依曼

1.2 人工智能实现途径

对于人的思维模拟的研究可以从两个方向进行:一是结构模拟,仿照人脑的结构机制,制造出"类人脑"的机器;二是功能模拟,从人脑的功能过程进行模拟。现代电子计算机的产生便是对人脑思维功能的模拟,是对人脑思维的信息过程的模拟。

实现人工智能有三种途径:强人工智能、弱人工智能和实用型人工智能。

1. 强人工智能

强人工智能又称多元智能,是指希望人工智能最终能成为多元智能并且超越大部分人类的能力。有些人认为要达成以上目标,可能需要拟人化的特性,如人工意识或人工大脑,这被认为是人工智能的完整性:为了解决其中一个问题,必须解决全部的问题。即使一个简单和特定的任务(如机器翻译),也要求机器按照作者的论点(推理),知道什么是被人谈论(知识),忠实地再现作者的意图(情感计算)。因此,机器翻译被认为具有人工智能完整性。

强人工智能的观点认为有可能制造出真正能推理和解决问题的智能机器,并且这样的机器将被认为是有知觉的,有自我意识的。强人工智能有以下两类:

(1)类人的人工智能,即机器的思考和推理就像人的思维一样。

(2)非类人的人工智能,即机器产生了和人完全不一样的知觉和意识,使用和人完全不一样的推理方式。

强人工智能即使可以实现也很难被证实。为了创建具备强人工智能的计算机程序,首先必须清楚了解人类思维的工作原理,而想要实现这样的目标,还有很长的路要走。

2. 弱人工智能

弱人工智能是指人们认为不可能制造出能真正地推理和解决问题的智能机器,这些机器只不过看起来像是智能的,但是并不真正拥有智能,也不会有自主意识。它只要求机器能够拥有智能行为,具体的实施细节并不重要。深蓝就是在这样的理念下产生的,它没有试图模仿国际象棋大师的思维,仅仅遵循既定的操作步骤。计算机每秒验算的可能走位就高达2亿个,就算思维惊人的象棋大师也不太可能达到这样的速度。人类拥有高度发达的战略意识,这种意识将需要考虑的走位限制在几步或者几十步以内,而计算机的考虑数以百万计。就弱人工智能而言,这种差异无关紧要,能证明计算机比人类更会下象棋就足够了。

如今,主流的研究活动都集中在弱人工智能上,并且一般认为这一研究领域已经取得可观的成就。

3. 实用型人工智能

实用型人工智能是第三种实现人工智能的途径,研究者们将目标放低,不再试图创造出像人类一般智慧的机器。目前已经知道如何创造出能模拟昆虫行为的机器人,如图1-4所示。机械家蝇看起来似乎并没有什么用,但即使是这样的机器人,在完成某些特定任务时也是大有裨益的。例如,一群如狗大小、具备蚂蚁智商的机器人在清理碎石和在灾区找寻幸存者时就能够发挥很大的作用。

随着模型变得越来越精细，机器能够模仿的生物越来越高等，最终，人们可能必须接受这样的事实：机器似乎变得像人类一样智慧了。也许实用型人工智能与强人工智能殊途同归，但考虑到一切的复杂性，人们不会相信机器人会有自我意识。

图 1-4　靠激光束驱动的 RoboFly 昆虫机器人

1.3　人工智能知识要点

可以把人工智能定义为一种工具，用来帮助或者替代人类思维。它是一项计算机程序，可以独立存在于数据中心、个人计算机，也可以通过诸如机器人之类的设备体现出来。它具备智能的外在特征，有能力在特定环境中有目的地获取和应用知识与技能。人工智能是对人的意识、思维的信息过程的模拟，不是人的智能，但能像人那样思考，甚至也可能超过人的智能。

1.3.1　计算机建模

计算机科学家经常会谈及建立某个过程或物体的模型，这并不是说要拿卡纸和软木来制作一个实际的复制品。这里的"模型"是一个数学术语，意思是写出事件运作的所有方程式并进行计算，这样就可以在没有真实模型的情况下完成实验测试。由于计算机运行十分迅速，因此，与真正的实验操作相比，计算机建模能够更快得出答案。在某些情况下进行实验可能是不实际的，气候变化就是一个典型例子，根本没有第二个地球或者时间可供人们开展实验。计算机模型可以非常简单，也可以非常复杂，完全取决于人们想要探索的信息是什么。

假设想要对橡皮球运动进行物理学建模，在理想环境中，掉落的橡皮球总是会反弹到其掉落高度的一定高度。如果从 1 m 处掉落，那它可能会反弹至 0.5 m，下一次反弹的高度可能只有 0.25 m，再下一次 0.125 m，依此类推。反弹所需的时间是从掉落物体的物理运动中得出的，这就是两个简单方程式及两个数字，提供每次反弹的高度及所需时间。理想的小球在停止运动前会进行无限次弹跳，但由于每次弹跳的时间递减，所以小球会在有限时间内结束有限次数的弹跳。不过，理想的小球并不存在。在计算上建立这样的模型十分容易，但并不精确。因为小球弹跳的数量不仅取决于球本身，还与反弹触及的表面有关。此外，小球在每次弹跳的过程中还会因反弹摩擦力和空气阻力丢失能量。将所有这些因素都囊括进模型当中，需要大量研究和物理学背景作为支撑，但这并不是不可完成的任务。

现在假设要计算球拍击球后网球在球场上弹跳的路径，需要考虑球可能以不同角度接触不同平面,以及球本身的旋转。此外,每次弹跳都会对球内空气进行加热并改变其特性,要建立起这样的模型就更加困难。

最后,假设要设计某种武器,能够将橡皮球以极快的速度朝定点射出,速度太快以致球会在冲击力的作用下破碎。我们需要对小球的构成材料进行建模,并且追踪每一块四散飞开的小球碎片。在建立起足够精确的模型之前,甚至需要模拟橡皮球的每一个原子。在现有的计算机上,这种模型的运行速度一定会十分缓慢,但如果了解物理和化学的基本原理,也有可能建立起来。

人工智能最根本也最宏伟的目标之一就是建立人脑般的计算机模型。完美模型固然最好,但精确性稍逊的模型也同样十分有效。

1.3.2 机器学习

从早期开始,研究人员就认识到学习能力是人类智能的重要组成部分。问题在于人们是如何学习的,能否以与人类相同的方式,或至少与人类一样有效地编写程序使计算机学会学习。

机器学习是人工智能的一个关键子集,是一种能够根据输入数据训练模型的系统。它的主要目标是让计算机系统能够通过对模型进行训练,使其能够从新的或以前未见过的数据中得出有用的预测。换句话说,机器学习的核心是"使用算法解析数据,从中学习,然后对世界上的某件事情做出决定或预测"。这意味着,与其显式地编写程序来执行某些任务,不如教计算机学会如何开发一个算法来完成任务。

在机器学习中,说某物被学习了,意味着它不仅被捕捉并存储在数据库中,还必须以某种方式表示出来,以便加以利用。一般来说,学习的计算机程序会从数据中提取模式。

在机器学习中,不是直接编程告诉计算机如何完成任务,而是提供大量的数据,让机器通过数据找出隐藏的模式或规律,然后用这些规律预测新的、未知的数据。机器学习可以根据所处理的数据自主地学习和适应,大幅减少了对显式编程的需求。通常将人工智能看作自主机器智能的广泛目标,而机器学习则是实现这一目标的具体方法。

例如,通过代码告诉计算机,图片里红色是玫瑰,有说明的是向日葵,那么程序对花种类的判断就是通过人类直接编写逻辑达成的,不属于机器学习,机器什么也没学。但是,如果给计算机大量玫瑰和向日葵的图片,让计算机自行识别模式、总结规律,从而能对后来新输入的图片进行预测和判断,这就是机器学习。

1.3.3 监督学习与无监督学习

机器学习有三种主要类型:监督学习、无监督学习和强化学习,如图1-5所示。其中,监督学习就像一个有答案的教科书,模型可以从标记的数据中学习,也就是说,它有答案可以参考学习;而无监督学习则更像一个无答案的谜题,模型需要自己在数据中找出结构和关系,介于两者之间的方法称为强化学习,其模型通过经验学习执行动作。

1. 监督学习

监督学习是指输入数据中有导师信号,以概率函数、代数函数或神经网络为基函数模型,采用迭代计算方法,学习结果为函数。

在监督学习里,机器学习算法接收有标签的训练数据(标记数据),标签就是期望的输出值。所以，每一个训练数据点都既包括输入特征，也包括期望的输出值。计算机使用特定的模式来识别每种标记类型的新样本，即在机器学习过程中提供对错指示，一般是在数据组中包含最终结果（0，1）。通过算法让机器自我减少误差。监督学习从给定的训练数据集中学习出一个函数，当接收一个新的数据时，可以根据这个函数预测结果。算法的目标是学习输入和输出之间的映射关系，从而在给定新的输入特征后，能够准确预测出相应的输出值。

图1-5 机器学习的三种主要类型

监督学习的主要类型是分类和回归。在分类中，机器被训练成将一个组划分为特定的类，一个简单例子就是电子邮件中的垃圾邮件过滤器。过滤器分析以前标记为垃圾邮件的电子邮件，并将它们与新邮件进行比较，如果它们有一定的百分比匹配，这些新邮件将被标记为垃圾邮件并发送到适当的文件夹中。

在回归中，机器使用先前的（标记的）数据来预测未来，天气应用就是回归的例子。使用气象事件的历史数据（即平均气温、湿度和降水量），手机天气预报App可以查看当前天气，并对未来时间的天气进行预测。

例如，拿一堆猫狗的照片和对应的"猫""狗"标签进行训练，然后让模型根据没见过的照片预测是猫还是狗，这就属于分类。拿一些房子特征的数据，如面积、卧室数量、是否带阳台等和相应的房价作为标签进行训练，然后让模型根据没见过的房子的特征预测房价——这就属于回归。

2. 无监督学习

无监督学习又称归纳性学习。其中的数据是没有标签的，即输入数据中无导师信号。采用聚类方法，学习结果为类别，所以算法的任务是自主发现数据里的模式或规律。

无监督学习通过循环和递减运算来减小误差，达到分类的目的。在无监督学习中，数据是无标签的。由于大多数真实世界的数据都没有标签，这样的算法就特别有用。例如，有一堆新闻文章，让模型根据主题或内容的特征自动把相似文章进行组织。

无监督学习分为聚类和降维。聚类用于根据属性和行为对象进行分组，这与分类不同，因为这些组不是用户提供的。聚类的一个例子是将一个组划分成不同的子组（例如，基于年龄和婚姻状况），然后应用到有针对性的营销方案中。降维通过找到共同点来减少数据集的变量，大多数大数据可视化使用降维来识别趋势和规则。

3. 强化学习

强化学习是让模型在环境里采取行动，获得结果反馈。从反馈里学习，从而能在一定情况下采取最佳行动来最大化奖励或者最小化损失。例如刚开始的时候，小狗会随心所欲地做出很多动作，但随着和驯犬师的互动，小狗会发现某些动作能够获得零食，某些动作没有零食，某些动作甚至会遭受惩罚。通过观察动作和奖惩之间的联系，小狗的行为会逐渐接近驯犬师的期望。在很多任务上，如让模型下围棋，可获得不同行动导致的奖励或损失反馈，从而在游戏里优化策略，学习如何采取行动达到高分。

1.3.4 人工神经网络与深度学习

人工神经网络（artificial neural networks，ANN）简称"神经网络"，是受到真实神经网络的某些假定组织原则启发而设计的计算机程序。由于人类对自己大脑的实际功能了解甚少，因此，神经网络与真实神经网络之间的关系大多还是"猜想"的。

神经网络的工作原理：将要分类的图片设置为输入（底层）神经元的值。然后，对于上一级的每个神经元，通过计算下一级神经元与较低级神经元之间连接的权重乘积来计算其激活值。不断继续这个过程，从每一级向上一级传送。当到达顶部时，如果一切都按预期完成，则顶层的某个神经元将被选择性地高度激活，这样就得到了答案。

深度学习是机器学习的一个子集，其核心在于使用神经网络模仿人脑处理信息的方式，通过层次化的方法提取和表示数据的特征。图 1-6 所示为深度学习示意图。

图 1-6 深度学习示意图

虽然单层神经网络就可以做出近似预测，但是添加更多的隐藏层可以优化预测的精度和准确性。神经网络由许多基本计算和存储单元组成，这些单元称为神经元。神经元通过层层连接来处理数据，并且深度学习模型通常有很多层，能够学习和表示大量复杂的模式，这使得它们在诸如图像识别、语音识别和自然语言处理等任务中非常有效。

1.4 大数据助力人工智能

大数据思维是一种在面对大规模、高速度、多样性数据集时所采取的分析和决策方法论，是一种跨学科、多维度的思维方式。这种思维方式强调利用全部数据（而非采样）来洞察模式、趋势和关联性，从而驱动决策制定。大数据思维要求决策者具备处理大量信息的能力，并能够从中提炼出指导行动的智慧。在当今数据密集型的世界中，掌握大数据思维对于企业和个人来说都至关重要。

1.4.1　大数据三个思维转变

大数据时代面临的三个主要思维转变如下：

（1）全样思维：与传统采样分析不同，大数据分析倾向于处理所有可用数据，以避免采样偏差，更全面地理解现象。

（2）容错性：在处理海量数据时，接收数据中可能存在的噪声、异常值，通过算法和模型处理这些误差，以从中提炼有价值的信息。

（3）相关性重于因果性：在大数据环境下，寻找变量间的强相关性成为可能，即使没有明确的因果关系，这些相关性也能为预测和决策提供依据。

1.4.2　大数据思维特点和原则

大数据思维的主要特点和核心原则如下：

（1）数据驱动决策：大数据思维强调以客观数据为基础进行决策，减少对直觉和经验的依赖，确保决策过程更加科学和精准。

（2）模型化与预测：构建复杂的数据模型来模拟现实世界，通过机器学习和统计方法预测未来趋势和行为模式。

（3）可视化：利用图表、仪表板等手段将复杂数据转化为直观易懂的形式，帮助非技术背景的决策者理解数据故事。

（4）开放与共享：鼓励数据的开放共享，促进跨部门、跨行业的合作，通过数据交换和集成创造新的价值。

（5）迭代与实验：采用快速迭代和 A/B 测试等方法，不断试验和优化策略，基于反馈快速调整。

（6）服务优化与创新：利用大数据洞察客户需求和行为，提供更加个性化和高质量的服务，推动产品和服务创新。大数据和人工智能的融合催生了许多新的产品和服务，如自动驾驶汽车、智能家居、智能客服等，这些创新改变了人们的生活和工作方式。

（7）定量思维：认为几乎所有事物都可以被量化或测量，通过数据量化增强决策的准确性和效率。

1.4.3　大数据与人工智能相辅相成

大数据与人工智能之间存在着密切且互相依赖的关系，二者共同推动了信息技术的前沿发展。大数据为人工智能提供学习和进化的土壤，而人工智能则赋予大数据分析智能和自动化，两者相辅相成，共同推动了数字化转型和智能化升级。

大数据对人工智能的影响是深远且根本性的，主要体现在以下几方面：

（1）训练材料：大数据为人工智能，尤其是机器学习和深度学习模型，提供了必要的训练材料。通过分析和学习庞大的数据集，AI 模型能够识别更复杂、更微妙的模式，从而提高预测和决策的准确性。例如，图像识别、语音识别、自然语言处理等技术的进步，很大程度上得益于大量标记数据的可用性。

（2）模型优化：通过分析大数据，可以优化人工智能模型的参数和结构，使模型能够更好地泛化到新数据，提升模型的性能和效率。随着数据量的增长，传统的算法和模型可能不再适用或效率低下。这迫使研究人员开发出更先进的算法，如深度神经网络、增强学习等，来处理大数据的挑战，从而推动 AI 算法的持续创新和优化。人工智能系统能够自动处理和分析大数据，大幅提高了数据处理效率，减少了人工干预，使得企业能够更快地响应市场变化，优化运营流程。

（3）实时决策：在商业、医疗、金融等领域，大数据技术使人工智能能够即时处理和分析数据流，可以提供基于数据的决策支持。通过对海量数据的分析，人工智能可以识别出趋势、风险和机会，帮助决策者制定更明智的策略。快速做出决策或预测，这对于诸如金融市场分析、智能物流、实时推荐系统等应用至关重要。

（4）个性化体验：结合用户行为数据，人工智能能够为每位用户提供个性化的服务和内容，这在电商、娱乐、教育等领域尤为明显。例如，推荐系统通过分析用户的历史行为数据，可以更准确地推荐商品、电影、音乐等，提升用户体验。

（5）挑战与伦理考量：尽管大数据为人工智能带来了巨大进步，但也带来了数据隐私、安全、偏见等问题。在利用大数据提升人工智能能力的同时，确保数据的合法合规使用，保护个人隐私，成为亟待解决的议题。

1.5 定义生成式人工智能

过去几年，机器学习领域不断进步，创造了人工智能的一个新的子领域：生成式人工智能。2023 年称为生成式人工智能（generative AI，GAI）元年，以 ChatGPT 为代表的 GAI 技术的涌现，获得了全社会前所未有的关注。大型科技公司、各类创业公司迅速入场，投入海量资源，推动了大语言模型（large language model，LLM）（简称大模型）能力和应用的快速演进。LLM 作为人工智能领域的重要组成部分，正引领科技发展的新方向。

GAI 模型不同于其他专注于分类、预测或强化学习的人工智能模型，它主要基于深度神经网络，通过训练大规模数据集，从中抽象出数据的本质规律和概率分布，并利用模型生成新的数据。它通过分析大量数字化材料，生成与现有数据类似或遵循其数据模式的新数据，进而产生新的文本、图像、音乐和软件等。在实际应用中，GAI 系统是多才多艺的"合成大脑"，但这并不意味着它具有人类意义上的"思想"。它没有独立的目标和欲望、偏见和愿望、情感和感觉，这些是人类所具有的独特特征。但是，如果人们用正确的数据对它们进行训练并指导它们追求适当的目标，这些程序可以表现得好像具有这些特征一样。GAI 可以被指示执行（或至少描述如何执行）人们几乎能想到的任何任务，它是大多数领域的专家。

1.5.1 关键特征和类型

GAI 模型的一些关键特征如下：

（1）数据生成：GAI 模型能够创建模仿训练数据中观察到的模式或风格的新内容，该内容可以采用文本、图像、音乐等多种形式。

（2）无监督学习：许多生成模型采用无监督学习技术，模型在没有明确标签或目标的情况下学习数据中的模式和结构，这使它们能够生成数据，而不需要相应的具体示例。

（3）可变性：GAI 模型通常可以产生不同的输出特征。例如，它们可以生成不同风格的艺术，以不同方式重新表述相同的文本段落或者图像的多个版本。

常见的 GAI 模型如下：

（1）生成对抗网络：它由两个处于竞争关系的神经网络（生成器和判别器）组成并同时训练。生成器创建新数据，而鉴别器评估该数据（区分真实数据和计算机生成数据）的真实性。这种对抗性过程导致生成器提高了创建真实数据的能力。生成对抗网络已广泛用于图像生成、风格迁移和内容创建。

（2）变分自动编码器（variational auto encoder，VAE）：这是基于概率建模原理的生成模型，其目标是了解数据的潜在概率分布。它通过一组潜在变量连接的编码器和解码器组成，这些无监督学习模型致力于通过将数据集压缩为简化形式使输入和输出尽可能相同。潜在变量允许通过将随机集输入解码器来生成新数据，从而促进输出的创造力和多样性。VAE 通常用于图像生成、数据压缩和图像重建。

（3）循环神经网络（recurrent neural network，RNN）：是一种专门为序列数据（如文本和时间序列数据）设计的神经网络架构，用于文本生成、机器翻译和语音识别。传统的RNN 在捕获长期依赖性方面存在局限性。

长短期记忆网络是一种特殊类型的 RNN，可以捕获顺序数据中的长程依赖性。事实证明，它们在自然语言处理任务中非常有效，包括语言建模、文本生成和情感分析。

（4）Transformer：利用自注意机制处理和分析数据序列，比传统方法更高效。与仅关注单个句子的传统人工智能模型不同，Transformer 可以识别整个页面、章节或书籍中单词之间的联系，这使得它们非常适合在大规模、未标记的数据集上进行训练。

生成式预训练 Transformer（generative pre-trained transformer，GPT）是 GAI 领域的突破，该模型利用 Transformer 架构和对文本数据的大规模预训练来生成连贯且上下文相关的文本，它们擅长各种自然语言理解和生成任务，包括聊天机器人、内容生成、翻译等。

（5）扩散模型：这些模型是经过训练的算法，通过添加随机噪声然后巧妙地删除来操纵数据。它们学习如何从噪声失真的版本中检索原始数据，这在图像生成应用程序中特别有用。通过剖析照片和艺术品的组成部分，扩散模型能够将随机噪声转换为特定且连贯的图像。

GAI 与大模型是两个相关的概念，但它们在侧重点、能力和应用方面存在明显差异。大模型是一种 GAI 系统，用于以纯文本形式生成对问题或提示的回应。这些系统使用专门的多层次和多方面的神经网络，在非常大的自然语言文本集合上进行训练，通常从互联网和其他合适来源收集而来。

1.5.2 世界模型问题

人工神经网络一直是哲学讨论的焦点，讨论主要集中在它们作为建模人类认知的适用性上。具体而言，争论焦点在于，相比于经典的、符号的、基于规则的对应物模型，它们是否构成了更好的人类认知模型。

人类和动物能够通过观察、简单交互以及无监督方式学习世界知识，可以假设这里面蕴含的潜在能力构成了常识的基础，这种常识能够让人类在陌生的环境下完成任务。例如，一位年轻驾驶员从来没有在雪地里开过车，但是他却知道在雪地里如果车开得太猛，轮胎会打滑。

早在几十年前，就有学者研究人类、动物甚至智能系统如何"借力"世界模型自我学习。因此，当前人工智能也面临着重新设计学习范式和架构，使机器能够以自我监督的方式学习世界模型，然后使用这些模型进行预测、推理和规划。

在机器学习中，世界模型通常指的是模拟外部世界某些方面的内部表征，使系统能够以反映现实世界动态的方式理解、解释和预测现象，包括因果关系和直观的物理现象。于是，一个核心问题是，设计用于预测下一个词元的大模型是否能构建出一个"世界模型"。

大模型的学习方式与通过和环境互动并接收反馈来学习的强化学习代理不同，它能否构建出世界模型，实际上是在探讨它们是否能够在内部构建出对世界的理解，并生成与现实世界知识和动态相一致的语言。

评估大模型是否具有世界模型并没有统一的方法，部分原因在于这个概念通常定义模糊，部分原因在于难以设计实验来区分大模型是依赖浅层启发式回答问题，还是使用了环境核心动态的内部表征这一假设。尽管如此，还是可以向大模型提出一些不能依据记忆来完成的任务，提供新的证据解决这一问题。

有的研究认为，大模型可能学会了模拟世界的一部分，而不仅仅是进行序列概率估计。更具体地说，互联网规模的训练数据集由大量单独的文档组成，对这些文本的最有效压缩可能涉及对生成它们的隐藏变量值进行编码，即文本的人类作者的句法知识、语义信念和交际意图。

世界模型需要融合不同学科的观点，包括认知科学、系统神经科学、最优控制、强化学习以及"传统"人工智能。必须将它们与机器学习的新概念相结合，如自监督学习和联合嵌入架构。

1.5.3 知识传递和语言支持

除了世界模型，另一个有趣的问题是，大模型是否可能参与文化习得并在知识传递中发挥作用。一些研究者提出，人类智能的一个关键特征在于其独特的文化学习能力。尽管其他灵长类动物也有类似的能力，但人类在这方面显得更为突出。人类能够相互合作，将知识从上一代传到下一代，并能够从上一代结束的地方继续，在语言学、科学和社会学知识方面取得新的进展。这种方式使人类的知识积累和发现保持稳步发展，与黑猩猩等其他动物相对停滞的文化演变形成鲜明对比。

鉴于深度学习系统已经在多个任务领域超过了人类表现，那么，大模型是否能够模拟文化学习的许多组成部分，将它们的发现传递给人类呢？人类现在主要是通过解释模型来得到可传播的知识。大模型是否能够以理论介导的方式向人类解释它们的策略，从而参与和增强人类文化学习？有证据表明，基于Transformer的模型可能在某些训练-测试分布转变下实现组合泛化。从现有证据来看，大模型似乎能够在已知任务范围内处理新数据，实现局部任务泛化,实现解决新颖任务的能力。

此外,文化的累积进步不仅涉及创新,还包括稳定的文化传播。大模型是否能够像人类一样,不仅能够生成新颖的解决方案,还能够通过认识和表达它们如何超越先前的解决方案,从而"锁定"这些创新?这种能力不仅涉及生成新颖的响应,还需要对解决方案的新颖性及其影响有深刻理解,类似于人类科学家不仅能发现新事物,还能理论化、情境化和传达他们的发现。

因此,对大模型的挑战不仅在于生成问题的新颖解决方案,还在于培养一种能够反思和传达其创新性质的能力,从而促进文化学习的累积过程。这种能力可能需要更先进的交际意图理解和世界模型构建。虽然大模型在各种形式的任务泛化方面表现出有希望的迹象,但它们参与文化学习的程度似乎取决于这些领域的进一步发展,这可能超出了当前体系结构的能力范围。

1.5.4　开源和闭源

大模型技术可以分为"开源"和"闭源"两大类型。所谓开源,最初起源于软件开发,是指一种开发软件的特殊形式。而如今,开源是指事物规划为可以公开访问的,因此人们都可以对其修改并分享。开源已经泛指一组概念,即开源方式。这些概念包括开源项目、产品,或者倡导开放、协作参与、快速原型、公开透明、精英体制以及面向社区开发的原则。

开源软件的源代码任何人都可以审查、修改和增强。源代码是软件中大部分计算机用户都没见过的部分,程序员可以修改代码来改变一个软件("程序"或"应用")工作的方式。程序员如果可以接触到计算机程序源代码,就可以通过添加功能或修复问题来改进这个软件。

作　　业

1. 作为计算机科学的一个分支,人工智能专注于创建具有推理、学习、适应和自主行动能力的(　　)。

　　A. 自动机器　　　B. 增强现实　　　C. 智能系统　　　D. 机械环境

2. 人工智能对世界的影响"将超过迄今为止人类历史上的任何事物",它包含大量不同的子领域,从(　　)等通用领域到下棋、证明数学定理、写诗、驾车或诊断疾病等。

　　① 自然　　　　　② 学习　　　　　③ 推理　　　　　④ 感知

　　A. ②③④　　　　B. ①②③　　　　C. ①②④　　　　D. ①③④

3. 人工智能是一个多元化的领域,围绕着设计、理论、开发和应用能够展现出类似人类(　　)功能的机器而展开。具有人工智能的机器努力模仿人类的思维和行为。

　　A. 语言　　　　　B. 行动　　　　　C. 计算　　　　　D. 认知

4. 人工智能是研究、开发用于(　　)人的智能的理论、方法、技术及应用系统的一门新的技术科学,是一门自然科学、社会科学和技术科学交叉的边缘学科。

　　① 生成　　　　　② 模拟　　　　　③ 延伸　　　　　④ 扩展

　　A. ①②③　　　　B. ②③④　　　　C. ①③④　　　　D. ①②④

5. 尼尔逊教授对人工智能下了这样一个定义："人工智能是关于（　　）的学科——怎样表示它以及怎样获得它并使用它的科学。"

　　A. 理论　　　　B. 计算　　　　C. 能力　　　　D. 知识

6. 实现人工智能有三种途径，即（　　）人工智能。

　　① 强　　　　　② 弱　　　　　③ 实用型　　　　④ 理论型

　　A. ①③④　　　B. ①②③　　　C. ①②④　　　D. ②③④

7. 所谓（　　），是指希望人工智能最终能成为多元智能并且超越大部分人类的能力。

　　A. 弱人工智能　　B. 虚拟智能　　C. 强人工智能　　D. 实用智能

8. 所谓（　　），是指人们认为不可能制造出能真正地推理和解决问题的智能机器，这些机器只不过看起来像是智能的，但是并不真正拥有智能，也不会有自主意识。

　　A. 弱人工智能　　B. 虚拟智能　　C. 强人工智能　　D. 实用智能

9. （　　）是人工智能技术的一个关键子集，它的主要目标是让计算机系统能够通过训练模型，使模型能够从新的或以前未见过的数据中得出有用的预测。

　　A. 自主学习　　B. 强化学习　　C. 机器学习　　D. 深度学习

10. （　　）的核心在于使用人工神经网络模仿人脑处理信息的方式，通过层次化的方法提取和表示数据的特征。

　　A. 自主学习　　B. 强化学习　　C. 机器学习　　D. 深度学习

11. 机器学习的核心是"使用算法解析数据，从中学习，然后对世界上的某件事情做出决定或预测"。它有（　　）三种主要类型。

　　① 监督学习　　② 无监督学习　　③ 自主学习　　④ 强化学习

　　A. ①③④　　　B. ①②④　　　C. ①②③　　　D. ②③④

12. 监督学习是指输入数据中有导师信号，以（　　）为基函数模型，采用迭代计算方法，学习结果为函数。

　　① 指数函数　　② 概率函数　　③ 代数函数　　④ 神经网络

　　A. ②③④　　　B. ①②③　　　C. ①②④　　　D. ①③④

13. 在无监督学习中，学习的数据是没有标签的，主要采用（　　）方法，学习结果为类别，算法自主发现数据里的模式或规律。

　　A. 归一　　　　B. 回归　　　　C. 聚类　　　　D. 分类

14. 计算机科学家经常会谈及建立某个过程或物体的模型，这个"模型"指的是（　　）。

　　A. 类似航模这样的手工艺品　　　　B. 拿卡纸和软木制作的一个复制品

　　C. 机械制造业中的模具　　　　　　D. 写出事件运作的所有方程式并进行计算

15. 人工智能最根本也最宏伟的目标之一就是建立（　　）的计算机模型。完美模型固然最好，但精确性稍逊的模型也同样十分有效。

　　A. 模拟自然　　B. 人脑那样　　C. 动物智慧　　D. 复杂机器

16. 大数据思维是一种在面对（　　）数据集时所采取的分析和决策方法论，是一种跨学科、多维度的思考方式。

　　① 大规模　　　② 高速度　　　③ 高精度　　　④ 多样性

　　A. ①②④　　　B. ①③④　　　C. ①②③　　　D. ②③④

17. 大数据思维要求决策者具备处理大量信息的能力，并能够从中提炼出指导行动的智慧。这种思维方式强调利用全部数据（而非采样）来洞察（　　），从而驱动决策制定。

① 规模　　　　② 模式　　　　③ 趋势　　　　④ 关联性

A. ①③④　　　　　　　　　　B. ①②④

C. ②③④　　　　　　　　　　D. ①②③

18. 在实际应用中，生成式人工智能是多才多艺的"合成大脑"，但它们没有（　　），这些是人类所具有的独特特征。

① 独立的目标和欲望　　　　② 情感和感觉

③ 知识和逻辑　　　　　　　④ 偏见和愿望

A. ①③④　　　　　　　　　　B. ②③④

C. ①②③　　　　　　　　　　D. ①②④

19. GAI 模型主要基于（　　）网络，通过训练大规模数据集，从中学习抽象出数据的本质规律和概率分布，并利用模型生成新的数据。

A. 数据分析　　　　　　　　B. 深度神经

C. 社交关系　　　　　　　　D. 射频物联

20. 在机器学习中，（　　）通常指的是模拟外部世界某些方面的内部表征，使系统能够以反映现实世界动态的方式理解、解释和预测现象，包括因果关系和直观的物理现象。

A. 世界模型　　　　　　　　B. 物理模型

C. 数学模型　　　　　　　　D. 虚拟模型

【实训与思考】了解典型的大语言模型

1. 实训目的

（1）熟悉智能的概念，熟悉人工智能的定义。

（2）掌握人工智能实现途径，了解人工智能的基础知识。

（3）熟悉人工的智能行为，理解类人与理性的行为与思考。

2. 实训内容与步骤

训练和运行大模型需要大量的计算资源，这就要求许多机构和研究者提到它的使用能力。不过，面对困难，人工智能大厂（他们拥有雄厚的研究和开发团队，厚积薄发）却加快了步伐，成系列地持续推出大模型"炸裂"产品。阿里、百度等大厂更是不甘示弱，表现上佳，甚至一些初创企业也频频推出大模型应用产品，展现了大模型蓬勃发展的应用前景。

请借助于网络搜索，系统地了解当前大模型领域主要企业和产品的概况，并记录在表 1-1 中。

表 1-1 典型大语言模型举例

研究机构	模型名称	发布时间	参数量（个）	基础模型	模型类型	预训练数据量

注意一些企业（研究机构），如谷歌、阿里、百度、科大讯飞、智谱等，有多个类似产品（模型名称）已成系列，且各有侧重，各有千秋。

请记录：你重点关注的大模型产品。

产品 1 特点：_____

产品 2 特点：_____

产品 3 特点：_____

产品 4 特点：_____

3. 实训总结

4. 实训评价（教师）

第 2 课
语言模型及其发展

● **学习目标**

（1）熟悉语言模型的定义。
（2）熟悉大模型发展历程。
（3）了解 Transformer 模型的核心知识。

● **学习难点**

（1）语言模型的定义内涵。
（2）掌握 Transformer 模型知识。

● **素质要素**

（1）文化自信与国际视野：在学习国际大模型发展的同时，强调中国在人工智能领域的成就和贡献，增强文化自信，鼓励在国际交流与合作中传播中国文化，促进技术成果的全球共享。

（2）责任意识与可持续发展：引导学生认识到，作为未来的科技工作者，有责任确保技术的健康发展，避免技术滥用对环境、社会造成负面影响，促进人工智能的绿色、可持续发展。

（3）批判性思维与自我反思：鼓励在学习过程中培养批判性思维，不仅看到大模型带来的便利和效率，也要能批判性地分析其潜在的风险和局限，学会在技术进步中保持理性思考。

（4）人文关怀与技术人文主义：强调在技术进步的同时，不忘人的主体地位，关注技术如何更好地服务于人类社会，提升人们的生活质量，促进社会的和谐与进步。

（5）团队协作与社会服务：通过团队项目、社会实践等形式，在实践中学习如何利用大模型解决社会问题，培养团队合作精神和社会责任感。

语言模型（见图 2-1）是自然语言处理领域的基础任务和核心问题，其目标是对自然语言的概率分布建模，其中 V 指输出变量。大量的研究从 n 元语言模型、神经语言模型以及预训练语言模型等不同角度开展了一系列工作，这些研究在不同阶段对自然语言处理任务有重要作用。随着基于谷歌 Transformer 的各类语言模型的发展，以及预训练微调范式在自然语言处理各类任务中取得突破性进展，从 OpenAI 发布 GPT-3 开始，对大语言模型的研究逐渐深入。

虽然大模型的参数量巨大，通过有监督微调和强化学习能够完成非常多的任务，但其基础理论仍然离不开对语言的建模。此外，作为一种能够创造新的内容或预测未来数据的人工智能技术，生成式人工智能包括用于生成文本、图像、音频和视频等各种类型内容的模型，它不仅可以理解和分析数据，还可以从学习的数据模式中派生出来，创造新的、独特的输出。

图 2-1　循环神经网络（RNN）语言模型示例

2.1　语言模型的定义

语言模型起源于语音识别。输入一段音频数据，语音识别系统通常会生成多个句子作为候选，判断哪个句子更合理，这就需要用到语言模型对候选句子进行排序。语言模型的应用范围如今已经扩展到机器翻译、信息检索、问答、文摘等众多自然语言处理领域。

语言模型是这样一个模型：对于任意的词序列，能够计算出这个序列是一句话的概率。例如，词序列 A "这个网站 | 的 | 文章 | 真 | 水 | 啊"，这个明显是一句话，一个好的语言模型也会给出很高的概率。再看词序列 B "这个网站 | 的 | 睡觉 | 苹果 | 好快"，这明显不是一句话，如果语言模型训练得好，序列 B 的概率就会很小。

于是，给出语言模型的较为正式的定义。假设要为中文创建一个语言模型，V 表示词典，V = { 猫，狗，机器，学习，语言，模型，...}，$w_i \in V$。语言模型就是：给定词典 V，能够计算出任意单词序列 $w_1, w_2, ..., w_n$ 是一句话的概率 $p(w_1, w_2, ..., w_n)$，其中，$p \geq 0$。

语言模型中计算 $p(w_1, w_2, ..., w_n)$ 的最简单方法是数数，假设训练集中共有 N 个句子，数一下在训练集中 $(w_1, w_2, ..., w_n)$ 出现的次数，不妨假定为 n，则 $p(w_1, w_2, ..., w_n) = n/N$。可以想象出这个模型的预测能力几乎为 0，一旦单词序列没有在训练集中出现过，其模型的输出概率就是 0。

语言模型的另一种等价定义是：能够计算 $p(w_i | w_1, w_2, ..., w_{i-1})$ 的模型就是语言模型。

从文本生成角度来看，也可以给出如下的语言模型定义：给定一个短语（一个词组或一句话），语言模型可以生成（预测）接下来的一个词。

在统计学模型为主体的自然语言处理时期，语言模型任务主要是 n 元模型。为了简化 $p(w_i | w_1, w_2, ..., w_{i-1})$ 的计算，引入一阶马尔可夫假设：每个词只依赖前一个词；也可以引入二阶马尔可夫假设：每个词依赖前两个词。马尔可夫假设可以方便地计算条件概率。此外，还有前馈神经网络语言模型、循环神经网络语言模型及其他预训练语言模型。

语言模型可用于提升语音识别和机器翻译的性能。例如，在语音识别中，给定一段"厨房里食油用完了"的语音，有可能会输出"厨房里食油用完了"和"厨房里石油用完了"这两个读音完全一样的文本序列。如果语言模型判断出前者的概率大于后者的概率，就可以输出"厨房里食油用完了"这个文本序列。在机器翻译中，如果对英文"you go first"逐词翻译成中文的话，可能得到"你走先""你先走"等排列方式的文本序列。如果语言模型判断出"你先走"的概率大于其他排列方式文本序列，就可以把"you go first"翻译成"你先走"。

2.2 语言模型发展的三个阶段

2023 年末，在很短一段时间内，人们接连迎来了 ChatGPT、Gemini、Gemma 和 Sora 等一系列大模型产品的发布，整个人工智能圈和科技圈都异常兴奋，人工智能带来的更像是工业革命的变革浪潮，将逐渐改变人们的生活和工作方式。

2.2.1 基础模型阶段

此阶段为 2018—2021 年。2017 年瓦斯瓦尼等人提出 Transformer 架构，在机器翻译任务上取得突破性进展。2018 年谷歌和 OpenAI 分别提出 BERT 和 GPT-1 模型，开启了预训练语言模型时代。BERT-Base 参数量为 1.1 亿，BERT-Large 参数量为 3.4 亿，GPT-1 参数量为 1.17 亿。2019 年 Open AI 发布 GPT-2，参数量达到 5 亿。此后，谷歌发布参数规模为 110 亿的 T5 模型，2020 年 OpenAI 进一步将语言模型参数量扩展到 1 750 亿，发布了 GPT-3。此后，国内也相继推出了一系列大模型产品，包括清华大学 ERNIE、百度 ERNIE、华为盘古 -α 等。这个阶段，研究主要集中在语言模型本身，包括仅编码器、编码器 - 解码器、仅解码器等各种类型的模型结构。类似 BERT 模型大小的算法通常采用预训练微调范式，针对不同下游任务进行微调。但模型参数量在 10 亿以上时，由于微调计算量很高，其影响力相较 BERT 类模型有不小的差距。

2.2.2 能力探索阶段

此阶段为 2019—2022 年，由于大模型很难针对特定任务进行微调，研究者开始探索在不针对单一任务进行微调的情况下，如何能够发展大模型的能力。2019 年，雷德福等人使用 GPT-2 研究大模型在零样本情况下的任务处理能力。在此基础上，Brown 等人在 GPT-3 模型上研究通过语境学习进行少样本学习的方法，将不同任务的少量有标注实例拼接到待分析的样本，用语言模型根据实例理解任务并给出正确结果。TriviaQA、WebQS、CoQA 等评测集合都展示出了非常强的能力，在有些任务中甚至超过了此前的有监督方法。上述方法不需要修改语言模型的参数，模型在处理不同任务时无须花费大量计算资源进行模型微调。但是，仅依赖语言模型本身，其性能在很多任务上很难达到有监督学习效果，因此研究人员提出了指令微调方案，将大量各类型任务，统一为生成式自然语言理解框架，并构造训练语料进行微调。

2.2.3 突破发展阶段

此阶段以 2022 年 11 月 ChatGPT 的发布为起点。ChatGPT 通过一个简单的对话框，利用一个大模型就可以实现问题回答、文稿撰写、代码生成、数学解题等过去自然语言处理系统需要大量小模型订制开发才能分别实现的能力。它在开放领域问答、各类自然语言生成式任务以及对话理解上所展现出来的能力远超大多数人的想象。2023 年 3 月发布的 GPT-4，相较于 ChatGPT 又有了非常明显的进步，具备了多模态理解能力。GPT-4 在多种基准考试测试上的得分高于 88% 的应试者，包括美国律师资格考试、法学院入学考试、学术能力评估等。它展现了近乎"通用人工智能（AGI）"的能力。各大公司和研究机构也相继发布了此类系统，包括谷歌推出的 Bard、百度的文心一言、科大讯飞的星火大模型、智谱 ChatGLM 等。

2024 年 4 月 10 日，谷歌推出了一款下一代 Transformer 模型——Infini-Transformer，这款新型模型的最大亮点在于其处理无限长度输入内容的能力，且这一过程中并不会增加额外的内存和计算需求。相较于基于第一代 Transformer 模型的 ChatGPT 等应用，Infini-Transformer 无疑是一个巨人的飞跃。

2.3 Transformer 模型

由谷歌团队提出的预训练语言模型 BERT（bidirectional encoder representation from transformers，Transformer 的双向编码器表示）算法最重要部分是 Transformer 概念，它本质上是 Transformer 的编码器部分，其关键优势在于，输入序列中所有单词都是并行处理，极大地提高了训练效率，还提高了处理长文本序列的能力，从而增加可以执行的语言任务的规模和复杂性。

2.3.1 Transformer 核心

Transformer 模型的核心是一种称为自注意力的机制。简而言之，自注意力允许模型在处理序列中的每个单词时，衡量该序列不同部分的重要性。这一机制帮助大模型通过考虑序列中所有单词之间的相互关系，构建对长文本序列的复杂表示，在句子层面上使大模型能够结合段落或整个文档的主题来进行表达。

Transformer 模型并非直接操作单词，而是操作称为"词元"的语言单位。词元可以映射到整个单词，也可以映射到更小的单词片段。在将每个单词序列提供给模型之前，首先进行标记化，将其分块成相应的词元。标记化的目的是尽可能多地表示来自不同语言的单词，包括罕见和复杂的单词。

基于 Transformer 模型的最常见变体称为"自回归"，包括 GPT-3、GPT-4 和 ChatGPT。自回归模型以准确预测下一个词元为学习目标。在每次训练时，模型的目标是根据先前的词元预测语料库中抽样序列的下一个词元。在第一次预测时，模型使用随机参数初始化，预测结果并不准确。随着每次预测的进行，逐渐调整模型的参数，直至预测出的词元和训练集中实际的词元的差异最小。这个过程重复数十亿次，直到模型能够准确预测从训练集中随机抽取的内容的下一个词元。

Transformer 模型的训练集包括百科全书、学术文章、书籍、网站，甚至大量计算机代码等多样化来源的大型语料库，旨在概括自然语言和人工语言的广度和深度，使 Transformer 模型能够准确进行下一个词元的预测。尽管这种方式训练的大模型在生成文本段落方面表现出色，但它们对真实的、有用的或无冒犯性的语言没有固定偏好。为了让生成的文本更符合人类语言使用规范，此后的大模型（如 ChatGPT），使用了"从人类反馈中进行强化学习"的微调技术来调整模型的输出。强化学习允许开发人员更具体和可控地引导模型的输出。这一微调过程在调整这些模型以更好地满足人类语言使用规范方面发挥着至关重要的作用。

大模型具有出色的能力，能够利用文本提示中的文本信息来引导它们的输出。已部署的语言模型经过预训练，其参数在训练后保持固定。尽管大部分架构缺乏可编辑的长期记忆资源，但它们能够根据所提供的内容灵活调整输出，包括它们未经明确训练的任务。这种能力可视为一种即时学习或适应的形式，通常称为"情境学习"，可向模型发出具体的指令。

在"少样本学习"中，提示的结构包括要执行任务的几个示例，后面是需要响应的新实例。在"零样本学习"中，模型不会得到任何示例，任务直接在提示中进行概述或暗示。少样本学习被认为是人类智能的重要方面，老式机器学习则在少样本学习任务中表现较差。然而，经过训练后的大模型在少样本学习上表现出色。在较大的模型（如 GPT-3）中观察到，少样本学习能力似乎与模型大小高度相关。通过强化学习精调后，大模型的零样本学习能力得到增强。

大模型已经应用在自然语言处理领域的许多任务中，且有不错的表现。除了传统的自然语言处理任务，大模型还具有执行生成代码、玩基于文本的游戏和提供数学问题答案等功能。由于大模型出色的信息检索能力，它们甚至已被提议作为教育、研究、法律和医学的工具。

2.3.2 Transformer 过程

可以简单地把 Transformer 看成是一个黑盒子，当人们在做文本翻译任务时，输入一段中文，经过这个黑盒子之后，输出来的就是翻译过来的英文，如图 2-2 所示。

图 2-2 把 Transformer 当成黑盒子

黑盒子里面主要由两部分组成：编码器组和解码器组，如图 2-3 所示。当输入一个文本时，通过编码器模块对该文本数据进行编码，然后将编码数据传入解码器模块进行解码，得到翻译后的文本。

图 2-3 编码器组和解码器组

图 2-4 编码器组有 6 个小编码器

一般情况下编码器组模块里面有六个小编码器，解码器组里面有六个小解码器，如图 2-4 所示。编码器里面是自注意力机制加上一个前馈神经网络，如图 2-5 所示。

图 2-5 编码器内部结构

所谓前馈神经网络，可以理解为一个多层感知机，即一个包含了多个隐藏层的神经网络（见图 2-6），其中层与层之间是全连接的，相邻两层的任意两个节点都有连接。

图 2-6 前馈神经网络示例

可通过以下步骤解释自注意力机制：

（1）模型最初输入的是词向量形式。自注意力机制，顾名思义就是自己和自己计算一遍注意力，对每一个输入的词向量需要构建自注意力机制的输入。这里，Transformer 将词向量乘以三个矩阵，得到三个新的向量，这是为了获得更多的参数，提高模型效果。对于输入 X_1（机器），乘以三个矩阵 W_1、W_2、W_3 后分别得到 Q_1、K_1、V_1（见图 2-7）。同样，对于输入 X_2（学习），也乘以三个不同的矩阵得到 Q_2、K_2、V_2。

图 2-7 得到三个新的向量

（2）计算注意力得分。这个得分是通过计算 Q 与各个单词的 K 向量的点积得到的。以 X_1 为例，分别将 Q_1 和 K_1、K_2 进行点积运算，假设分别得到得分 112 和 96，如图 2-8 所示。

（3）将得分分别除以一个特定数值 8（K 向量的维度的平方根，通常 K 向量的维度是 64）这能让梯度更加稳定，得到结果 14 和 12。

图 2-8 计算注意力得分

（4）将上述结果进行 softmax 运算，得到 0.88 和 0.12。softmax 运算主要是将分数标准化，使得数都是正数并且加起来等于 1。

Softmax 从字面上来说，可以分成 soft 和 max 两部分。max 就是最大值的意思。Softmax 的核心在于 soft，而 soft 有软的含义，与之相对的是 hard（硬）。很多场景中需要找出数组所有元素中值最大的元素，实质上都是求的 hardmax。

（5）将 V 向量乘上 softmax 的结果，主要是为了保持想要关注的单词的值不变，而掩盖那些不相关的单词，例如将它们乘上很小的数字，如图 2-9 所示。

图 2-9 V 向量乘 softmax

（6）将带权重的各个 V 向量加起来。至此，产生在这个位置上（第一个单词）的自注意力机制层的输出，其余位置的自注意力机制输出计算方式相同。

为进一步细化自注意力机制层，增加了"多头注意力机制"的概念，从两方面提高自注意力层的性能：第一方面，扩展模型关注不同位置的能力；第二方面，给自注意力层多个"表示子空间"。

多头自注意力机制不止有一组 $Q/K/V$ 权重矩阵，而是有多组（例如用八组），所以每个编码器/解码器使用八个"头"（可以理解为八个互不干扰的自注意力机制运算），每一组的 $Q/K/V$ 都不相同。然后，得到八个不同的权重矩阵 Z，每个权重矩阵用来将输入向量投射到不同的表示子空间。经过多头注意力机制后，就会得到多个权重矩阵 Z，将多个 Z 进行拼接就得到了自注意力机制层的输出，如图 2-10 所示。

图 2-10 自注意力机制层的输出

自注意力机制层的输出 Z（见图 2-11）即是前馈神经网络层的输入，这是一个维度为（序列长度 ×D 词向量）的矩阵，只需要一个矩阵即可，不需要八个矩阵，所以需要把八个矩阵压缩成一个。此时，只需要把这些矩阵拼接起来，然后用一个额外的权重矩阵与之相乘即可。之后，前馈神经网络的输出也是同样的维度，进一步，一个大的编码部分就是将这个过程重复六次，最终得到整个编码部分的输出。

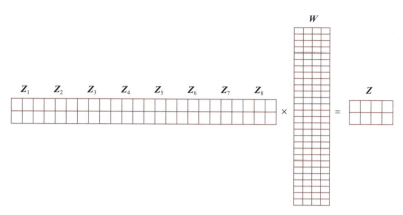

图 2-11　八个矩阵的压缩

然后，在 Transformer 中使用六个解码器。为了解决梯度消失问题，在解码器和编码器中都用了残差神经网络结构，即每一个前馈神经网络的输入不仅包含上述自注意力机制的输出 Z，还包含最原始的输入。

编码器是对输入（机器学习）进行编码，使用的是自注意力机制 + 前馈神经网络的结构。在解码器中使用的也是同样的结构，首先对输出（机器学习）计算自注意力得分。不同的地方在于，执行自注意力机制后，将其输出与解码器模块的输出计算一遍注意力机制得分，之后再进入前馈神经网络模块。

至此，通过 Transformer 编码和解码两大模块，完成将"机器学习"翻译成"machine learing"的过程。解码器输出本来是一个浮点型的向量，为转化成"machine learing"这两个词，这个工作是最后的线性层接上一个 softmax。其中，线性层是一个简单的全连接神经网络，它将解码器产生的向量投影到一个更高维度的向量上。假设模型的词汇表是 10 000 个词，向量就有 10 000 个维度，每个维度对应一个唯一的词的得分。之后的 softmax 层将这些分数转换为概率。选择概率最大的维度，并对应地生成与之关联的单词作为此时间步的输出就是最终的输出。

假设词汇表维度是 6，输出最大概率词汇的过程如图 2-12 所示。

	I	am	machine	he	is	learning
position1	0.01	0.02	0.93	0.01	0.01	0.01
position2	0.01	0.01	0.05	0.02	0.01	0.9

图 2-12　输出最大概率词汇过程

以上的 Transformer 框架并没有考虑顺序信息，这里需要提到"位置编码"概念，可以把输入变为携带位置信息的输入。

2.3.3　Transformer 结构

Transformer 模型主要由编码器和解码器两部分组成。

（1）编码器：由多个相同的层组成，每一层都有两个子层。第一个子层是自注意力层，它可以考虑到输入序列中所有元素的上下文关系；第二个子层是一个前馈神经网络。每个子层后面都跟有一个残差连接和层归一化。编码器的任务是将输入序列转换为一组连续的表示单元，这些表示单元考虑了输入序列中每个元素的上下文。

（2）解码器：由多个相同的层组成，每一层有三个子层。第一个子层是自注意力层，但它在处理当前元素时，只考虑到该元素及其之前的元素，不考虑其后的元素，这种机制称为掩码自注意力；第二个子层是一个编码器 - 解码器注意力层，它使解码器可以关注到编码器的输出；第三个子层是一个前馈神经网络。每个子层后面都跟有一个残差连接和层归一化。解码器的任务是基于编码器的输出和前面已经生成的元素，生成下一个元素。

基于 Transformer 的编码器和解码器结构如图 2-13 所示，左侧和右侧分别对应着编码器和解码器结构，它们均由若干个基本的 Transformer 块组成（对应图中的灰色框）。这里 N_x 表示进行了 N 次堆叠。每个 Transformer 块都接收一个向量序列 $\{x_i\}$ 作为输入，并输出一个等长的向量序列作为输出 $\{y_i\}$。这里的 x_i 和 y_i 分别对应文本序列中的一个词元的表示。y_i 是当前 Transformer 块对输入 x_i 进一步整合其上下文语义后对应的输出。

图 2-13　基于 Transformer 的编码器和解码器结构

2.3.4　Transformer 模块

先通过输入嵌入层将每个单词转换为其相对应的向量表示。在从输入到输出的语义抽象过程中，主要涉及如下几个模块：

（1）注意力层：自注意力操作是基于 Transformer 的机器翻译模型的基本操作，在源语言的编码和目标语言的生成中频繁地被使用，以建模源语言、目标语言任意两个单词之间的依赖关系。使用多头注意力机制整合上下文语义，使得序列中任意两个单词之间的依赖关系可以直接被建模而不基于传统的循环结构，从而更好地解决文本的长程依赖问题。

（2）位置感知前馈网络层：前馈层接收自注意力子层的输出作为输入，并通过一个带有 ReLU 激活函数的两层全连接网络对输入文本序列中的每个单词表示单元进行更复杂的非线性变换。

（3）残差连接：对应图 2-14 中的 Add 部分。由 Transformer 结构组成的网络结构通常都非常庞大。编码器和解码器均由很多层基本的 Transformer 块组成，每一层中都包含复杂的非线性映射，这就导致模型的训练比较困难。因此，研究人员在 Transformer 块中进一步引入了残差连接与层归一化技术，以进一步提升训练的稳定性。

具体来说，残差连接主要是指使用一条直连通道将对应子层的输入连接到输出，使信息流动更高效，有利于模型的优化，避免在优化过程中因网络过深而产生潜在的梯度消失问题。

（4）层归一化：对应图 2-14 中的 Norm 部分。它作用于上述两个子层的输出表示序列，对表示序列进行层归一化操作，同样起到稳定优化的作用。

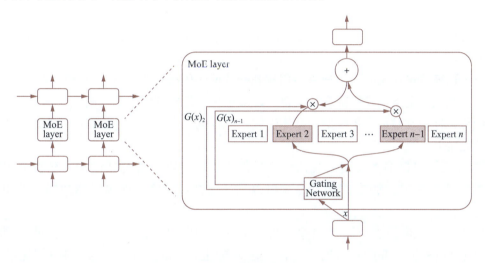

图 2-14 经典 MoE 示意图

2.4 混合专家架构

2024 年 3 月 17 日，马斯克旗下的 xAI 公司开源了其大语言模型 Grok-1 的源代码。与 GPT 模型不同，Grok-1 采用了 Mixture-of-Expert（MoE，混合专家）架构，如图 2-14 所示。

经典 Transformer 架构作为自然语言处理领域的一项重要成就，虽然在许多任务上表现出色，但在某些情况下还可能存在一些局限性。Grok-1 选择采用混合专家架构，源于对未来低成本超大参数模型架构的训练研究和预期，以及对模型性能、效率和灵活性的追求。

混合专家架构是一种采用人工神经网络的训练架构，最早由雅各布等人在 1991 年的论文《本地专家的适应性混合物》中提出，其核心思想是一种将多个局部专家模型组合在一起的方法,以适应不同的输入数据分布,并且这些专家模型可以动态地分配权重。

MoE 早在 1991 年就问世,是为解决算法复杂性、提高训练性能、降低成本而提出的。与 Transformer 不同,其架构充分利用 GPU 集群的分布式计算能力,将多任务执行从算法结构层面转移到 GPU 集群层面从而降低算法的结构复杂性。在 MoE 中,每个专家模型都被训练来解决特定的子问题,而门控网络则被用来决定在给定输入情况下,由哪个专家模型给出最终输出。

MoE 架构的主要组成部分如下:

(1)专家模型:每个专家模型是一个独立神经网络,被设计用于解决特定的子问题或者在特定的输入数据分布下表现良好。每个专家模型都接收输入数据,并且输出对应的预测结果。

(2)门控网络:用于动态地分配权重给各个专家模型。给定输入数据,门控网络计算每个专家模型对于当前输入数据的相关性或者重要性。这些权重通常是通过 softmax 函数归一化得到的,以确保它们的总和为 1。

(3)混合操作:通过将每个专家模型的输出与门控网络计算得到的权重相乘并相加,可以得到最终的输出。每个专家模型的输出都被乘以对应的权重,然后再相加,以产生最终的输出。

(4)训练策略:MoE 架构通常使用端到端的反向传播算法进行训练。在训练过程中,专家模型和门控网络的参数都会被调整,以最小化模型在训练数据上的损失函数。门控网络的训练目标通常是最大化模型的整体性能,并且也可以通过额外的正则化策略来提高模型的泛化能力。

MoE 架构可以提高模型的灵活性和适应性,从而在处理复杂的输入数据分布时取得更好的性能表现。MoE 架构的专家可以是任何神经网络,如多层感知器、卷积神经网络等。

早期的专家模型主要用知识库和规则引擎。随着自然语言出现的各类神经网络算法和架构的演进,MoE 架构也随之演进。实际上,Grok-1 在 MoE 架构中依然结合了 Transformer,通过将 MoE 组件嵌入 Transformer 的每个层中,以增强每个层的表达能力,如图 2-15 所示。

如图 2-15(b)所示,在每个 Transformer 层中,可以将输入分成多个子空间(FFN),并为每个子空间分配一个 MoE 组件。这些 MoE 组件将并行地处理各个子空间的信息,并产生相应的输出。然后,将这些输出组合起来,作为下一层 Transformer 的输入。这样,每个 Transformer 层都能够从多个专家的信息中受益,并在整个模型中实现更强大的建模能力。每个 MoE 层都由作为"专家"的独立前馈神经网络集合组成,由一个门控函数使用 softmax 激活函数来对这些专家的概率分布进行建模。

每个 MoE 层(底部块)与 Transformer 层(上部块)交错。对于每个输入词元,例如 roses,门控模块从多个专家模型中动态选择两个最相关的专家,这由 MoE 层中的网格表示。然后,这两位专家模型输出的加权平均值将被传递到上层 Transformer 层。对于输入序列中的下一个词元,将选择两个不同的专家系统。

一般来说,不用经典 Transformer 模型的主要理由如下:

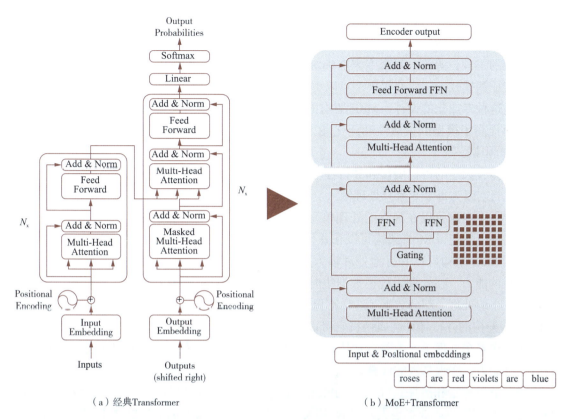

图 2-15　MoE+Transformer 混合架构示意图

（1）支持超大规模参数和复杂任务。MoE 允许在不显著增加计算成本的情况下扩大模型容量。MoE 架构通过在处理输入时仅激活与输入相关的专家子集来实现这一点。换句话说，对于每个输入，只有与其相关的一部分专家会被激活，而其他专家则处于非激活状态。

由于只有部分专家被激活，MoE 架构实际上只需要处理一部分模型参数，而不是整个模型的参数。这使得模型的参数量得以增加，而实际的计算负载却只增加了少量或不增加。换言之，尽管模型的容量增加了，但由于只有部分参数被激活，因此模型的计算成本并没有显著增加。

这种设计使得 MoE 架构能够更好地利用参数，以应对更复杂的任务和更大规模的数据，而不会显著增加计算成本。

（2）更好的计算效率和性能。MoE 提高了计算效率，它可以根据输入动态激活模型的不同部分。这意味着对于每个输入，只有一小部分专家会被计算，从而减少了不必要的计算并提高了处理速度。研究表明，MoE 架构在多个任务和基准测试中提供了优于经典 Transformer 架构的性能。通过合适的专家选择和路由策略，MoE 可以提供更丰富的数据表示和更精细的决策能力。

（3）灵活性和专业化考虑。在 MoE 架构中，每个"专家"都可以学习并专门处理输入空间的不同部分。这意味着在 MoE 架构中，不同的专家被设计成负责处理输入数据的不同方面或子空间，而不是一概而论地处理整个输入。这种专业化的设计使得模型可以更灵活地适应多样化的数据特征和复杂的任务需求。

例如，假设一个 MoE 架构用于自然语言处理任务。在这个模型中，可以有一个专家负责处理词义的理解，另一个专家负责处理句法结构的分析，还有另一个专家负责处理上下文信息的推理，等等。每个专家在训练过程中会学习到针对自己负责的那部分输入数据的特定特征和模式，从而使得模型可以更好地理解和利用输入数据的不同方面。

通过这种专业化的设计，MoE 架构可以更好地适应多样化的数据特征和复杂的任务需求，从而提高了模型的灵活性和泛化能力。这也是 MoE 架构在许多任务和基准测试中表现出色的原因之一。

（4）拥有天然的可扩展性和并行性。MoE 架构的设计允许不同专家在不同的处理单元上独立运行。因为每个专家只处理输入空间的一部分，所以它们之间没有直接的依赖关系。这意味着每个专家可以在独立的处理单元上并行地执行，而无须等待其他专家的结果。这种天然的并行性使得 MoE 架构可以在并行计算环境中高效地运行。

由于 MoE 架构可以并行地处理输入数据，因此它在扩展到大型数据集和复杂任务时具有很强的能力。在处理大规模数据集时，可以将数据分配给多个处理单元，每个处理单元负责独立地处理一部分数据。这样不仅可以加快处理速度，还可以有效地利用计算资源。

MoE 架构的并行计算性质使得它可以有效地利用计算资源，从而保持高效的资源利用率。通过在多个处理单元上并行地执行专家网络，MoE 架构可以充分利用现代计算平台的并行计算能力，实现高效的计算。

（5）节省成本和能耗。MoE 架构使用稀疏激活的专家混合架构来扩展模型容量，同时与密集变体相比，训练成本也大幅降低。相关研究表明，当有 1.2 万亿个参数 MoE 训练架构时，参数量大约是 GPT-3 的 7 倍，但只消耗了训练 GPT-3 能耗的 1/3，并且需要一半的计算触发器来进行推理，同时在 29 个 NLP 任务中仍然实现了更好的零次、一次和少次学习性能。

当然，MoE 也有一个问题，就是静态内存占用大。尽管使用稀疏门控网络可以降低计算成本，但参数总数会随着专家数量的增加而线性或亚线性增加。增加专家的数量需要保留大量的硬件设备。因此，节省了动态（已使用）功率，而不节省静态（保留）功率。需要节能技术拥有在不使用硬件设备时置于低功率状态的能力，这样有助于降低能耗。

分治原理是贯穿应用数学和计算机科学始终的一个具有广泛适用性的原理。通过将复杂问题分解为更简单的子问题，并通过组合这些子问题的解决方案，可以更有效地解决复杂问题。Grok-1 采用 MoE 架构也是出于类似的分治原理，这种架构使得低成本处理超大参数量的大模型训练成为可能。通过将模型划分为多个专家，并对每个专家进行独立处理，最终将它们的输出进行组合，从而达到更高效和优雅的算法结构。分治方法为解决复杂的计算问题提供了一种有效的方式，为未来的研究和应用提供了新的思路和可能性。

作 业

1.（　　）是自然语言处理领域的基础任务和核心问题，其目标是对自然语言的概率分布建模。

　　A. 综合模型　　　B. 复杂模型　　　C. 数学模型　　　D. 语言模型

2. 早期，大量的研究从（　　）等不同角度开展了一系列工作，这些研究在不同阶段对自然语言处理任务有重要作用。

① n 元语言模型　　　　　　　② 神经语言模型
③ Transformer 语言模型　　　④ 预训练语言模型

A. ①③④　　B. ①②④　　C. ①②③　　D. ②③④

3. 随着基于（　　）的各类语言模型的发展及预训练微调范式在自然语言处理各类任务中取得突破性进展，对大语言模型的研究逐渐深入。

A. n 元　　B. ANN　　C. Transformer　　D. 预训练

4. 语言模型起源于（　　），对于任意的词序列，它能够计算出这个序列是一句话的概率。

A. 计算模型　　B. 语音识别　　C. 文字处理　　D. 训练方法

5. 在大模型发展的（　　）阶段，瓦斯瓦尼等人提出了 Transformer 架构，谷歌和 OpenAI 分别提出了 BERT 和 GPT-1 模型。

A. 能力探索　　B. 混合架构　　C. 突破发展　　D. 基础模型

6. 在大模型发展的（　　）阶段，研究人员探索零样本情况下的任务处理能力，还提出了指令微调方案，将大量各类型任务，统一为生成式自然语言理解框架，并构造训练语料进行微调。

A. 能力探索　　B. 混合架构　　C. 突破发展　　D. 基础模型

7. Transformer 是一种在自然语言处理领域中广泛使用的（　　）模型，它的主要特点是使用了"自注意力"机制，允许模型在处理序列数据时考虑到序列中所有元素的上下文关系。

A. 自主学习　　B. 广义学习　　C. 强化学习　　D. 深度学习

8. Transformer 模型先通过输入嵌入层将每个单词转换为其相对应的向量表示。在从输入到输出的语义抽象过程中，主要涉及（　　）和位置感知前馈网络层等模块。

① 注意力　　② 残差连接　　③ 自主服务　　④ 层归一化

A. ①③④　　B. ①②④　　C. ①②③　　D. ②③④

9. Transformer 模型的核心是一种被称为（　　）的机制，它允许模型在处理序列中的每个单词时，衡量该序列不同部分的重要性。

A. 自主意识　　B. 广义搜索　　C. 自注意力　　D. 综合迭代

10. 为了让生成的文本更符合人类语言使用规范，如 ChatGPT 这样的大模型使用了"从人类反馈中进行（　　）"的微调技术，允许开发人员更具体和可控地引导模型的输出。

A. 迁移学习　　B. 监督学习　　C. 自主学习　　D. 强化学习

11. 所谓（　　）网络，可以理解为是一个多层感知机，即一个包含了多个隐藏层的神经网络，其中层与层之间是全连接的，相邻两层的任意两个节点都有连接。

A. 长短期记忆　　B. 前馈神经　　C. 循环神经　　D. 生成对抗

12. Transformer 模型主要由（　　）两部分组成，它们均由若干个基本的 Transformer 块组成。

① 解释器　　② 编码器　　③ 编译器　　④ 解码器

A. ②④　　B. ①③　　C. ①②　　D. ③④

13. Transformer 模型是操作称为"（　　）"的语言单位，它可以映射到整个单词，也可以映射到更小的单词片段。

  A. 成语   B. 语义   C. 词元   D. 词语

14. （　　）是一条分别作用在子层中的直连通路，被用于连接子层的输入与输出，使信息流动更高效，有利于模型的优化。

  A. 短期优化 B. 层归一化 C. 循环通道 D. 残差连接

15. （　　）作用于子层的输出表示序列，同样起到稳定优化的作用。

  A. 短期优化 B. 层归一化 C. 循环通道 D. 残差连接

16. 混合专家架构是一种采用人工神经网络的训练架构，其核心思想是一种将多个（　　）模型组合在一起的方法，以适应不同的输入数据分布，并且这些专家模型可以动态地分配权重。

  A. 全局逻辑 B. 局部逻辑 C. 全局专家 D. 局部专家

17. MoE 架构问世较早，Grok-1 应用时在 MoE 架构中结合了 Transformer。MoE 架构的主要组成部分是（　　）和训练策略。

  ① 基础网络 ② 专家模型 ③ 门控网络 ④ 混合操作

  A. ①③④ B. ①②④ C. ②③④ D. ①②③

18. MoE 架构通过在处理输入时仅激活与（　　）的专家子集，来实现不显著增加计算成本的情况下扩大模型容量。

  A. 输入相关 B. 输出相关 C. 控制结合 D. 控制无关

19. MoE 架构通过组合多个专家模型，通过门控网络动态分配权重，可以提高模型的灵活性和适应性，从而取得更好的性能表现。MoE 架构的专家可以是任何神经网络，例如（　　）等。

  ① 多层感知器   ② 卷积神经网络

  ③ 人工神经网络   ④ 多媒体神经网络

  A. ③④ B. ①② C. ①③ D. ②④

20. （　　）是具有广泛适用性的原理。通过将复杂问题分解为更简单的子问题，并通过组合这些子问题的解决方案，可以更有效地解决复杂问题。

  A. 长短期记忆 B. 生成对抗 C. 循环神经 D. 分治原理

【实训与思考】熟悉阿里云大模型"通义千问"

  "通义千问"是阿里云推出的大规模语言模型，如图 2-16 所示。2023 年 4 月 11 日，在阿里云峰会上首次揭晓了"通义千问"大模型，并在之前一周开启了企业邀请测试，上线了测试官网。初次发布后的几个月内，"通义千问"持续迭代和优化。

  到 2023 年 10 月 31 日，在云栖大会上，阿里云正式发布了通义千问 2.0 版本。这一版本采用了千亿参数的基础模型，在阅读理解、逻辑思维等多个方面的能力有显著提升。同时，通义千问 2.0 还同步推出了支持语音对话等功能的 App 版本，用户可以通过下载 App 进行体验。自首度发布以来，"通义千问"在短时间内实现了重大技术升级和功能扩展，体现了阿里云在人工智能领域的研发实力与创新能力。

第 2 课　语言模型及其发展

图 2-16　"通义千问"登录界面

1. 实训目的

（1）熟悉阿里云"通义千问"大模型，体会"一个不断进化的 AI 大模型"的实际含义。

（2）探索大模型产品的测试方法，提高应用大模型的学习和工作能力。

（3）熟悉多模态概念和多模态大模型，关注大模型产业的进化发展。

2. 实训内容与步骤

大模型产品如雨后春笋般出现，虽然推出时间都不长，但进步神速。阿里云的"通义千问"大模型开宗明义"不断进化"，很好地诠释了大模型的发展现状。请在图 2-17 所示界面单击"立即使用"按钮，开始实践探索活动，如图 2-17 所示。

图 2-17　"通义千问"对话界面

请尝试通过以下多个问题，体验通义千问大模型的工作能力，并做简单记录。

（1）常识题：例如院校地址、专业设置、师资队伍、发展前景等。

问：_____

答：_____

评价：□完美　　　　　□待改进　　　　　□较差

（2）数学题：动物园里有鸵鸟和长颈鹿共 70 只，其中鸵鸟脚的总数比长颈鹿脚的总

33

数多 80 只，问鸵鸟和长颈鹿各有多少只？

答：_____

_____

问：_____

答：_____

评价：□ 正确　　　　□ 待改进　　　　□ 较差

（3）角色扮演：现在你是某电商平台的一位数据分析师，请整理一份数据分析报告的提纲，约 300 字，分析前次电商促销活动效果不如预期的可能原因。

答：_____

_____

问：_____

答：_____

评价：□ 正确　　　　□ 待改进　　　　□ 较差

（4）文章生成：请问 2024 年，AIGC 的创业机会有哪些？

答：_____

_____

问：_____

答：_____

（5）程序代码：请用 Python 语言写一个冒泡程序。

答：_____

_____

问：_____

答：_____

> **注：**
> 如果回复内容重要，但页面空白不够，请写在纸上粘贴如下：
>
> ------------------ 请将丰富内容另外附纸粘贴于此 ------------------

3. 实训总结

_____

_____

4. 实训评价（教师）

_____

_____

第 3 课 大语言模型定义

● **学习目标**

（1）熟悉大语言模型基础知识。
（2）熟悉大语言模型工作原理。
（3）掌握大语言模型定义。

● **学习难点**

（1）掌握大语言模型工作原理。
（2）理解和分析大模型幻觉。

● **素质要素**

（1）树立正确的科技价值观：强调技术的最终目的是服务人类社会，提高生活质量。引导学生认识到，作为未来的技术开发者和使用者，应当秉持以人为本的价值观，确保技术进步惠及大众，而非造成伤害或不公。

（2）增强责任感与使命感：讲解大模型的强大功能时，同时说明其可能带来的副作用，如信息误导、隐私泄露等，强调技术人员应具备高度的责任感，自觉维护网络空间的安全与秩序，为构建清朗网络环境贡献力量。

（3）倡导创新精神与实践能力：鼓励学生在理解大模型原理的基础上，勇于创新，尝试解决实际问题。通过项目式学习、科研实践等方式，激发学生的创造力，同时培养解决复杂问题的能力，为国家科技创新贡献力量。

（4）强化法治观念和伦理意识：在学习技术定义的同时，融入相关法律法规和伦理规范的教育，使学生了解在开发和应用大模型时必须遵守的规则，如数据保护法、知识产权法等，以及行业内的伦理准则，确保技术应用合法合规，尊重个人权益。

（5）培养跨文化交流能力：鉴于大模型在全球范围内的广泛应用，教育学生了解不同文化的差异性和多样性，提高跨文化交流能力，促进技术成果的国际化合作与交流，同时传播中华优秀传统文化，增强文化自信。

（6）关注技术公平与普惠性：引导学生思考如何使大模型等先进技术更加公平、可及，尤其是对于边远地区和弱势群体，探讨技术如何缩小数字鸿沟，实现技术成果的普惠共享。

（7）强调持续学习与自我提升：在快速发展的人工智能领域，持续学习尤为重要。鼓励学生养成终身学习的习惯，适应技术不断进步的要求，同时注重个人品德修养，成为既有专业技能又有高尚品德的复合型人才。

大语言模型不仅促进了人工智能技术的进步，还对社会经济、文化教育、科学研究等多个领域产生了重要影响。学习大模型，不仅关乎技术本身的发展，更是推动社会进步、经济转型和文化繁荣的重要力量。

大模型通过模仿人类语言的复杂性，极大提升了自然语言处理（NLP）技术的能力，使得机器能够更准确地理解、生成和交互自然语言。这不仅推动了聊天机器人、智能客服、自动翻译、内容创作等领域的技术革新，还为新兴技术如语音识别、虚拟助理等提供了强大的技术支持，创造更多商业价值。在科研领域，大模型可以帮助科研人员快速梳理文献、发现研究趋势，甚至辅助撰写科学报告，加速知识的产生和传播。它还可以用于知识图谱的构建和维护，促进跨学科知识的融合与创新。在教育领域，大模型能够根据学生的学习习惯和能力，提供个性化的学习资源和辅导，改善教学效果。同时，它能够生成多语言学习材料，促进文化的全球交流与传播，增强文化多样性的理解和尊重。

3.1 Blockhead 思维实验

在任何现有计算机系统或想象中的未来计算机系统中，存储数千个单词的所有可能序列都是不现实的。与之相比，这些序列的数量使得宇宙中的原子数量看起来微不足道。因此，研究人员重新利用神经网络的试验和真实方法，将这些巨大的集合减少为更易管理的形式。

神经网络最初被应用于解决分类问题——决定某物是什么，例如输入一张图片，网络将确定它是狗还是猫的图像。神经网络必须以一种使相关的输入产生相似结果的方式来压缩数据。

1981年，内德·布洛克构建了一个 Blockhead（傻瓜）假说——假定科学家们通过编程，在 Blockhead 内预先设定好了近乎所有问题的答案，那么，当它回答问题时，人们也许就根本无法区分是 Blockhead 还是人类在回答问题。显然，这里的 Blockhead 并不被认为是智能的，因为它回答问题的方式仅仅是从其庞大的记忆知识库中检索并复述答案，并非通过理解问题之后给出答案。哲学家们一致认为，这样的系统不符合智能的标准。

对于多年来一直在思考人工智能的哲学家来说，GPT-4 就像是一个已经实现了的思维实验。实际上，GPT-4 的许多成就就是通过类似的内存检索操作产生的。GPT-4 的训练集中包括了数亿个人类个体生成的对话和数以千计的学术出版物，涵盖了潜在的问答对。研究发现，深度神经网络多层结构的设计使其能够有效地从训练数据中检索到正确答案。这表明，GPT-4 的回答其实是通过近似甚至是精确复制训练集中的样本生成的。

如果 GPT-4 真的是以这种方式运行，那么它就只是 Blockhead 的现实版本。由此，人们在评估大语言模型时存在一个关键问题：它的训练集中可能包含了评估时使用的测试问题，称为"数据污染"，这些是应该在评估前予以排除的问题。

研究者指出，大模型不仅可以简单地复述其提示的或训练集的大部分内容，还能够灵活地融合来自训练集的内容，产生新的输出。而许多经验主义哲学家提出，能够灵活复制先前经验中的抽象模式，可能不仅是智能的基础，还是创造力和理性决策的基础。

3.2 大语言模型的定义

大语言模型（LLM，简称大模型）是一种基于深度学习技术的人工智能模型，具有大规模参数和复杂结构，其设计目的是理解和生成类似于人类的自然语言。这类模型通过在海量文本数据上进行训练，能够学习到语言的复杂结构、语义和上下文依赖，从而在多种自然语言处理任务中展现卓越性能。

大模型代表了自然语言处理领域的一大进步，正推动着AI技术在对话系统、内容创作、信息检索、语言理解等多个应用场景的革新。例如，OpenAI推出的ChatGPT就是一个大模型的例子，它被训练来理解和生成人类语言，以便进行有效的对话和解答各种问题。

在大模型的上下文中，"大"主要有两层含义。一方面，它指的是模型的参数数量。在这些模型中，参数的数量通常会非常大，达到数十亿甚至数万亿。这使得模型能够学习和表示语言中细微且非常复杂的模式。另一方面，"大"也指的是训练数据的规模。大模型通常可以在来自互联网、书籍、新闻等各种来源的大规模文本数据上进行训练。

在大模型中，"通用"这个词描述的是模型的应用范围。通用语言模型在预训练时使用了来自各种领域的数据，因此模型只需少量额外训练或调整，就能够处理下游各种类型的任务，例如文本生成、情感分析、问答系统、机器翻译、文本摘要等，而不限于某一特定的任务或领域，这些模型在处理新的、未见过的任务时具有很强的泛化能力。

大语言模型的核心特征包括：

（1）深度学习架构：通常基于先进的神经网络架构，尤其是Transformer模型。该架构擅长处理序列数据，通过自注意力机制理解长距离的依赖关系。

（2）无监督预训练：首先在大量未标注文本上进行无监督学习，预训练让模型学习语言的统计规律和潜在结构，之后可以根据具体任务进行有监督的微调。

（3）生成与理解并重：既能根据上下文生成连贯、有逻辑的新文本，也能理解输入文本的意义，进行精准的语义解析和信息提取。

（4）持续学习与适应性：具有持续学习能力，可以通过接收新数据不断优化和扩展知识，保持模型的时效性和准确性。

3.3 大语言模型工作原理

大模型基于深度学习技术，特别是Transformer网络架构的广泛应用，这些模型通过学习海量文本数据，能够理解和生成自然语言。通过深度学习和海量数据训练，大模型实现了对自然语言的深度理解与生成，其工作原理涉及复杂的数学模型、优化算法以及对伦理和社会影响的深刻考量。

大模型的训练需要极高的计算资源，包括大量的 GPU 或 TPU，以及相应的能源消耗，这也是其发展的一个重要考量因素。大模型容易吸收训练数据中的偏见，因此在数据选择和模型使用上需要特别注意伦理问题，努力减少偏见和歧视。随着技术的发展，大模型也在不断进化，持续学习机制和更高效的学习算法被研究，以提高模型的适应性和效率。

3.3.1 大模型的研究基础

大模型的起源可以追溯到人工智能研究的开始。早期的自然语言处理主要有两大流派：符号派和随机学派。诺姆·乔姆斯基的转换生成语法对符号派影响重大。该理论认为自然语言的结构可以被一组形式化规则概括，利用这些规则可以产生形式正确的句子。与此同时，受香农信息论的影响，数学家沃伦·韦弗首创了随机学派。1949 年，韦弗提出使用统计技术在计算机上进行机器翻译的构想。这一思路为统计语言模型的发展铺平了道路，例如 n-gram 模型，该模型根据语料库中单词组合的频率估计单词序列的可能性。

现代语言模型的另一个重要基石是分布假设。该假设最早由语言学家泽利格·哈里斯在 20 世纪 50 年代提出。这一假设认为，语言单元通过与系统中其他单元的共现模式来获得特定意义。哈里斯提出，通过了解一个词在不同语境中的分布特性，可以推断出这个词的含义。

随着分布假设研究的不断深入，人们开发出了在高维向量空间表示文档和词汇的自动化技术。之后的词嵌入模型通过训练神经网络来预测给定词的上下文（或者根据上下文填词）学习单词的分布属性。与先前的统计方法不同，词嵌入模型将单词编码为密集的、低维的向量表示，如图 3-1 所示。由此产生的向量空间在保留有关词义的语言关系的同时，大幅降低了语言数据的维度。同时，词嵌入模型的向量空间中存在许多语义和句法关系。

图 3-1 多维向量空间中词嵌入的一个例子

图 3-1 中 A 部分指一个在自然语言语料库上训练的词嵌入模型学会将单词编码成多维空间中的数值向量，为了视觉上的清晰性而简化为两维。在训练过程中，上下文相关的单词（如 age 和 epoch）的向量变得更加相似，而上下文无关的单词（如 age 和 coffee）的向量变得不那么相似。

图 3-1 中 B 部分指在经过训练的模型的二维向量空间中的词嵌入。具有相似含义的单词（如 age 和 epoch）被放置在更靠近的位置，这由它们的余弦相似度得分高度表示；而

具有不同含义的单词（如 coffee 和 epoch）则相对较远，反映了余弦相似度得分较低。余弦相似度是一种用于确定两个非零向量夹角余弦的度量，反映它们之间的相似程度。余弦相似度得分越接近 1，表示夹角越小，向量之间的相似度越高。

词嵌入模型的发展是自然语言处理历史上的一个转折点，为基于在大型语料库中的统计分布在连续向量空间中表示语言单元提供了强大而高效的手段。然而，这些模型也存在一些显著的局限性。首先，它们无法捕捉一词多义和同音异义，因为它们为每个单词类型分配了单一的嵌入，无法考虑基于上下文的意义变化。

随后的"深度"语言模型引入了类似记忆的机制，使其能够记住并处理随时间变化的输入序列，而不是个别的孤立单词。这些模型虽然在某些方面优于词嵌入模型，但它们的训练速度较慢，处理长文本序列时表现也欠佳。这些问题在瓦斯瓦尼等人于 2017 年引入的 Transformer 架构中得到解决，Transformer 架构是谷歌云 TPU 推荐的参考模型，为现代大模型奠定了基础。

3.3.2　词元及其标记化

在语言模型中，tokens 是指单词、单词部分（称为子词）或字符转换成的数字列表。每个单词或单词部分都被映射到一个特定的数字表示，称为词元（token）。这种映射关系通常是通过预定义的规则或算法完成的，不同的语言模型可能使用不同的标记化方案，但重要的是要保证在相同的语境下，相同的单词或单词部分始终被映射到相同的词元，如图 3-2 所示。

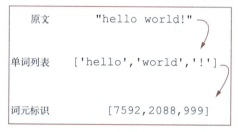

图 3-2　相同的单词始终被映射到相同的词元

大多数语言模型倾向于使用子词标记化，因为这种方法高效灵活。子词标记化能够处理单词的变形、错字等情况，从而更好地识别单词之间的关系。

3.3.3　基础模型

训练一个大模型可能非常耗时和昂贵——如今，最常见的商业系统是在数千台强大处理器上同时训练数周，耗资达数百万美元。这些程序通常称为"基础模型"（见图 3-3），具有广泛的适用性和长期使用寿命。它们可以用作许多不同类型专业大模型的基础，尽管直接与它们交互也是完全可能的。

大模型在完成了对大型文本语料库的"基础训练"后，就要进入调整阶段。这包括向它提供一系列示例，说明它应该如何礼貌地和合作地回答问题（响应"提示"），最重要的是，它不允许说什么（这反映了其开发者的态度和价值判断）。初始训练步骤大多是自动化过程，这个社交化步骤是通过所谓的人类反馈强化学习（reinforcement learning from human feedback，RLHF）来完成的。人类审查大模型对一系列可能引起不当行为的提示的反应，然后帮助大模型做出改进。

完成训练后，大模型接收使用者的提示或问题作为输入，对其进行转换并生成一个回应。与训练步骤相比，这个过程快速而简单。

图 3-3　训练基础模型

模型将这种"猜测下一个词"的技术扩展到更长的序列上。重要的是，要理解分析和猜测实际上不是在词本身进行的，而是在所谓的标记上进行的——它们代表词的一部分，并且这些标记进一步以"嵌入"形式表达，旨在捕捉它们的含义。

3.3.4　词嵌入及其含义

大模型首先使用词嵌入技术将文本中的每个词汇转化为高维向量，确保模型可以处理连续的符号序列。这些向量不仅编码了词汇本身的含义，还考虑了语境下的潜在关联。

将每个单词表示为一种特定形式的向量（列表），称为嵌入。嵌入将给定的单词转换为具有特殊属性的向量（有序数字列表）：相似的单词具有相似的向量表示。想象一下，"朋友"、"熟人""同事"和"玩伴"这些词的嵌入。目标是，嵌入应该将这些单词表示为彼此相似的向量，通过代数组合嵌入来促进某些类型的推理。

单词嵌入的一个缺点是它们并不固有地解决多义性问题。处理这个问题有几种方法，例如，如果训练语料库足够详细，单词出现的上下文将倾向于聚合成统计簇，每个簇代表同一个单词的不同含义。这允许大模型以模棱两可的方式表示单词，将其与多个嵌入相关联。多义性的计算方法是一个持续研究的领域。

当你想知道一个词的含义时，会怎么做？例如，查字典时，在字典里会找到用词语表达的关于词义的描述，读了定义后，就能理解一个词的含义。换句话说，就是通过与其他单词的关系来表示单词的含义，这通常被认为是了解语义的一种较好的方法。

当然，有些词确实指的是现实世界中的真实事物。但是，在相互关联的定义中有太多的内在结构，以至于关于给定单词的几乎所有需要知道的东西都可以通过它与其他单词的关系来编码。

3.3.5　基于 Transformer 模型

Transformer 是一种在自然语言处理领域中广泛使用的深度学习模型，它源自谷歌公司在 2017 年发表的一篇论文《注意力就是你所需要的》。

Transformer 模型首先应用于机器翻译的神经网络模型架构，目标是从源语言转换到目标语言，它完成了对源语言序列和目标语言序列全局依赖的建模。因为适用于并行计算，使它的模型复杂程度在精度和性能上都要高于之前流行的循环神经网络（RNN），如今的大语言模型几乎都基于 Transformer 结构。

当一个 Transformer 模型对一句话进行处理时，它会一次查看所有单词，并为每对单词计算一个"注意分数"。注意分数确定了句子中每个单词应该对其他每个单词的解释产生多大影响。例如，如果句子是"猫坐在垫子上"，当模型处理单词"坐"时，它可能会更多地关注单词"猫"（因为"猫"是坐的对象），而对单词"垫子"关注较少。但是当处理单词"上"时，它可能会更多地关注"垫子"。

当要求大模型回答问题时，类似的过程也会发生。大模型首先将该单词转换为嵌入，然后以相同的方式处理询问，使其专注于输入的最重要部分，并使用这些来预测：如果你开始回答问题，则输入的下一个单词可能是什么。

为了解决序列信息中词语顺序的问题，Transformer 模型引入了位置编码机制，利用词嵌入来表达语言中的复杂概念。在 Transformer 中，每个单词都被表示为一个高维向量，而这些向量在表示空间中的位置反映了单词之间的语义关系。例如，具有相似含义的单词在表示空间中可能会更加接近，而含义不同的单词则会相对远离。这种机制允许模型理解并记住单词之间的相对或绝对位置关系，即使在转换成固定长度向量后也能保留上下文信息。

通过使用这种高维表示，Transformer 能够更好地理解和生成自然语言。它们通过学习大量文本数据，自动调整词嵌入向量的参数，使得模型能够根据上下文理解单词的含义，并生成连贯的语言输出。Transformer 模型中的注意力机制允许模型集中注意力于输入中与当前任务相关的部分，从而提高了模型在处理长文本序列和复杂语境中的性能。

3.3.6 自注意力机制

早期在解决机器翻译这一类序列到序列的问题时，通常采用的做法是利用一个编码器和一个解码器构建端到端的神经网络模型。但是，基于编码解码的神经网络存在两个问题。这里以机器翻译作为例子：

问题 1：如果翻译的句子很长很复杂（如直接将一篇文章输进去），模型的计算量会很大，并且模型的准确率下降严重。

问题 2：在不同的翻译语境下，同一个词可能具有不同含义，但是网络对这些词向量并没有区分度，没有考虑词与词之间的相关性，导致翻译效果比较差。

同样，在计算机视觉领域，如果输入的图像尺寸很大，做图像分类或者识别时，模型的性能也会下降。针对这样的问题，提出了注意力机制。

早在 20 世纪 90 年代对注意力机制就有研究，到 2014 年弗拉基米尔的《视觉注意力的反复模型》一文中将其应用在视觉领域。后来，伴随着 2017 年 Transformer 结构的提出，注意力机制在自然语言处理、计算机视觉等相关问题上被广泛应用。

注意力机制实际上就是想将人的感知方式、注意力的行为应用在机器上，让机器学会去感知数据中的重要和不重要的部分。例如，要识别一张图片中是一个什么动物时，可让机器侧重于关注图片中动物的面部特征，包括耳朵、眼睛、鼻子、嘴巴，而不用太关注其背景信息。核心目的是希望机器能注意到当前任务的关键信息，而减少对其他非关键信息的注意。同样，在机器翻译中，让机器注意到每个词向量之间的相关性，有侧重地进行翻译，模拟人类的理解过程。

对模型的每一个输入项，可能是图片中的不同部分，或者是语句中的某个单词，分配一个权重，这个权重的大小代表了我们希望模型对该部分的关注程度。这样，通过权重大小来模拟人在处理信息时的注意力侧重点，有效地提高模型的性能，并且在一定程度上降低了计算量。

深度学习中的注意力机制通常可分为三类：软注意（全局注意）、硬注意（局部注意）和自注意力（内注意）。

（1）软注意机制：对每个输入项分配的权重在 0～1 之间，也就是某些部分关注多一点，某些部分关注少一点。由于对大部分信息都有考虑，但考虑程度不一样，所以相对计算量比较大。

（2）硬注意机制：对每个输入项分配的权重非 0 即 1，只考虑哪部分需要关注，哪部分不关注，也就是直接舍弃一些不相关项。优势在于可以减少一定的时间和计算成本，但有可能丢失一些本应该注意的信息。

（3）自注意力机制：对每个输入项分配的权重取决于输入项之间的相互作用，即通过输入项内部的"表决"来决定应该关注哪些输入项，在处理很长的输入时，具有并行计算的优势。

自注意力是 Transformer 的核心部件，通过计算输入序列中每个位置的单词与其他所有位置单词的相关性，从而实现对整个句子的全局建模。多头自注意力则扩展了这一机制，使其能够从不同视角捕获并整合信息。

在自注意力层之后，模型通常会包含一个或多个全连接的前馈神经网络层，用于进一步提炼和组合特征，增强模型对复杂语言结构的理解和表达能力。

3.3.7 生成和理解

对于生成任务（如文本创作、对话系统），模型根据给定的初始文本或上下文，生成连续的、有逻辑的文本序列。这通常通过采样技术（如贪婪采样、核密度采样）实现，确保生成的文本既符合语法又具有连贯性。

而对于理解任务（如问答、情绪分析），模型需要理解输入文本的深层含义，这依赖于模型在预训练和微调阶段学习到的语义理解能力。模型通过分析文本内容，提取关键信息并给出准确的响应或判断。

3.3.8 预训练过程与微调

预训练的目标通常是为了学习语言的普遍规律，模型被训练去预测给定序列中缺失的单词（如 BERT）或预测序列的下一个单词（如 GPT 系列）。在预训练阶段，模型在大规模的通用文本数据上进行训练，学习语言的基本结构和各种常识。海量的数据集可能包含互联网文本、书籍、新闻、社交媒体等多种来源，旨在覆盖广泛的主题和语言风格。

模型通常采用 Transformer 架构，它通过自注意力机制处理输入序列，使得模型能够理解上下文依赖，而不仅仅是相邻单词的关系。模型使用交叉熵损失函数等来衡量预测错误的程度，并通过梯度下降等优化算法更新参数，以最小化损失函数。

大模型被训练来解决通用（常见）的语言问题，如文本分类、问答、文档总结和文本生成等。

（1）文本分类：大模型可以通过对输入文本进行分析和学习，将其归类到一个或多个预定义的类别中。例如，可以使用大模型来分类电子邮件是否为垃圾邮件，或将博客文章归类为积极、消极或中立。

（2）问答：大模型可以回答用户提出的自然语言问题。例如，可以使用大模型来回答搜索引擎中的用户查询，或者回答智能助手中的用户问题。

（3）文档总结：大模型可以自动提取文本中的主要信息，以生成文档摘要或摘录。例如，可以使用大模型来生成新闻文章的概要，或从长篇小说中提取关键情节和事件。

（4）文本生成：大模型可以使用先前学习的模式和结构来生成新的文本。例如，可以使用大模型来生成诗歌、短故事或者特定主题的文章。

以训练狗为例，可以训练它坐、跑、蹲和保持不动。但如果训练的是警犬、导盲犬和猎犬，则需要特殊的训练方法。大模型的训练也采用与之类似的思路。预训练完成后，在微调阶段，模型可以在特定任务上进行微调，在更小、带有标签的数据集上进行进一步的训练，使模型适应特定的语言理解和生成任务。这个数据集通常是针对某个特定任务或领域的，例如医学文本、法律文本，或者是特定的对话数据。微调可以让模型更好地理解和生成这个特定领域的语言，从而更好地完成特定的任务。

根据任务类型，可能需要调整模型的输出层。例如：在分类任务中，最后的输出层会设计为输出类别概率；在生成任务中，则可能使用 softmax 函数来预测下一个单词。

3.4 大模型的幻觉

所谓幻觉，是指大模型在回答问题或提示时，实际上并不会查阅其训练时接触到的所有词序列，这就意味着它们通常只能访问那些信息的统计摘要，但它们无法重现创建它们的确切序列。于是，大模型就出现了幻觉，即模型生成的内容与现实世界事实或用户输入不一致的现象。

通常大模型很难区分现实和想象。至少目前来说，它们没有很好的方法来验证它们认为或相信可能是真实的事物的准确性。即使它们能够咨询互联网等其他来源，也不能保证它们会找到可靠的信息。

3.4.1 幻觉的分类

研究人员将大模型的幻觉分为事实性幻觉和忠实性幻觉。

（1）事实性幻觉：指模型生成的内容与可验证的现实世界事实不一致。例如，问模型："第一个在月球上行走的人是谁？"模型回复："查尔斯·林德伯格在1951年月球先驱任务中第一个登上月球。"实际上，第一个登上月球的人是尼尔·阿姆斯特朗。

事实性幻觉又可以分为事实不一致（与现实世界信息相矛盾）和事实捏造（压根没有，无法根据现实信息验证）。

（2）忠实性幻觉：指模型生成的内容与用户的指令或上下文不一致。例如，让模型总结 2023 年 10 月的新闻，结果模型却在说 2006 年 10 月的事。

忠实性幻觉也可以细分为指令不一致（输出偏离用户指令）、上下文不一致（输出与上下文信息不符）、逻辑不一致（推理步骤及与最终答案之间的不一致）三类。

3.4.2 产生幻觉的原因

大模型采用的数据是致使它产生幻觉的一大原因，其中包括数据缺陷、数据中捕获的事实知识的利用率较低等因素。具体来说，数据缺陷分为错误信息和偏见（重复偏见、社会偏见）。此外，大模型也有知识边界，所以存在领域知识缺陷和过时的事实知识。

实际上，即使大模型应用了大量的数据，也会在利用时出现问题。大模型可能会过度依赖训练数据中的一些模式，如位置接近性、共现统计数据和相关文档计数，从而导致幻觉。例如，如果训练数据中频繁共现"加拿大"和"多伦多"，那么大模型可能会错误地将多伦多识别为加拿大的首都。此外，大模型还可能会出现长尾知识回忆不足、难以应对复杂推理的情况。

长尾知识是指：不能过于迷信依靠人工智能模型自身能力解决问题。顶流人工智能模型的水平虽然高，但主要体现在语言与思维能力。它们掌握的世界知识，其实仅仅是人类文明史里极少数意义重大的知识。浩如烟海的长尾知识（见图 3-4）散落在数字世界的各个角落。这些知识难以规整成数据集，人工智能也无法跟上其指数级增长的生产速度。

图 3-4　长尾知识

除了数据，训练过程也会使大模型产生幻觉。主要是预训练阶段（大模型学习通用表示并获取世界知识）、对齐阶段（微调大模型使其更好地与人类偏好一致）两个阶段产生问题。

预训练阶段可能会存在：

（1）架构缺陷：基于前一个词元预测下一个词元，这种单向建模阻碍了模型捕获复杂的上下文关系的能力；自注意力模块存在缺陷，随着词元长度增加，不同位置的注意力被稀释。

（2）暴露偏差：训练策略也有缺陷，模型推理时依赖于自己生成的词元进行后续预测，模型生成的错误词元会在整个后续词元中产生级联错误。

对齐阶段可能会存在：

（1）能力错位：大模型内在能力与标注数据中描述的功能之间可能存在错位。当对齐数据需求超出这些预定义的能力边界时，大模型会被训练生成超出其自身知识边界的内容，从而放大幻觉的风险。

（2）信念错位：基于人类反馈强化学习等的微调，使大模型的输出更符合人类偏好，但有时模型会倾向于迎合人类偏好，从而牺牲信息真实性。

大模型产生幻觉的第三个关键因素是推理，存在两个问题：

（1）固有的抽样随机性：在生成内容时根据概率随机生成。

（2）不完美的解码表示：上下文关注不足（过度关注相邻文本而忽视了源上下文）和 softmax 瓶颈（输出概率分布的表达能力受限）。

3.4.3　检测大模型病症

研究人员给出了一份模型幻觉检测基准：

（1）针对事实性幻觉，有检索外部事实和不确定性估计两种方法。检索外部事实是将模型生成的内容与可靠的知识来源进行比较。基于不确定性估计的幻觉检测方法可以分为两类：基于内部状态的方法和基于行为的方法。基于内部状态的方法主要依赖于访问大模型的内部状态。例如，通过考虑关键概念的最小标记概率来确定模型的不确定性。基于行为的方法则主要依赖于观察大模型的行为，不需要访问其内部状态。例如，通过采样多个响应并评估事实陈述的一致性来检测幻觉。

（2）检测忠实性幻觉，有五种不同的方法：

- 基于事实的度量：测量生成内容和源内容之间事实的重叠程度来评估忠实性。
- 分类器度量：使用训练过的分类器来区分模型生成的忠实内容和幻觉内容。
- 问答度量：使用问答系统来验证源内容和生成内容之间的信息一致性。
- 不确定度估计：测量模型对其生成输出的置信度来评估忠实性。
- 提示度量：让大模型作为评估者，通过特定的提示策略来评估生成内容的忠实性。

3.4.4　减轻幻觉

研究人员根据致幻原因，总结了现有减轻幻觉现象的方法：

（1）数据相关的幻觉：减少错误信息和偏见，最直观的方法是收集高质量的事实数据，并进行数据清理以消除偏见。对于知识边界的问题，有两种流行方法：一种是知识编辑，直接编辑模型参数弥合知识差距；另一种通过检索增强生成利用非参数知识源。

（2）训练相关的幻觉：根据致幻原因，可以完善有缺陷的模型架构。在模型预训练阶段，最新研究试图通过完善预训练策略、确保更丰富的上下文理解和规避偏见来应对这一问题。例如，针对模型对文档式的非结构化事实知识理解碎片化、不关联，有研究将文档的每个句子转换为独立的事实，从而增强模型对事实关联的理解。此外，还可以通过改进人类偏好判断、激活引导，减轻对齐错位问题。

（3）推理相关的幻觉。不完美的解码通常会导致模型输出偏离原始上下文。研究人员探讨了两种策略：一种是事实增强解码；另一种是译后编辑解码。

此外，忠实度增强解码优先考虑与用户说明或提供的上下文保持一致，并强调增强生成内容的一致性。现有工作可以总结为两类：上下文一致性和逻辑一致性。有关上下文一致性的研究之一是上下文感知解码，通过减少对先验知识的依赖来修改输出分布，从而促进模型对上下文信息的关注。有关逻辑一致性的研究包括知识蒸馏框架，用来增强思维链提示中固有的自洽性。

作　业

1. 大模型通过模仿人类语言的（　　），极大提升了自然语言处理技术的能力，使得机器能够更准确地理解、生成和交互自然语言。

　　A. 简洁性　　　　B. 复杂性　　　　C. 单一性　　　　D. 直观性

2. 1981年，内德·布洛克构建了一个Blockhead假说——假定科学家们通过编程，预先设定好了近乎所有问题的答案。这样的系统被人认为是（　　）智能的标准。

　　A. 等同于　　　　B. 接近于　　　　C. 不符合　　　　D. 符合

3. 人们在评估大模型时存在一个关键问题：它的训练集中可能包含了评估时使用的测试问题，称为（　　），这些是应该在评估前予以排除的问题。

　　A. 数据污染　　　B. 数据挖掘　　　C. 典型数据　　　D. 标准数据

4. 研究指出，大模型不仅可以简单地复述其提示的或训练集的大部分内容，还能够灵活地融合来自训练集的内容，产生（　　）。

　　A. 数据污染　　　B. 测试数据　　　C. 标准答案　　　D. 新的输出

5. 一些经验主义哲学家提出，能够灵活复制先前经验中的抽象模式，可能是（　　）的基础。

　　① 智能　　　　② 复制　　　　③ 创造力　　　　④ 理性决策

　　A. ②③④　　　　B. ①②③　　　　C. ①③④　　　　D. ①②④

6. （　　）是一种基于深度学习技术的人工智能模型，具有大规模参数和复杂结构，其设计目的是理解和生成类似于人类的自然语言。

　　A. 生成器　　　　B. 大模型　　　　C. 语言词典　　　D. 训练集

7. 大模型通过在海量文本数据上进行训练，能够学习到语言的（　　），从而在多种自然语言处理任务中展现卓越性能。

　　① 字典　　　　② 复杂结构　　　　③ 语义　　　　④ 上下文依赖

　　A. ②③④　　　　B. ①②③　　　　C. ①②④　　　　D. ①③④

8. 大模型的"大"主要有（　　）两层含义。它们使得模型能够学习和表示语言中细微且非常复杂的模式，并且训练数据一般来自互联网、书籍、新闻等各种来源。

　　① 模型的参数数量　　　　　　② 模型参数的精确度
　　③ 训练数据的规模　　　　　　④ 训练数据的维度

　　A. ③④　　　　B. ①②　　　　C. ②④　　　　D. ①③

9. 在大模型中，"通用"这个词描述的是模型的（　　）。模型预训练时使用了来自各种领域的数据，因此只需少量额外训练或调整，就能够处理下游各种类型的任务。

A. 数值精度　　　B. 数据冗余度　　　C. 应用范围　　　D. 数据适用性

10. 除了采用深度学习架构，模型"大"而"通用"之外，大模型的核心特征还包括（　　）。

①无监督预训练　　　　　　②生成与理解并重
③持续学习与适应性　　　　④计算精度高误差小

A. ②③④　　　B. ①②③　　　C. ①②④　　　D. ①③④

11. 通过深度学习和海量数据训练，大模型实现了对自然语言的深度理解与生成，其工作原理涉及（　　）。

①复杂的数学模型　　　　　②对伦理和社会影响的深刻考量
③科学计算的精度　　　　　④优化算法

A. ①②④　　　B. ①③④　　　C. ①②③　　　D. ②③④

12. （　　）模型的发展是自然语言处理历史上的一个转折点，为基于在大型语料库中的统计分布在连续向量空间中表示语言单元提供了强大而高效的手段。

A. 逻辑　　　B. 基础　　　C. 词嵌入　　　D. 上下文

13. 训练一个大模型可能非常耗时和昂贵，这些程序通常被称为（　　），它们可以用作为许多不同类型专业大模型的基础。

A. 逻辑组件　　　B. 基本组件　　　C. 复杂模型　　　D. 基础模型

14. （　　）是 Transformer 的核心部件，通过计算输入序列中每个位置的单词与其他所有位置单词的相关性，从而实现对整个句子的全局建模。

A. 逻辑关注　　　B. 自注意力　　　C. 伪注意力　　　D. 上下文注意

15. 大模型可以进行预训练，然后针对特定目标进行（　　）。它被训练来解决通用的语言问题，如文本分类、问答、文档总结和文本生成等。

A. 微调　　　B. 泛化　　　C. 扩展　　　D. 集成

16. 在"大模型"的上下文中，"大"主要有两层含义，即（　　）。

①模型参数数量　　②训练数据规模　　③训练设备庞大　　④结果产出丰富

A. ①③　　　B. ②④　　　C. ①②　　　D. ③④

17. 通用语言模型在训练时使用了来自各种领域的数据，因此它们能够处理各种类型的任务，这些模型在处理新的、未见过的任务时具有很强的（　　）能力。

A. 微调　　　B. 泛化　　　C. 扩展　　　D. 集成

18. 大模型的所谓（　　），是指大模型在回答问题或提示时，通常只能访问那些信息的统计摘要，使模型生成的内容与现实世界事实或用户输入不一致的现象。

A. 突变　　　B. 估算　　　C. 跃迁　　　D. 幻觉

19. 大模型采用的数据是致使它产生幻觉的一大原因，其中包括数据缺陷、数据中捕获的事实知识的利用率较低等因素。其中，数据缺陷分为（　　）。

①知识边界　　②数量不足　　③错误信息　　④偏见

A. ①③④　　　B. ①②④　　　C. ①②③　　　D. ②③④

20. 所谓（　　）是指：不能过于迷信依靠人工智能模型自身能力解决问题。顶流人工智能模型的水平虽然高，但它们掌握的世界知识其实仅仅是人类文明史里极少数意义重大的知识。

A. 逻辑单元　　B. 复杂系统　　C. 长尾知识　　D. 专用模块

【实训与思考】字节跳动的 AI 产品：豆包

"豆包"是字节跳动（抖音）企业在 2023 年 8 月份推出的一款 AI 产品，直接对标 ChatGPT、文心一言这类产品，是目前国内活跃度较高的 AI 产品之一（见图 3-5）。它集 ChatGPT 和文心一言等多模型 AI 技术于一身，整合了多种 LLM 模型的创新平台。不同的是，豆包的产品定位更倾向于成为一个综合性的 AI 智能体平台，产品整体的交互形式以智能体的形式呈现，通过一个个智能体的方式满足用户在不同应用场景的使用需求。通用场景下，用户可以和"豆包"默认智能体聊天对话，也可以寻找其他垂直应用的智能体对话解决垂直场景的问题。

图 3-5　计算机版豆包产品的主界面

据称，豆包的前身是内部孵化的项目 Grace，之所以起名为"豆包"，是因为一开始想着作为抖音内的 AI 工具包，或者把抖音内的所有 AI 应用都包了。很多用户调侃这个名字取得太过于俗气，但目前从行业的风气上看，大厂的 AI 产品都倾向于取一些比较实物化、普通而接地气的名字，而不是一些高大上的名字。

1. 实训目的

（1）熟悉 AI 工具包"豆包"，了解此类软件存在的意义和作用。

（2）应用豆包工具，下载、安装、注册，熟悉豆包的运行环境和丰富功能。

（3）应用豆包工具，完成创建一项 AI 应用成果。

2. 实训内容与步骤

（1）阅读分析：豆包的产品定位。

从产品、公司战略的角度看产品定位，主要如下：

① 从产品形态看。豆包是一个综合性 AI 智能体平台，其智能体包括 3 种类型：

- 豆包默认智能体：这是用户默认使用的智能体。首次使用时，用户进入的是豆包默认的智能体，新建对话时也是调用默认智能体。
- PGC（专业生产内容）智能体。这是豆包官方创建的智能体，目前豆包官方创建了25个智能体，包括AI图片生成、爱聊天的小宁、全能写作助手等。
- UGC（用户产生内容）智能体。这是用户自己创建的智能体，例如官方数据显示，截至2024年5月，豆包应用内已有近800万的UGC智能体。

② 从公司战略角度看。豆包的定位主要包括如下几点：
- 豆包更倾向于打造为公司品牌和门面的AI产品。
- 豆包是字节大模型显示实力的产品。目前豆包整体免费开放，其成本消耗不小，但这是一种通过客户端占领用户市场和心智，然后带动大模型售卖的一种方式。企业级客户通过使用和体验豆包的能力，可以感受和对比豆包大模型，更有利于大模型的售卖。

③ 豆包是字节跳动AI场景的试验田。在扶持一个体量较大的AI产品之后，豆包也承担起了AI应用场景和市场验证的责任。团队会将一些验证场景以智能体方式放到豆包应用内，并观察增长数据情况来验证需求。

（2）豆包产品核心能力。

① 手机端核心产品功能。
- 沉浸态的语音对话功能：豆包的语音对话聊天功能在自然度、拟人化和流畅度等方面相对来说不错，和竞品可以形成相对的差异，可见字节跳动在语音模型、语音合成等方面具备一定的领先优势。
- 自定义智能体：用户可以通过创建智能体的方式自己设置一个角色或者智能体，并应用于个人，或者公开给他人使用。其创建智能体的方式比较简单，只提供了提示、头像、声音配置的选项，没有提供太多个性化配置，主要在智能体开发平台扣子里面实现。
- 发现智能体：该模块主要满足需要寻找垂直应用场景的智能体需求。目前该模块提供了头像生成、学习、AI绘画、游戏动漫、角色扮演、影视小说、工作、创作、生活、情感、趣味等十几类智能体。
- 文生图能力：与竞品相比较，豆包在生成质量、准确性等方面表现相对不错。
- AI生成文本+短视频推荐组合形成回复：当涉及一些吃喝玩乐相关话题时，豆包除了生成文字回复外，还会推流一个抖音短视频给用户。这种方式主要是为了解决模型无法很好地应对实时性和物理世界相关信息这个问题。配合人工生成的短视频，能够更好地解答用户的问题，让回复质量更高。
- 本地生活推荐：豆包支持基于用户的推荐。用户定位附近的商家，给其提供本地生活推荐服务。

② 计算机端核心产品功能。

豆包计算机端除了网页端Web版，还推出了PC客户端版本，整体产品以浏览器的形式存在。其核心功能包括如下：
- AI搜索：AI和搜索结合，是AI的一个关键应用场景。豆包的AI搜索功能，在搜索结果的时效性、准确性等方面比较不错。AI搜索成本比较高，并且AI搜索会冲击传统搜索广告的业务。
- 文档对话和阅读总结：这方面，豆包表现的优点在于模型的 OCR 能力更好，例如上传扫描件 PDF 文档时，豆包可以准确识别文档内容。
- 内容创作：豆包支持细分场景的 AI 内容创作。
- 浏览器插件：支持在浏览器里面实现基于页面浏览的 AI 功能，包括划词搜索和翻译、页面摘要、视频转文字等实用功能。
- 计算机插件：整体功能和浏览器插件差不多，支持切换到计算机的应用场景。

（3）应用体验与分析比较。

请尝试安装手机或者计算机版豆包产品，按上文介绍内容，分别体会豆包产品的各项功能，并记录体验分析。如果通识还熟悉一些其他 AIGC 产品，可以做一些功能对比分析。请记录你的尝试。

答：_____

_____

_____

3. 实训总结

答：_____

_____

_____

4. 实训评价（教师）

_____

_____

第 4 课
大语言模型架构

● 学习目标 ……

（1）熟悉大语言模型生成原理。
（2）了解多模态语言模型。
（3）掌握大语言模型结构与应用技术架构。

● 学习难点 ……

（1）大语言模型生成原理。
（2）多模态语言模型。

● 素质要素 ……

（1）创新与实践能力培养：结合大模型的实际案例，鼓励学生探索技术的创新应用，同时强调实践中的问题解决能力，促进理论与实践相结合，提升学生的综合素质。强调团队合作和跨学科协作，模拟真实世界项目，培养学生的沟通协调能力及集体主义精神。

（2）批判性思维与独立判断：教育学生在面对大模型输出的信息时，具备批判性思维，学会甄别信息真伪，避免盲目信任技术结果，培养独立思考和判断的能力。讨论模型潜在的偏差与局限性，鼓励学生思考如何通过技术改进减少这些负面影响，促进公平正义。

（3）人文关怀与技术的人性化：引导学生思考技术如何更好地服务于人的全面发展，关注技术应用中的人文关怀，如提高无障碍访问性、促进教育公平等。探讨技术发展与社会文化的互动关系，鼓励学生在技术设计中融入文化多样性，促进文化传承与创新。

大语言模型的底层逻辑包括深度学习架构、训练机制与应用场景等。近年来，通过扩大数据大小和模型大小，大模型取得显著进展，提高了惊人的涌现能力，包括上下文学习（in-context learning，ICL）、指令微调和思维链（chain of thought，CoT）。

尽管大模型在自然语言处理任务中表现出了很好的零样本/少样本推理性能，但它们天生"视而不见"，因为通常只能理解离散文本。尽管如此，研究界还是做出了许多努力来开发有能力的多模态大模型，展示了一些令人惊讶的实用能力，例如基于图像编写网站代码，理解模因（指能通过模仿而被复制的信息或思想，小到一条回答、一段流行歌曲旋律、一首古诗、一个笑话、一幅图片，大到一个习俗、一个节日、一个思想、一个主义）的深层含义，以及数学推理。

4.1 生成式预训练语言模型

计算机视觉领域采用 ImageNet 数据集对模型进行一次预训练，使得模型可以通过海量图像充分学习如何提取特征，再根据任务目标进行模型微调。受此范式影响，自然语言处理领域基于预训练语言模型的方法也逐渐成为主流。以 ELMo 为代表的动态词向量模型开始了语言模型预训练，此后，以 GPT（生成式预训练）和 BERT（bidirectional encoder representation from transformers，来自转换器的双向编码器表示）为代表的基于 Transformer 的大规模预训练语言模型出现，使自然语言处理全面开启预训练微调范式。

利用丰富的训练数据、自监督的预训练任务及 Transformer 等深度神经网络结构，预训练语言模型具备了通用且强大的自然语言表示能力，能够有效地学习到词汇、语法和语义信息。将预训练模型应用于下游任务时，不需要了解太多的任务细节，不需要设计特定的神经网络结构，只需要"微调"预训练模型，即使用具体任务的标注数据在预训练语言模型上进行监督训练，也可以取得显著的性能提升。

OpenAI 公司在 2018 年提出的 GPT 是典型的生成式预训练语言模型（见图 4-1），它是由多层（如 12 层，即图中的 12*）Transformer 组成的单向语言模型，主要分为输入层、编码层和输出层等。

图 4-1　GPT 的模型结构

（1）无监督预训练：GPT 采用生成式预训练方法，单向意味着模型只能从左到右或从右到左地对文本序列建模，所采用的 Transformer 结构和解码策略保证了输入文本每个位置只能依赖过去时刻的信息。

（2）有监督下游任务微调：通过无监督语言模型预训练，使得 GPT 模型具备了一定的通用语义表示能力。下游任务微调的目的是在通用语义表示的基础上，根据下游任务的特性进行适配。下游任务通常需要利用有标注数据集进行训练。

GPT-3 是一个简单的统计语言模型。从机器学习的角度，语言模型是对词语序列的概率分布的建模，即利用已经说过的片段作为条件预测下一个时刻不同词语出现的概率分布。语言模型一方面可以衡量一个句子符合语言文法的程度（例如衡量人机对话系统自动产生的回复是否自然流畅），同时也可以用来预测生成新的句子。例如，对于一个片段"中午12点了，我们一起去餐厅"，语言模型可以预测"餐厅"后面可能出现的词语。一般的语言模型会预测下一个词语是"吃饭"，强大的语言模型能够捕捉时间信息并且预测产生符合语境的词语"吃午饭"。

通常，一个语言模型是否强大主要取决于两点：首先看该模型是否能够利用所有的历史上下文信息，上述例子中如果无法捕捉"中午12点"这个远距离的语义信息，语言模型几乎无法预测下一个词语"吃午饭"。其次，还要看是否有足够丰富的历史上下文可供模型学习，也就是说训练语料是否足够丰富。由于语言模型属于自监督学习，优化目标是最大化所见文本的语言模型概率，因此任何文本无须标注即可作为训练数据。

由于 GPT-3 更强的性能和更多的参数，它包含了更多的主题文本，显然优于前代的 GPT-2。作为目前最大的密集型神经网络，GPT-3 能够将网页描述转换为相应代码、模仿人类叙事、创作定制诗歌、生成游戏剧本，甚至模仿已故的各位哲学家预测生命的真谛。GPT-3 不需要微调，在处理语法难题方面，只需要一些输出类型的样本（少量学习）。可以说 GPT-3 似乎已经满足了人们对于语言专家的一切想象。

但是 GTP-3 并不完美，例如聊天机器人和文本生成工具等很可能会不分青红皂白和质量好坏地对网络上的所有文本进行学习，进而生产出错误的、恶意的甚至是攻击性的语言输出，这将会充分影响到它们的下一步应用。

4.2 大语言模型生成技术

深度学习的出发点是深层次的神经网络，但细分起来会有很多的不同模型（也就是不同的问题抽象方式）。对应一些常见的卷积神经网络（CNN）、深度神经网络（DNN）等，大模型的具体含义也就是数学公式更复杂，参数更多。

2021年8月份，李飞飞等学者联名发表一份200多页的研究报告《论基础模型的机遇与风险》，详细描述了大规模预训练模型面临的机遇和挑战。文章中大模型被统一命名为"基础模型"。该论文肯定了基础模型对智能体基本认知能力的推动作用。

2017年 Transformer 结构的提出，使得深度学习模型参数突破了1亿，BERT 网络模型超过3亿规模，GPT-3 模型超过百亿。如今，已经出现多个参数超过千亿的大模型。参数量多，学习的数据量更多，模型的泛化能力更强。泛化能力，也就是一专多能，可以完成多个不同的任务。

例如，GPT（生成式预训练）大模型是一种基于深度学习的自然语言处理模型，它生成文本（文生文）结果的原理，就是通过学习语言的规律，然后根据已有的语境（上文），预测下一个单词（频率），从而生成连贯的文本，如图4-2所示。这一点，与人类说话或写文章是类似的。

借助于群体智能，GPT 模型的学习能力和生成能力已经远超人类。例如，人类对话中，"我"后面通常会跟"是"，"你"后面通常会跟"好"等，这就是一种语言规律。GPT 模型通过类似方式来学习语言规律。在模型训练过程中，GPT 模型会阅读大量，甚至是数以亿计的文本数据，从中学习到文本中非常复杂的语言规律。这就是为什么 GPT 模型可以生成非常自然、连贯文本的原理。

GPT 模型的内部结构由多层神经网络组成，每一层神经网络都可以抽取文本的某种特征。

（1）第一层神经网络可能会抽取出单词的拼写规律。

（2）第二层神经网络可能会抽取出词性的规律。

（3）第三层神经网络可能会抽取出句子的语法规律。

通过层层抽取，GPT 模型可以学习到深层次的语言规律。其工作原理还涉及很多复杂的数学和计算机科学知识。

图 4-2 通过预测生成文本

4.2.1 思维链

思维链是人工智能领域的一个新概念。强大的逻辑推理是大模型"智能涌现"的核心能力之一，而推理能力的关键在于思维链。对于复杂问题（尤其是复杂的数学题），大模型很难通过一种提示方法直接给出正确答案。思维链通过要求模型在输出最终答案之前，显式地逐步输出中间推理步骤来增强大模型的算术、常识和推理能力，这样简单但有效。思维链大幅度提高了大模型在复杂推理任务上的表现，输出的中间步骤方便用户了解模型的思考过程，提高了大模型推理的可解释性。思维链推理已经成为大模型处理复杂任务的一个常用手段。

1. 两个关键概念

先从两个更大的概念入手。

（1）语言智能：可以理解为"使用基于自然语言的概念对经验事物进行'理解'以及在概念之间进行'推理'的能力"（见图 4-3），无疑，人类是目前已知生物之中唯一具备这种高级的抽象与理解能力的。从另一个层面讲，语言智能也是将人类从动物之中区分出来，作为一种"智慧物种"的标志能力之一。

图 4-3 语言推理能力

随着参数量的不断攀升，以 Transformer 为基础架构的大模型以 "Chat（聊天）"的方式逐渐向人们展现出了它的概念理解与概念推理能力。

真正让大模型逼近"语言智能",在于大模型展现出的概念推理能力。推理,一般指根据几个已知的前提推导得出新的结论的过程。区别于理解,推理一般是一个"多步骤"的过程,推理的过程可以形成非常必要的"中间概念",这些中间概念将辅助复杂问题的求解。

(2) 思维链:2022 年,在谷歌发布的论文《思维链提示在大型语言模型中引发推理》中首次提出,通过让大模型逐步参与将一个复杂问题分解为一步一步的子问题并依次进行求解的过程可以显著提升大模型的性能。而这一系列推理的中间步骤就称为思维链。

区别于传统的提示从输入直接到输出的映射 < 输入→输出 > 的方式,CoT 完成了从输入到思维链再到输出的映射,即 < 输入→推理链→输出 >。如果将使用 CoT 的提示进行分解,可以更加详细地观察到 CoT 的工作流程。

一个完整的包含 CoT 的提示往往由指令、逻辑依据和示例三部分组成。一般而言,指令用于描述问题并且告知大模型的输出格式,逻辑依据即指 CoT 的中间推理过程,可以包含问题的解决方案、中间推理步骤以及与问题相关的任何外部知识,而示例则指以少样本的方式为大模型提供输入输出对的基本格式,每一个示例都包含问题、推理过程与答案。

以是否包含示例为区分,可以将 CoT 分为零样本 CoT 与少样本 CoT。零样本 CoT 不添加示例而仅仅在指令中添加一行经典的"让我们一步一步地思考",就可以"唤醒"大模型的推理能力。而少样本 CoT 则在示例中详细描述了"解题步骤",让模型照猫画虎得到推理能力。

2. 大模型提升推理能力

谷歌之前在大模型上下了很大功夫,GPT 生成式预训练模型名字中的"T"就是指谷歌的 Transformer。不过,预训练+精调的大模型仍然没办法很好地完成多步骤推理任务,例如数学问题和常识推理。于是,Jason Wei 等人提出了思维链方法,从而带动了大模型的逻辑推理能力,任何语言模型都可以用 CoT,加在少场景的样例中就能生效,省去了重新训练模型的时间。

(1) 常识推理能力赶超人类。以前的语言模型在很多挑战性任务上都达不到人类水平,而采用思维链提示的大模型的表现都优于人类基线。例如,常识推理中会包括对身体和互动的理解,而在运动理解方面,思维链的表现还超过了运动爱好者。

(2) 数学逻辑推理大幅提升。语言模型在算术推理任务上的表现一般不太好,而应用思维链、大模型的逻辑推理能力突飞猛进。这意味着大模型可以解决那些需要精确的、分步骤计算的复杂数学问题。

(3) 使大模型更具可解释性,更可信。超大规模的无监督深度学习打造出来的大模型是一个黑盒,推理决策链不可知,这就会让模型结果可信度不高。而思维链将一个逻辑推理问题分解成多个步骤,一步步地进行,这样,生成的结果就有清晰的逻辑链路,提供了一定的可解释性。

3. CoT 与智能代理的关系

各种人工智能技术构建的代理(agent)实际上是一类拥有"自主智能的实体",可以自主地发现问题、确定目标、构想方案、选择方案、执行方案、检查更新。基于大模型解决问题的"通用性"与预训练得到的"先天知识",构建的大模型智能体可以被认为具有如图 4-4 所示的结构。

图 4-4 大模型代理一般结构

图 4-4 所示的大模型智能体主要由三部分组成,分别是代理主体、工具与环境。当人类指令输入代理主体后,代理主体通过一系列计划、决策与控制,使用工具与外部环境互动。

显然,作为代理主体的大模型是模拟人类智能决策流程的核心,在许多代理需要处理的任务中,代理的"先天知识"并不包含解决任务的直接答案,因此代理需要在一系列与外部环境的交互循环中,制订计划,做出决策,执行行动,收到反馈……在一整个计划、决策与控制的循环中,大模型需要具备"感知""记忆"与"推理"的能力,CoT 恰好可以从这三方面来"赋能"代理。

(1) 感知 CoT:无论是环境的反馈,还是人类的指令,代理都需要完成对接收到的信息进行"理解",并依据得到的理解进行意图识别,转化为下一步任务的过程。而使用 CoT 可以帮助模型对现有输入进行"感知",例如,通过使用"答:让我们一步一步来思考。我看到 $$,我需要……"的提示,可以让模型逐步关注接收到的信息,对信息进行更好的理解。再如,在机器人控制的场景下,代理的决策不可避免地会出现错误,而接收到错误信息的反馈,让代理理解错误的原因并调整自己的行动,也是代理应用于动态场景下多轮决策任务中的关键能力,感知 CoT 也将加强模型自我纠错的能力。

此外,值得注意的是,与外部环境的互动需要代理具有处理多模态信息的能力,这种能力要么需要代理本身是一个多模态大模型,要么需要代理可以将其他模特信息转化为语言进行理解。其中一个问题是:"是否大模型代理只能存在以语言为中心的感知?"事实上有许多工作不仅在以语言为中心的感知中拓展大模型编码其他模态信息的能力,并且也发展出了以图像为中心的感知方法,即将文本与图像进行统一的真正以多模态为中心的感知方法。但是,由于多模态信息带来的数据、计算、可扩展性等方面的种种问题,真正以多模态信息为中心的感知时代暂且还未到来。

(2) 记忆 CoT:大模型智能体通常同时拥有短期记忆与长期记忆的能力。短期记忆一般作为一种时间信息,可以在代理的多轮交互中灵活改变(因此也被称为工作记忆),短期记忆为大模型提供更加直接的上下文信息支持,因此很自然地可以被建模为一条历史动作链。

相比于短期记忆的"动态性",长期记忆更多的提供历史事件中的静态信息的记录,

是对历史知识更加宏观与抽象的理解，长期记忆可以依赖于大模型中的可训练参数进行构建，也可以通过外部维护的记忆库进行构建。

而当序列长度变长，线性链条式的记忆链效率出现下降时，为了实现针对"记忆"高效的增删改查，一些工作探索了树搜索与矢量检索的方法。

其中，树搜索将记忆信息以树结构进行存储，让智能体通过迭代访问文本记忆信息。例如，斯坦福 25 人小镇论文中提出的反思树，当智能体面对与环境的多轮交互时，它可以让智能体定期抽取历史信息进行"反思"，将反思抽象得到的结果搭建构成一棵反思树，树的叶子节点代表大模型每轮的基本观察，而非叶子节点则代表反思树的抽象程度，越靠近根节点抽象程度越高。

而另一种方法则是矢量检索，通过将复杂数据类型建模为矢量数据库来实现长期记忆的高效存储与检索，当智能体遇到新问题需要"回忆"过往记忆时，基于矢量数据库的长期记忆系统则会快速检索相关信息，确保智能体行为一致性。

（3）推理 CoT：除了感知与记忆，借鉴 CoT 的思路让智能体分解任务逐步进行计划与决策，以增强智能体解决问题的可靠性。在代理中，CoT 的主要功能在于将计划、行动与观察相互结合，弥合推理与行动之间的差距，显然，推理可以帮助模型制订行动计划处理异常情况，而行动则允许大模型在与外部环境进行交互的同时，收集附加信息支持模型的推理。

例如，代理强迫大模型智能体通过"思考"+"行动"步骤完成任务，而行动链技术通过一系列行动历史与未来行动计划帮助智能体进行决策，从而将决策问题转化为 CoT 推理问题。

此外，工具的使用扩展了大模型代理的能力边界。通过使用工具，大模型不再局限于"预测"下一步的动作，而获得了"实际执行"动作的能力。例如，输出代码操作机器，调用 API 获得数据，使用各种软件、计算工具等，同时，使用浏览器获取"实时更新"的"新知识"使大模型的检索增强；也有效地扩展了大模型的知识边界，为大模型"自我验证"提供了知识库。而除了使用工具以外，还有一些研究关注在"专门针对代理任务场景"的数据集上对大模型进行微调，以获得更强的代理。

4. CoT 的局限性

思维链本身还是有很多局限，而它的局限也是大语言模型的局限。

首先，思维链必须在模型规模足够大时才能涌现。在一些小规模模型中，思维链并没有太大影响，能力提升也不大。研究人员认为，策略问题需要大量的世界知识，而小型模型没有足够的参数来记忆这些世界知识，所以也不太可能产生正确的推理步骤。图 4-5 所示为两种语言模型出错比较。

不过，落地到产业的模型其规模一般不会很大，思维链拆解了更多的步骤、用到更多的计算资源，相当于更加耗费脑力，很多研究机构和企业负担不起 175 B 参数以上的大模型。所以，思维链必须要探索，如何在较小的模型中进行推理，降低实际应用的成本。

其次，思维链的应用领域有限。目前，思维链只是在一些有限的领域，如数学问题，五个常识推理基准（常识问答、策略问答、日期理解、运动理解以及一般判断）上显现出作用，其他类型的任务，如机器翻译，性能提升效果还有待评估。而且，相关研究用到的模型（GPT-3 API）或数据集都是半公开或不公开的，这就使其难以被复现和验证。

图 4-5　62 B 比 540 B 语言模型出错比较

此外，即使有思维链提示，大模型依然不能解决小学水平的数学问题。没有思维链数学推理不行。但有了思维链，大模型也可能出现错误推理，尤其是非常简单的计算错误。这说明，即使有了思维链，大模型还是没有真正理解数学逻辑，不知道加减乘除的真实意义，只是通过更精细的叠加来"照葫芦画瓢"，所以，对于有精确要求的任务，还要进一步探索新的技术。

思维链确实增强了大模型的能力，但逻辑推理仍然是大模型的弱项，等待着更多突破。

4.2.2　上下文学习

GPT-3 模型展现了一些大模型才具备的突现能力（就是模型规模必须得增大到一定程度才会显现的能力，如至少百亿级），其中一项能力就是上下文学习。该能力简单地说就是，对于一个预训练好的大模型，迁移到新任务上时，并不需要重新训练，而只需要给模型提供任务描述（这个任务描述是可选项），输入几个示例（输入 - 输出对），最后加上要模型回答的查询，模型就能为新输入生成正确输出查询对应的答案，而不需要对模型做微调。这也引发了研究人员对该能力产生原因的思考和探索。

GPT-n 系列的模型都属于自回归类的语言模型，就是根据当前输入预测下一个词，然后将预测结果和输入拼接再当作模型的输入预测下一个词，这样循环往复。

而自回归模型的训练目标也很简单，就是从超大规模语料库中采样训练样本，模型根据输入输出一个概率向量（包含所有词的预测概率，就 GPT-3 模型而言，维度约 1 千多万），因为文本数据自带标注，所以知道真实的下一个词。然后，研究人员发现，预训练好的 GPT-3 模型拥有一项神奇的能力，即上下文学习。比如，现在想用 GPT-3 来做个翻译任务，翻译英文为法文。输入的格式如图 4-6 所示。

图 4-6　GPT-3 的输入格式

首先第一行是任务描述，告诉模型要做翻译，接下来三行是示例，英文单词和对应的法文单词对，最后一行是待翻译的英文单词。将以上内容整体作为 GPT-3 的输入，让模型去补全输出就能得到 cheese 对应的法文单词。

上下文学习非常灵活，除了翻译任务，还可以做语法修饰甚至写代码。而神奇的地方在于，GPT-3 的训练过程中并没有显式地提供类似测试阶段任务描述加示例这样的训练数据。

当然，GPT-3 的训练数据量非常巨大（如包含书本期刊上的讨论等），或许里面已经包含了各种任务类似结构的数据。GPT-3 模型容量足够大，记下了所有训练数据。

对于上下文学习能力的成因，目前还是一个开放性的问题。为什么只有大规模的语言模型才会具备这样的能力？或许只有模型参数量大还不够，还必须要训练数据量也足够大，模型才能显现出该能力。

4.2.3 指令微调

指令微调（又称指令跟随）是一种在（指令，输出）对组成的数据集结构上进一步训练大模型的过程，以增强大模型的能力和可控性。其中，指令代表模型的人类指令，输出代表遵循指令的期望输出。这种结构使得指令微调专注于让模型理解和遵循人类指令。这个过程有助于弥合大模型的下一个词预测目标与用户让大模型遵循人类指令的目标之间的差距。

指令微调可以视为有监督微调的一种特殊形式，但是它们的目标依然有差别。有监督微调是一种使用标记数据对预训练模型进行微调的过程，以便模型能够更好地执行特定任务。

4.2.4 零样本 / 少样本

举个例子，公司门禁系统用了人脸识别，而你只提供了一张照片，门禁系统就能从各个角度认出你，这就是单一样本。可以把单一样本理解为用一条数据微调模型。在人脸识别场景中，单一样本很常见。

在自然语言处理场景中，用百度百科上的数据、新闻等训练一个 GPT 模型，直接拿来做对话任务，这就是零样本（完全的无监督学习）。然后，如果发现其中无用的内容有点多，于是找一些人标注少量优质数据进去，这就是少样本。ChatGPT 的发展史就经历了从零样本到少样本。

GPT-3 之后的问题，是少样本时到底应该标注哪些数据。将它们跟强化学习结合起来，就是人类反馈强化学习，这是 ChatGPT 的核心技术。这套方法本质的目的是如何把机器的知识与人的知识对齐，然后开创一个新的方向——"对准"。

4.2.5 训练策略及优化

大量实验证明，在高质量的训练语料进行指令微调的前提下，超过百亿参数量的模型才具备一定的涌现能力，尤其是在一些复杂的推理任务上。也就是说，如果要通过大模型技术来提升业务指标，不得不要求人们去训练一个百亿规模的模型。然而，一般情况下人们并不具备如此大规模的计算资源，在有限算力条件下训练或推理一个百亿量级的大模型是不太现实的。因此，要在训练和推理阶段采用一些优化策略来解决此类问题，以在有限计算资源条件下完成大模型训练任务。

（1）自我监督学习：利用大规模无标签文本数据进行预训练时，采用掩码语言模型（masked language model，MLM）或自回归模型（GPT-style）等策略。MLM通过对部分词汇进行遮蔽并让模型预测被遮蔽的内容来学习语言表征，而自回归模型则是基于历史信息预测下一个词的概率。

（2）微调阶段：预训练完成后，模型在特定任务上进行微调以适应具体需求。它涉及文本分类、问答系统、机器翻译等各种下游任务，通过梯度反向传播调整模型参数提升任务性能。

（3）先进的训练方法：包括对比学习，利用正负样本对强化模型识别和区分关键信息的能力，以及增强学习，使模型通过与环境交互，逐步优化其输出以最大化预期奖励。

4.3 多模态语言模型

所谓多模态，指的是多种模态的信息，包括文本、图像、视频、音频等。在大多数工作中主要是处理图像和文本形式的数据，即把视频数据转为图像，把音频数据转为文本格式，这就涉及图像和文本领域的内容。顾名思义，多模态研究的是这些不同类型的数据的融合问题。

一般大模型是一种生成文字的模型，它和文生图工具（如DALL·E）都是多模态语言模型的分支。多模态大语言模型（multimodel LLM，MLLM）是一个新的研究热点，它利用强大的大模型作为大脑来执行多模态任务。多模态大语言模型令人惊讶的新兴能力，如基于图像写故事和数学推理，在传统方法中是罕见的，显示了一条通往人工通用智能的潜在道路。

与此同时，大型视觉基础模型在感知方面进展迅速，而传统的与文本的结合更注重模态对齐和任务统一，在推理方面发展缓慢。鉴于这种互补性，单模态大模型和视觉模型同时朝着彼此运行，最终造就了多模态大语言模型新领域。形式上，多模态大语言模型指的是基于大模型的模型，该模型能够接收多模态信息并对其进行推理。从发展人工通用智能的角度来看，多模态大语言模型会比大模型更进一步。

（1）多模态大语言模型更符合人类感知世界的方式。人类自然地接受多感官输入，这些输入往往是互补和合作的。因此，多模态信息有望使MLLM更加智能。

（2）多模态大语言模型提供了一个用户友好性更好的界面。得益于多模态输入的支持，用户可以更灵活地与智能助手进行交互。

（3）多模态大语言模型是一个更全面的任务解决者。虽然大模型通常可以执行自然语言处理任务，但多模态大语言模型通常可以支持更大范围的任务。

具有代表性的多模态大语言模型可以分为四种主要类型：

（1）多模态指令调整（MIT）。

（2）多模态上下文学习（M-ICL）。

（3）多模态思维链（M-CoT）。
（4）大模型辅助视觉推理（LAVR）。这是以大模型为核心的多模态系统。
前三个构成了多模态大语言模型的基本原理，三种技术相对独立，并且可以组合使用。

4.3.1 多模态指令微调

指令是指对任务的描述。指令微调是一种涉及在指令格式数据集合上微调预训练大模型的技术。通过这种方式进行调整，大模型可以通过遵循新的指令来泛化到隐藏的任务，从而提高零样本性能。这个简单而有效的想法引发了自然语言处理领域后续工作的成功，如 ChatGPT。

监督微调方法通常需要许多特定任务的数据来训练特定任务的模型。提示方法减少了对大规模数据的依赖，并且可以通过提示来完成专门的任务。在这种情况下，少样本性能得到了改进，但零样本性能仍然相当平均。不同的是，指令微调学习泛化任务，而不局限于适应特定的任务，指令调整与多任务提示高度相关。有许多研究工作都在探索将大模型中的指令调整的成功扩展到多模态上。从单模态扩展到多模态，数据和模型都需要进行相应的调整。

研究人员通常通过调整现有的基准数据集或自学习来获取数据集，一种常见的方法是将外来模态的信息注入大模型，并将其视为强有力的推理机。相关工作要么直接将外来嵌入与大模型对齐，要么求助于专家模型将外来模态翻译成大模型可以吸收的自然语言。通过这种方式，这些工作通过多模态指令调整将大模型转换为多模态通用任务求解器。

4.3.2 多模态上下文学习

多模态上下文学习是大模型重要的涌现能力之一，它有两个好的特点：
（1）与传统的从丰富的数据中学习内隐模态的监督学习范式不同，上下文学习的关键是从类比中学习。具体而言，在上下文学习设置中，大模型从几个例子和可选指令中学习，并推断出新的问题，从而以少量方式解决复杂和隐含的任务。
（2）上下文学习通常以无训练的方式实现，因此可以在推理阶段灵活地集成到不同的框架中，指令调整技术可以增强上下文学习的能力。在此背景下，学习扩展到更多模态，在推理时可以通过向原始样本添加一个演示集，即一组上下文中的样本来实现多模态上下文学习。

多模态上下文学习主要用于两种场景：
（1）解决各种视觉推理任务。通常包括从几个特定任务的例子中学习，并概括为一个新的但相似的问题。根据说明和演示中提供的信息，大模型可以了解任务在做什么以及输出模板是什么，并最终生成预期的答案。相比之下，工具使用的示例通常是纯文本的，而且更具细粒度。它们通常包括一系列步骤，这些步骤可以按顺序执行以完成任务。
（2）教大模型使用外部工具。这种情况与思维链（CoT）密切相关。

4.3.3 多模态思维链

思维链已被证明在复杂推理任务中是有效的，其主要思想是促使大模型不仅输出最终答案，而且输出导致答案的推理过程，类似于人类的认知过程。受自然语言处理成功的启发,已经提出了多项工作来将单模态 CoT 扩展到多模态 CoT（M-CoT）。

(1) 模态桥接：为了将自然语言处理转移到多模态，模态桥接是第一个需要解决的问题。大致有两种方法可以实现这一点：通过融合特征或通过将视觉输入转换为文本描述。

(2) 学习范式：获得 M-CoT 能力的方法大致有三种，即通过微调和无训练的少样本或者无样本学习。三种方式的样本量要求按降序排列。微调方法通常涉及为 M-CoT 学习管理特定的数据集。例如，科学 QA 构建了一个包含讲座和解释的科学问答数据集，该数据集可以作为学习 CoT 推理的来源，并对提出的数据集进行微调。多模态 CoT 也使用科学 QA 基准，但以两步方式生成输出，即基于基本原理（推理步骤链）和基本原理的最终答案。CoT 通过快速调整和特定步骤视觉偏见的组合来学习隐含的推理链。

与微调相比，少样本/零样本学习的计算效率更高。主要区别在于，少样本学习通常需要人工准备一些上下文例子，使模型更容易逐步地学习推理。零样本学习不需要任何具体学习示例，它通过提示"让作者逐帧思考"或"这两个关键帧之间发生了什么"等设计指令，模型学会在没有明确指导的情况下利用嵌入的知识和推理能力。类似地，一些工作提示模型描述任务和工具使用情况，将复杂任务分解为子任务。

4.3.4 大模型辅助视觉推理

受工具增强大模型成功的启发，一些研究探索了调用外部工具或视觉基础模型进行视觉推理任务的可能性，将大模型作为具有不同角色的助手，构建特定任务或通用的视觉推理系统。

与传统的视觉推理模型相比，这些工作表现出几个良好的特点：

(1) 较强的泛化能力。这些系统配备了从大规模预训练中学习到的丰富的开放世界知识，可以很容易地推广到具有显著零样本/少样本性能的看不见的物体或概念。

(2) 突发能力。在强大推理能力和丰富大模型知识的帮助下，这些系统能够执行复杂的任务。例如，给定一张图片，MM-REAT 可以解释表面下的含义，如解释为什么一个模型很有趣。

(3) 更好的交互性和控制力。传统模型控制机制有限，并且通常需要昂贵的策划数据集。相比之下，基于大模型的系统能够在用户友好的界面中进行精细控制（例如点击）。

4.4 大语言模型的结构

大语言模型的结构主要基于深度学习技术，绝大多数大语言模型都采用类似 GPT 的架构，使用基于 Transformer 结构构建的仅由解码器组成的网络结构，采用自回归的方式构建语言模型，但是在位置编码、层归一化位置、激活函数等细节上各有不同。

4.4.1 关键组成与设计原则

大语言模型的架构是深度学习技术发展的结晶，通常基于 Transformer 模型的变种，它们在过去几年里彻底改变了自然语言处理领域。大语言模型架构结合了高效的模型设计、大规模数据处理能力和创新的训练方法，旨在实现对自然语言前所未有的理解和生成能力。

1. Transformer 架构基础

（1）自注意力机制：是 Transformer 的核心，允许模型在处理输入序列中每个词时考虑整个句子的上下文信息，通过计算词与词之间的相关性来加权处理，从而更好地捕捉长距离依赖关系。

（2）多头注意力：通过并行执行多个自注意力操作，模型可以从不同表示子空间中捕获信息，增加模型的表达能力。

（3）前馈神经网络：自注意力层后接一个或多个全连接层，用于进一步处理和提炼信息。

（4）位置编码：为模型提供词序信息，因为 Transformer 本身不包含循环或卷积层来直接捕获位置信息。

（5）多层堆叠：上述组件会被堆叠多次，形成一个深层网络，每层都能增进模型对语言的理解能力。

2. 编码器-解码器结构

将文本数据转换为模型可以处理的数字形式，使用词嵌入来表示每个词，一些大模型仅包含编码器部分（如 GPT 系列）。对于需要生成输出的任务（如机器翻译、文本生成），模型通常采用编码器-解码器架构。编码器处理输入序列，将其转化为中间表示；解码器则基于此表示生成输出序列，适用于多种任务。

3. 规模与参数量

大模型的显著特点是参数量巨大，从数十亿到数万亿不等（如 GPT-3 有 1 750 亿参数），使模型能够学习到语言的复杂性和细微差别，提高生成文本质量和多样性。

4. 预训练与微调

（1）预训练：模型首先在大规模未标注文本数据集上进行无监督预训练，学习语言的一般规律。这通常涉及预测掩码的单词（如 BERT）或下一句话预测（如 GPT）。

（2）微调：预训练完成后，针对特定任务，在预训练基础上使用有标签数据对模型进行微调的有监督学习，以适应特定领域的语言理解和生成，使模型适应特定应用场景，如问答、情感分析等。

5. 优化技术和资源分配

（1）并行计算与分布式训练：为了处理海量参数和大数据集，大模型的训练通常在高性能计算集群上进行，利用并行计算技术如数据并行、模型并行或混合精度并行、梯度累积、权重共享等技术，以高效处理大规模数据集和模型参数。

（2）优化算法：用于高效地更新模型参数，减少训练时间和资源消耗。

（3）稀疏激活函数和量化技术：为减少计算和内存需求，一些模型采用稀疏激活函数或权重量化技术，这些技术能在保持模型性能的同时，降低资源占用。

6. 生成策略

采用 Top-K、P 采样，生成文本时，模型通常使用特定的采样策略（如贪心搜索、波束搜索）来选择最可能的下一个词或一系列词，以生成连贯的文本段落。即并不总是选择概率最高的下一个词，而是考虑概率排名前 K 的词或累计概率超过阈值 P 的词，以增加生成文本的多样性和创造性。

7. 持续学习与适应性

在线学习与持续微调，部分模型设计允许在部署后继续学习，通过用户反馈或新数据微调，使其能适应特定用户或环境，提升个性化体验。

大模型的这些结构特点共同作用，使得模型能够在理解自然语言、生成高质量文本、进行多轮对话等任务上展现出接近人类的智能水平。

例如，LLaMA 是 Meta 公司的开源大模型，其参数量从 70 亿到 650 亿不等。根据初步测试，130 亿参数的 LLaMA 模型"在大多数基准上"可以胜过参数量达 1 750 亿的 GPT-3，而且可以在单块 V100 GPU 上运行；而最大的 650 亿参数的 LLaMA 模型可以媲美谷歌的 Chinchilla-70B 和 PaLM-540B。

LLaMA 采用的 Transformer 结构与 GPT-2 类似（见图 4-7），其不同之处为采用了前置层归一化方法、更换了激活函数、使用了旋转位置嵌入。

图 4-7 GPT-2 模型结构

4.4.2 稀疏注意力机制分类

在 Thansformer 结构中，自注意力机制的时间和存储复杂度与序列的长度呈平方的关系，因此占用了大量的计算设备内存并消耗了大量的计算资源。如何优化自注意力机制的时空复杂度、增强计算效率是大模型面临的重要问题。一些研究从近似注意力出发，旨在减少注意力计算和内存需求，提出了稀疏近似、低秩近似等方法。此外，有一些研究从计算加速设备本身的特性出发，研究如何更好地利用硬件特性对 Transformer 中的注意力层进行高效计算。

对一些训练好的 Transformer 结构中的注意力矩阵进行分析时发现，其中很多是稀疏的，因此可以通过限制查询-键对的数量来降低计算复杂度。这类方法称为稀疏注意力机制。可以将稀疏化方法进一步分成基于位置的和基于内容的两类。

基于位置的稀疏注意力机制的基本类型有五种，如图 4-8 所示。

图 4-8 五种基于位置的稀疏注意力机制

（1）全局注意力：为了增强模型建模长距离依赖关系的能力，可以加入一些全局节点。

（2）带状注意力：大部分数据都带有局部性，限制查询只与相邻的几个节点进行交互。

（3）膨胀注意力：通过增加空隙获取更大的感受野。
（4）随机注意力：通过随机采样，提升非局部的交互能力。
（5）局部块注意力：使用多个不重叠的块来限制信息交互。

现有的稀疏注意力机制通常是上述五种基于位置的稀疏注意力机制的复合模式，如图 4-9 所示。

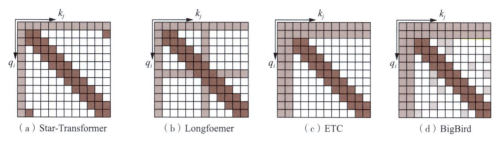

图 4-9　典型的稀疏注意力模型

Star-Transformer 使用带状注意力和全局注意力的组合，它只包括一个全局注意力节点和宽度为 3 的带状注意力，其中任意两个非相邻节点通过一个共享的全局注意力连接，相邻节点则直接相连。Longformer 使用带状注意力和内部全局节点注意力的组合，此外，它将上层中的一些带状注意力头部替换为具有膨胀窗口的注意力，在增加感受野的同时并不增加计算量。ETC（扩展 Transformer 结构）使用带状注意力和外部全局节点注意力的组合，它还包括一种掩码机制来处理结构化输入，并采用对比预测编码进行预训练。BigBird 使用带状注意力和全局注意力，并使用额外的随机注意力来近似全连接注意力。此外，它揭示了稀疏编码器和稀疏解码器的使用可以模拟任何图灵机，这也在一定程度上解释了为什么稀疏注意力模型可以取得较好的结果。

4.5　应用技术架构

大模型的厉害之处，不仅在于它很像人类的学习语言，更大的作用在于它未来会改变人们的生活和职场。现有的大模型的整体应用架构，从上往下，从简单到复杂，依次有四种。

（1）提示（指令）工程：是通过指令界面中输入框触发的（见图 4-10），看上去简单，但很考验一个人写提示（指令）的"功力"。

提示的作用就是通过引导模型生成特定类型的文本。一个好的提示可以引导模型以期望的方式生成文本。例如，如果想让模型写一篇关于全球变暖的文章，可以给模型一个提示，如"全球变暖是一个严重的问题，因为……"，模型会根据这个提示生成一篇文章。这种方法的优点是简单直观，但缺点是可能需要大量的尝试才能找到一个好的提示。

（2）函数调用：这是一种更深入的应用架构，它通过调用模型的内部函数，直接获取模型的某些特性。例如，可以调用模型的词向量函数，获取单词的词向量。这种方法的优点是可以直接获取模型的内部信息；缺点是需要深入理解模型的内部结构。

图 4-10　指令界面

（3）检索增强生成：这是一种结合检索和生成的应用架构。在这种方法中，模型首先会检索相关的文本，然后用这些文本作为输入，让模型生成答案。这种方法的优点是可以利用大量的外部信息，提高模型的生成质量；缺点是需要大量的计算资源，因为需要对大量的文本进行检索。

（4）微调：这是一种在特定任务上进一步训练模型的应用架构。在这种方法中，模型首先会在大量的文本上进行预训练，学习语言的基本规律。然后，模型会在特定任务的数据上进行微调，学习任务的特定规律。例如，可以在情感分析任务上微调模型，让模型更好地理解情感。这种方法的优点是可以提高模型在特定任务上的表现，缺点是需要大量地标注数据。

作　　业

1. 大模型的底层逻辑包括（　　）等。近年来，大模型取得显著进展，提高了惊人的涌现能力。

① 训练机制　　② 应用场景　　③ 数据结构　　④ 深度学习架构

A. ①③④　　B. ①②④　　C. ①②③　　D. ②③④

2. 简单来说，GPT 大模型生成文本结果的原理，就是通过（　　），从而生成连贯的文本。这一点，与人类说话或写文章是类似的。

① 预测下一个单词（频率）　　② 学习语言的规律

③ 依据语言语法词典　　　　　④ 根据已有的语境（上文）

A. ①②④　　B. ①②③　　C. ②③④　　D. ②①③

3. 在模型训练过程中，GPT 会阅读大量，甚至是数以亿计的文本数据，从中学习到这些文本中非常复杂的（　　）。这就是为什么 GPT 模型可以生成非常自然、连贯文本的原理。

A. 语法规则　　B. 计算精度　　C. 对话成分　　D. 语言规律

4. GPT 模型的内部结构由多层神经网络组成，每一层神经网络都可以抽取文本的某种特征，例如各层神经网络可能分别抽取出（　　）。

① 单词的拼写规律　　　　　　② 句子的语法规律
③ 语言的编写规律　　　　　　④ 语言词性的规律

A. ①③②　　　B. ①②③　　　C. ①②④　　　D. ②③④

5. 强大的逻辑推理是大模型"智能涌现"的核心能力之一，而推理能力的关键在于（　　），它是人工智能领域的一个新概念。

A. 逻辑结构　　B. 思维链　　C. 智慧链　　D. 数据结构

6. 所谓（　　）能力，简单来说就是对于一个预训练好的大模型，迁移到新任务上的时候，只需要给模型输入几个示例（输入-输出对），模型就能为新输入生成正确输出。

A. 上下文学习　　B. 造句组词　　C. 提取摘要　　D. 撰写诗歌

7. 已经成系列的 GPT 模型都属于（　　）的语言模型，就是根据当前输入预测下一个词，然后将预测结果和输入拼接再当作模型的输入预测下一个词，这样循环往复。

A. 成分分析　　B. 葫芦模仿　　C. 指令微调　　D. 自回归类

8. （　　）是一种在（指令，输出）对组成的数据集上进一步训练大模型的过程，以增强大模型的能力和可控性。其中，指令代表模型的人类指令，输出代表遵循指令的期望输出。

A. 成分分析　　B. 葫芦模仿　　C. 指令微调　　D. 自回归类

9. 在自然语言处理场景中，用百度百科上的数据、新闻等训练一个 GPT 模型，直接拿来做对话任务，这个就是（　　），即完全的无监督学习。

A. 少样本　　B. 零样本　　C. 复杂样本　　D. 海量样本

10. 在模型训练中，若发现其中无用的有点多，于是找一些人标注少量优质数据进去，这就是（　　）。之后的问题就是，这种情况下到底应该标注哪些数据？

A. 少样本　　B. 零样本　　C. 复杂样本　　D. 海量样本

11. 2021 年 8 月份，李飞飞等学者发表一份研究报告，详细描述了大规模预训练模型面临的机遇和挑战。文章中大模型被统一命名为（　　），肯定了它对智能体基本认知能力的推动作用。

A. 文本模型　　B. 组态模型　　C. 样本模型　　D. 基础模型

12. （　　）年 Transformer 结构的提出，使得深度学习模型参数突破了 1 亿，BERT 网络模型超过 3 亿规模，GPT-3 模型超过百亿，大模型蓬勃发展，已经出现多个参数超过千亿的大模型。

A. 1946　　B. 2012　　C. 2017　　D. 2023

13. 参数量多，学习的数据量更多，模型的（　　）能力更强，这种能力通俗来讲就是一专多能，可以完成多个不同的任务。

A. 映射　　B. 泛化　　C. 综合　　D. 演化

14. 在有限的算力条件下训练或推理一个百亿量级的大模型是不太现实的，无疑要在训练和推理两个阶段采用一些优化策略，包括（　　），来解决此类问题。

① 自我监督学习　　② 复杂构思　　③ 微调阶段　　④ 先进训练方法

A. ①③④　　B. ①②④　　C. ①②③　　D. ②③④

15. 人类和动物能够通过（　　）方式学习世界知识，可以假设这里面蕴含的潜在能力构成了常识的基础，这种常识能够让人类在陌生的环境下完成任务。

① 计算　　　　② 观察　　　　③ 简单交互　　　④ 无监督
A. ②③④　　　B. ①②③　　　C. ①②④　　　D. ①③④

16. （　　）需要融合不同学科的观点，包括认知科学、系统神经科学、最优控制、强化学习以及传统人工智能等，将它们与机器学习的新概念相结合。

　　A. 虚拟环境　　B. 世界模型　　C. 模拟现实　　D. 增强现实

17. 所谓（　　），包括文本、图像、视频、音频等。顾名思义，研究的是这些不同类型的数据的融合问题。

　　A. 综合模式　　B. 复杂元素　　C. 多媒体　　　D. 多模态

18. 多模态大语言模型是一个新的研究热点，它利用强大的（　　）作为大脑来执行多模态任务，表明了一条通往人工通用智能的潜在道路。

　　A. Sora　　　　B. LLM　　　　C. DLM　　　　D. MLLM

19. LLaMA 是（　　）公司的开源大模型，它使用基于 Transformer 结构构建的仅由解码器组成的网络结构。根据初步测试，它可以胜过参数量更大的 GPT-3，这让人们一直很期待。

　　A. Meta　　　　B. OperAI　　　C. 腾讯　　　　D. 阿里

20. 在 Thansformer 结构中，自注意力机制占用了大量的计算设备内存并消耗了大量的计算资源，因此，如何优化自注意力机制的（　　）是大模型面临的重要问题。

　　① 时空复杂度　② 计算经济性　③ 算力水平　　④ 增强计算效率
　　A. ①②　　　　B. ③④　　　　C. ①④　　　　D. ②③

【实训与思考】熟悉百度大模型"文心一言"

"文心一言"是百度研发的人工智能大语言模型产品（见图 4-11），它能够通过上一句话，预测生成下一段话。任何人都可以通过输入"指令"和"文心一言"进行对话互动、提出问题或要求，让"文心一言"高效地帮助人们获取信息、知识和灵感。

图 4-11 "文心一言"登录界面

在"文心一言"中,指令其实就是文字,它可以是向"文心一言"提的问题(如帮我解释一下什么是芯片),也可以是用户希望"文心一言"帮助完成的任务(如帮我写一首诗/画一幅画)等。

"文心一言"由文心大模型驱动,具备理解、生成、逻辑、记忆四大基础能力,能够帮助用户轻松搞定各类复杂任务。

(1)理解能力:听得懂潜台词、复杂句式、专业术语,目前,人类说的每一句话,它大概率都能听懂。

(2)生成能力:快速生成文本、代码、图片、图表、视频。人类目光所至的所有内容,它几乎都能生成。

(3)逻辑能力:复杂的逻辑难题、困难的数学计算、重要的职业/生活决策都能帮用户解决,情商智商双商在线。

(4)记忆能力:不仅有高性能,更有好记性。N 轮对话过后,它就会记得使用者话里的重点,帮助用户步步精进,解决复杂任务。

1. 实训目的

(1)熟悉百度"文心一言"大模型,体会其"有用、有趣、有温度"的实际含义。

(2)探索大模型产品的测试方法,提高应用大模型的学习和工作能力。

(3)熟悉多模态概念和多模态大模型,关注大模型产业的进化发展。

2. 实训内容与步骤

百度的"文心一言"大模型不断进化,很好地诠释了大模型的发展现状。请在图 4-11 所示界面单击"开始体验"按钮,开始实践探索活动,如图 4-12 所示。

图 4-12 "文心一言"界面

第一次使用"文心一言",考虑到它具备绘制肖像的功能,于是,在图 4-12 所示界面,提出"画一个大学资深男教师头像"的要求。系统以文字形式反馈如下:

好的,我可以帮你画一个大学资深男教师的头像。他可能会具有以下的特征:

成熟稳重:他的面庞饱经风霜,皱纹深深地刻在他的额头和眼角,这是岁月的痕迹,也是他丰富经验和智慧的象征。

学识渊博：他的眼睛深邃而明亮，仿佛能洞察一切，闪烁着对知识的热爱和追求。他的眼神坚定而自信，仿佛在说："我有足够的知识和经验来引导你们。"

热情洋溢：他的嘴角总是挂着一丝微笑，那是他对生活、对学生、对知识的热爱和热情。他的笑容温暖而亲切，让人感到舒适和放松。

严谨认真：他的眉毛浓密而整齐，显示出他的严谨和认真。他的眼神专注而坚定，仿佛在说："我会全力以赴，做到最好。"

基于以上的特征，我为你画出了一个大学资深男教师的头像。请注意，这只是一个基本的描绘，具体的形象可能会因个人的理解和感受而有所不同。

描述：

这位资深男教师坐在一张书桌前，背后是一排整齐的书架，上面摆满了各种书籍和资料。他戴着一副老花镜，正在专注地阅读一份文件。他的脸上刻满了岁月的痕迹，但那双深邃的眼睛仍然闪烁着智慧和热情。他的嘴角挂着一丝微笑，让人感到亲切和温暖。他的头发已经有些灰白，但梳理得整整齐齐，显示出他的严谨和认真。

细节：

他的眉毛浓密而整齐，微微上扬，显示出他的坚毅和果断。他的眼睛深邃而明亮，仿佛能洞察一切。他的眼神专注而坚定，仿佛在深入思考。他的鼻子高挺而有力，显示出他的自信和果断。他的嘴角挂着一丝微笑，让人感到亲切和温暖。他的脸上带着岁月的痕迹，但那是他丰富经验和智慧的象征。他穿着一件简单的衬衫和裤子，显得朴素而大方。他的领带整齐地系在脖子上，显示出他的严谨和认真。

希望这个描述能够满足你的要求。如果你需要更多的细节或修改，请告诉我。

进一步要求"请你为他画一张肖像"，"文心一言"会完成一幅肖像画。进一步调整和丰富你的提示词内容，来改进绘画作品，体会大模型文生图的功能。

请尝试通过以下多个问题，体验文心一言大模型的工作能力，并做简单记录。下面的问题同第2课"实训内容与步骤"中的相同，是为了比较不同的模型结果存在的差异，从而确定哪种模型更适合。

（1）常识题：例如某院校地址、专业设置、师资队伍、发展前景等。

问：_____

答：_____

_____

_____

评价：□完美　　　□待改进　　　□较差

（2）数学题：动物园里有鸵鸟和长颈鹿共70只，其中鸵鸟脚的总数比长颈鹿脚的总数多80只，问鸵鸟和长颈鹿各有多少只？

答：_____

_____

问：_____

评价：□正确　　　□待改进　　　□较差

（3）角色扮演：现在你是某电商平台的一位数据分析师。麻烦给我整理一份数据分析报告的提纲，给300字，分析前次电商促销活动效果不如预期的可能原因。

答：_____

_____

问：_____

答：_____

_____

评价：□ 正确　　　　　□ 待改进　　　　　□ 较差

（4）文章生成：请问2024年，AIGC的创业机会有哪些？

答：_____

_____

（5）绘画：可以是男、女肖像画，也可以是风景画。

---------------------- 请将丰富内容另外附纸粘贴于此 ----------------------

3. 实训总结

_____

_____

_____

4. 实训评价（教师）

_____

第 5 课 人工数据标注

● 学习目标
（1）了解人工智能的知识表示方法。
（2）熟悉数据表示基础知识与分类。
（3）掌握数据标注执行方法。

● 学习难点
（1）知识表示方法。
（2）智能数据标注。

● 素质要素
（1）职业道德教育：强调数据标注工作中的诚信与保密原则，教育学生在处理敏感或私人信息时，应严格遵守数据保护法规，尊重个人隐私，培养良好的职业操守。

（2）社会责任感：引导学生认识到数据标注对于构建人工智能系统的公正性、无偏见性至关重要。通过案例分析，讨论数据偏差如何影响模型决策，增强学生对消除算法偏见、促进社会公平的责任意识。

（3）质量意识：强调数据标注的准确性和完整性对于模型性能的重要性，教育学生在工作中追求卓越，认真对待每一个标注任务，确保数据质量，从而提升人工智能系统的可靠性。

（4）团队协作与沟通：在数据标注项目中，通常需要多人协作完成大量任务。通过团队合作项目，培养沟通协调能力，学会在团队中有效交流，共同解决问题，促进团队精神的形成。

（5）创新思维与持续学习：鼓励学生在标注过程中，不仅机械执行标准，还要善于思考，对标注指南提出合理建议，优化标注流程。同时，强调在人工智能快速发展的背景下，持续学习新知识、新技能的重要性。

（6）法律与伦理教育：结合数据标注实践，讲解相关法律法规，如《数据安全法》《个人信息保护法》等，使学生了解数据使用的法律界限，增强法律意识。同时，讨论数据标注工作中的伦理问题，如数据来源的合法性、标注过程中的道德考量等，培养学生的伦理判断能力。

（7）服务社会与公众利益：教育学生认识到数据标注在医疗、教育、环保等公共服务领域的应用价值，鼓励他们思考如何通过高质量的数据标注工作，促进人工智能技术更好地服务于社会，解决实际问题，提升公众福祉。

数据是人工智能的基础，更是大语言模型源源不断的智慧来源，作为大模型数据能力链上的重要一环，数据标注受到重要关注，这个环节做得如何，直接决定了大模型有多智能。

在数据处理和数据分析过程中，数据标注对数据元素或数据集赋予描述性标签或分类。这一过程对于数据的组织、分类、检索和分析至关重要，确保了数据的可理解性和可用性。数据标注可应用于多种数据形式，包括但不限于文本、图像、视频、音频等。

5.1 知识表示方法

知识是信息接收者通过对信息的提炼和推理而获得的正确结论，是人对自然世界、人类社会以及思维方式与运动规律的认识与掌握，是人的大脑通过思维重新组合和系统化的信息集合。知识与知识表示是人工智能中的一项重要的基本技术，它决定着人工智能如何进行知识学习。

在信息时代，有许多可以处理和存储大量信息的计算机系统。信息包括数据和事实，数据、事实、信息和知识之间存在着层次关系。最简单的信息片是数据，从数据中，可以建立事实，进而获得信息。通常，人们将知识定义为"处理信息以实现智能决策"。

5.1.1 知识的概念

从便于表示和运用的角度出发，可将知识分为四种类型：

（1）对象（事实）：物理对象和物理概念，反映某一对象或一类对象的属性，例如，桌子结构＝高度、宽度、深度。

（2）事件和事件序列（关于过程的知识）：时间元素和因果关系。不仅有当前状态和行为的描述，还有对其发展的变化及其相关条件、因果关系等描述的知识。

（3）执行（办事、操作行为）：不仅包括如何完成（步骤）事情的信息，也包括主导执行的逻辑或算法的信息，如下棋、证明定理、医疗诊断等。

（4）元知识：即知识的知识，如关于各种事实的知识、可靠性和相对重要性的知识、关于如何表示知识和运用知识的知识。以规则形式表示的元知识称为元规则，用来指导规则的选用。运用元知识进行的推理称为元推理。

这里的知识含义和人们的一般认识有所区别，它是指以某种结构化方式表示的概念、事件和过程。因此，并不是日常生活中的所有知识都能够得以体现的，只有限定了范围和结构，经过编码改造的知识才能成为人工智能知识表示中的知识。

从数据、事实、信息到知识的层次频谱如图 5-1 所示。数据可以是没有附加任何意义或单位的数字，事实是具有单位的数字，信息则是将

图 5-1 数据、事实、信息和知识的分层关系

事实转化为明确的意义。最终，知识是高阶的信息表示和处理，方便做出复杂的决策和理解。

5.1.2　知识表示的定义

"知识表示"是指把知识客体中的知识因子与知识关联起来，便于人们识别和理解知识。知识表示是知识组织的前提和基础。下面从内涵和外延方法方面进行思考，从而了解表示方法的选择、产生式系统、面向对象等概念。

知识的表示是对知识的一种描述，或者说是对知识的一组约定，一种计算机可以接受的用于描述知识的数据结构，是能够完成对专家的知识进行计算机处理的一系列技术手段。从某种意义上讲，表示可视为数据结构及其处理机制的综合：

$$表示 = 数据结构 + 处理机制$$

知识表示包含两层含义：

（1）用给定的知识结构，按一定的原则、组织表示知识。

（2）解释所表示知识的含义。

对于人类而言，一个好的知识表示应该具有以下特征：

（1）它应该是透明的，即容易理解。

（2）无论是通过语言、视觉、触觉、声音或者这些组合，都对人们的感官产生影响。

（3）从所表示的世界的真实情况方面考察，它讲述的故事应该让人容易理解。

良好的表示可以充分利用机器庞大的存储器和极快的处理速度，即充分利用其计算能力（具有每秒执行数十亿计算的能力）。知识表示的选择与问题的解理所当然地绑定在一起，以至于可以通过一种表示使问题的约束和挑战变得显而易见（并且得到理解）。但是，如果使用另一种表示方法，这些约束和挑战就会隐藏起来，使问题变得复杂而难以求解。

一般来说，对于同一种知识可以采用不同的表示方法。反过来，一种知识表示模式可以表达多种不同的知识。但在解决某一问题时，不同的表示方法可能产生不同的效果。人工智能中知识表示方法注重知识的运用，可以粗略地将其分为叙述式表示和过程式表示两大类。

1. 叙述式表示法

把知识表示为一个静态的事实集合，并附有处理它们的一些通用程序，即叙述式表示描述事实性知识，给出客观事物所涉及的对象是什么。对于叙述式的知识表示，它的表示与知识运用（推理）是分开处理的。

叙述式表示法易于表示"做什么"，其优点如下：

（1）形式简单、采用数据结构表示知识、清晰明确、易于理解、增加了知识的可读性。

（2）模块性好、减少了知识间的联系、便于知识的获取、修改和扩充。

（3）可独立使用，这种知识表示出来后，可用于不同目的。

其缺点是：不能直接执行，需要其他程序解释它的含义，因此执行速度较慢。

2. 过程式表示法

将知识用使用它的过程来表示，即过程式表示描述规则和控制结构知识，给出一些客观规律，告诉怎么做，一般可用一段计算机程序来描述。

例如，矩阵求逆程序，其中表示了矩阵的逆和求解方法的知识。这种知识是隐含在程序之中的，机器无法从程序的编码中抽出这些知识。

过程式表示法一般是表示"如何做"的知识，其优点如下：

（1）可以被计算机直接执行，处理速度快。

（2）便于表达如何处理问题的知识，易于表达怎样高效处理问题的启发性知识。

其缺点是：不易表达大量的知识，且表示的知识难于修改和理解。

5.1.3 知识表示的过程

知识表示的过程如图 5-2 所示。其中的"知识Ⅰ"是指隐性知识或者使用其他表示方法表示的显性知识；"知识Ⅱ"是指使用该种知识表示方法表示后的显性知识。"知识Ⅰ"与"知识Ⅱ"的深层结构一致，只是表示形式不同。所以，知识表示的过程就是把隐性知识转化为显性知识的过程，或者是把知识由一种表示形式转化成另一种表示形式的过程。

图 5-2 知识表示的过程

知识表示系统通常由两种元素组成：数据结构（包含树、列表和堆栈等结构）和为了使用知识而需要的解释性程序（如搜索、排序和组合）。换句话说，系统中必须有便利的用于存储知识的结构，有用以快速访问和处理知识的方式，这样才能进行计算，得到问题求解、决策和动作。

5.2 数据标注概述

人工智能通过机器学习方法大量学习已知样本，有了预测能力之后再预测未知样本，以达到智能化的效果。机器学习主要分为监督学习和无监督学习，实际应用中，有监督的深度学习方式是主流，而无监督学习因效果不可控而常常用来做探索性的实验。

监督学习需要做数据标注，对于标注数据有着强依赖性需求。未经标注处理过的原始数据多以非结构化数据为主，这些数据难以被机器识别和学习。只有经过标注处理后的结构化数据才能被算法模型训练使用。人工数据标注可以说是智能的前提与灵魂。

简单来说，数据标注的过程就是通过人工标注的方式，把需要机器识别和分辨的语音、图片、文本、视频等数据打上标签，进行加工处理，为机器系统提供大量的学习样本，然后让计算机不断地学习这些数据的特征，最终实现计算机自主识别。

数据标注是大部分 AI 算法得以有效运行的关键环节，想要实现 AI 就要先让计算机学会理解并具备判断事物的能力。可以说数据决定了 AI 的落地程度，精准的数据集产品和高度定制化数据服务更是受到各大企业的重视。

大模型数据标注的特点如下：

（1）非结构化：早期的数据标注工作主要以"打点"和"画框"为主，就是让机器学习什么是"人脸"，什么是"障碍物"，需要严格按照客户给定的标注规范进行，标注要求也偏客观。大模型标注则更像是在做阅读理解，模型学习应该给出什么样的内容，大模型生成的多个结果哪个更接近满分答案，标注要求偏主观，难以形成统一的标准。

标准从客观到主观，使得标注工作更困难，这非常考验标注师的主观能动性以及解决问题的能力，而且标注师需要具备很广的知识面，数据标注工作不再是个结构化的简单工作，而变成了需要逻辑思维的非结构化工作。

（2）知识密集型：大模型背景下的标注工作主要分为两类：通识大模型标注、领域大模型标注。目前的大模型产品多数是通识大模型，但即便如此，标注工作也是非结构化的，需要标注师具备较强的自然语言能力。

至于领域大模型标注，对学历、能力、专业度的要求则更高。大多数行业或企业需要具备领域知识的专业人才，他们要重点解决金融、医疗、科技等领域的专业问题，最终形成符合专业逻辑的高质量数据。例如，政务大模型中，用户通常会问很多"专精"的问题，"社保断缴五年怎么办"这类标注问题就需要标注师读取大量的政府文件，并能从中找到准确答案。

（3）对标注者的学历要求高：早期的数据标注工作者算是人工智能领域的流水线工人，通常集中在人力资源丰富的地区，以控制人力成本。如今的标注师属于互联网公司的白领，甚至很多专业领域的标注人员都是硕士或博士学位，其身份是领域标注专家。

5.3 数据标注分类

无论是直观展示数据、训练机器学习模型，还是维护数据库和提升数据管理质量，都是确保数据价值能够被有效挖掘和利用的关键步骤。

（1）在图表中的应用：数据标注是指图表中用来表示特定数据点的符号，如条形图中的条形、折线图中的点、饼图中的扇区等，这些标识帮助直观展示数据的分布、趋势和比较关系。

（2）人工智能领域的应用：在机器学习和深度学习项目中，数据标注是预处理阶段的关键步骤，包括图像标注（识别物体、边框、关键点等）、文本标注（情感分类、实体识别、语义角色标注等）、语音和视频标注等。这些标签为模型提供了学习的基础，帮助算法理解数据的特征和上下文，是训练有效 AI 模型的前提。

（3）数据库管理中的应用：指用于唯一识别数据库表、列、记录等元素的名称或编号系统，确保数据的组织和查询效率。例如，主键就是一种标识，用于唯一确定表中的每一行记录。

（4）数据治理和质量控制：数据标注有助于建立数据字典和元数据管理，确保数据的准确性和一致性。通过标准化的标签体系，可以提高数据的质量，支持数据的互操作性和重用性。

从不同的角度思考，数据标注有许多不同的分类：

（1）从难易程度方面，数据标注可划分为常识性标注与专业性标注。

例如，地图识别标注多为常识性标注，标注道路、路牌、地图等数据，语音识别标注也多为常识性标注。这类标注工作的难点在于需要大量标注训练样本，因为应用场景多样且复杂，一般对标注员无专业技能要求，认真负责，任务完成效率快、质量高的即为好的标注员。

医疗诊断领域标注多为专业性标注，因为病种、症状的分类与标注需要有医疗专业知识的人才来完成。人力资源招聘领域的标注也属于专业性标注，因为标注员需要熟知招聘业务、各岗位所需的知识技能，还需要了解人力资源经理招人时的关注点，才能判断简历是否符合职位的招聘要求。该类型的标注工作需要有招聘专业知识的标注员，或者称为标注专家。标注工作的难点比较多，例如选拔培养合适的标注员、标注规则的界定、标注质量的控制等多方面。

（2）从标注目的方面，数据标注可划分为评估型标注与样本型标注。

评估型标注一般是为了评估模型的准确率，发现一些不好的样例，然后优化算法模型。为此，为了节约标注资源可控制标注数量。一般情况下标注千量级的数据，样本具有统计意义即可，标注完成后需要统计正确率及错误样例。该类型标注的重点是错误样例的原因总结，分析每个坏样例出现的原因，并将原因归纳为不同分类，以方便算法分析分类型分批次地优化模型。

样本型标注是为模型提供前期的训练样本作为机器学习的输入，该类型标注工作需要标注大量数据，一般情况下需要标注万量级的数据。为了样本的均衡性，标注样本大都是随机抽取的。这样做的优点是可在一定程度上避免样本偏差，但缺点是要标注大量数据。如果是文本型样本，有时可借助算法抽取一些高频、高质量样本进行标注，这样可在一定程度上减少标注工作量，但可能存在样本偏差。

数据标注从标注对象方面，可划分为图像标注、语音标注、视频标注、文本标注。

5.3.1 图像标注

图像标注是对未经处理的图片数据进行加工处理，转换为机器可识别信息，然后输送到人工智能算法和模型里完成调用，如图 5-3 所示。常见的图像标注方法有语义分割、矩形框标注、多边形标注、关键点标注、点云标注、3D 立方体标注、2D/3D 融合标注、目标追踪等。

图 5-3　图像标注

5.3.2　语音标注

语音标注是标注员把语音中包含的文字信息、各种声音先"提取"出来，再进行转写或者合成，如图 5-4 所示。标注后的数据主要用于人工智能机器学习，使计算机可以拥有语音识别能力。常见的语音标注类型有语音转写、语音切割、语音清洗、情绪判断、声纹识别、音素标注、韵律标注、发音校对等。

图 5-4　语音标注

5.3.3　3D 点云标注

点云数据一般由激光雷达等 3D 扫描设备获取空间若干点的信息，包括 XYZ 位置信息、RGB 颜色信息和强度信息等（见图 5-5），是一种多维度的复杂数据集合。

3D 点云数据可以提供丰富的几何、形状和尺度信息，并且不易受光照强度变化和其他物体遮挡等影响，可以很好地了解机器的周围环境。常见的 3D 点云标注类型有 3D 点云目标检测标注、3D 点云语义分割标注、2D 和 3D 融合标注、点云连续帧标注等。

图 5-5 3D 点云标注

5.3.4 文本标注

文本标注是对文本进行特征标记的过程，对其打上具体的语义、构成、语境、目的、情感等数据标签。通过标注好的训练数据，可以教会机器识别文本中所隐含的意图或者情感，使机器可以更好地理解语言。常见的文本标注有 OCR 转写、词性标注、命名实体标注、语句泛化、情感分析、句子编写、槽位提取、意图匹配、文本判断、文本匹配、文本信息抽取、文本清洗、机器翻译等。

5.4 执行数据标注

OpenAI 的数据标注方式是先做出预训练模型，再用强化学习加上人工反馈来调优，也就是 RLHF（从人类反馈中强化学习）。他们找了很多家数据公司来共同完成数据标注，自己组建一个由几十名哲学博士组成的质检团队，对标注好的数据进行检查。数据标注不是以对错来评估，而是给每个问题选出多个匹配的结果，再经过多人多轮的结果排序，直至模型数据符合常人思维，甚至某些专业领域的结果要达到特定要求的知识水平。

5.4.1 制定标注规则

常识性标注的规则比较简单，标注一部分样本即可总结出较通用的规则，但专业性标注的规则比较复杂。制定专业的标注规则需要遵循的原则如下：

（1）多维分析与综合分析相结合。简历与职位的匹配度影响因素肯定是多维的，不能只参考工作经历或专业要求一个因子，或者某几个因子，要多维分析，最终再给出综合评分结果。当然，简历与职位的匹配标注也不可能一上来就能给出综合的评分。要先给单一因子打分，然后参考每个因子的评分结果，最终再进行综合分析，给出评分结果。

（2）因子权重影响因素场景化。简历与职位匹配度评估需要给每个因子打分，要结合具体场景把所有因子进行归类分析。例如，设定一些重要因子，如果重要因子不匹配可能就直接不给分；又如，工作经历代表的是一个人的胜任力，如果该候选人不具备该岗位的胜任力，总分肯定是 0 分。还有一些因子虽然不是很重要，但会影响评分，有些因子时而重要时而不重要，如年龄，人力资源经理想要 1～3 年经验的行政专员，候选人 40 岁，该情况肯定会影响最终评分且很有可能总分是 0 分。所以，把所有影响因子结合场景进行归类分析是十分必要的。

（3）问题类型标签化、结构化。一般情况下标注结果会以分数的形式展示，ABCD 或者 0123。前期制定标注规则时，要考虑原因分析，列出不匹配的原因，形成结构化的原因标签，有利于最终分析坏样例的分类与占比，然后，团队在优化时可以优先解决占比高或影响恶劣的样例。

数据标注是一项看似简单实际却十分复杂的工作，涉及标注分类、标注规则制定、标注原因分析、标注系统搭建、标注团队管理等，尤其涉及专业领域的标注则更困难。

5.4.2　数据标注过程

图像标注专家阿德拉·巴里乌索于 2007 年开始使用标签系统地标注 SUN 数据库，标注了超过 25 万个物体。她记录了标注过程中曾遇到的困难和采用的解决方案，以便得到一致性高的注释。巴里乌索在数据标注中的主要心得如下：

（1）在标注图像时，首先对图像进行整体评估，衡量标注难度。有些乍一看标注难度较大的图像，实际上图中的元素很少，很容易标记。

（2）标注时，通常由大到小进行标注，如图 5-6 所示。例如，开放空间中先标注天空，封闭空间内先标注天花板，然后再继续添加其他东西。

图 5-6　由大到小标注

（3）标记的顺序不重要，但标注时最好一行行地进行，将一行内所有类型相同的对象全都标注上，降低标签写错的可能。

（4）一般不标注镜子里反射的物体，这很容易造成误导。

（5）在图像中有很多线条性物体时（如图 5-7 中的扶手和栏杆），需要特别注意，有可能标注出与所需完全相反的内容（即孔内被标记为对象），标注线在同一个位置经过两次是正常的，刻意避免可能会出现上述情况。

（6）标注图像中出现打开的门窗等情况时，不仅要标注门窗，也应将门窗内的物体也标注上，这有助于增加深度感。

（7）标注时的标注线条要好看一些，尽量避免弄成一块一块的，如图 5-8 所示。

图 5-7　扶手与栏杆

图 5-8　标注线条的处理

（8）对于过于复杂的图片，如果对图中的内容不够熟悉，就干脆跳过。

（9）如果一个物体被另一个物体遮挡，在给两个物体做标注时，要给两个物体贴上标签，确保它们的边缘重合，如图 5-9 所示。

（10）在进行标注时，有时需要放大和缩小。放大有助于标注一些小细节，但有可能造成错乱，有些东西局部放大后变得像其他物体。因此，在标注之后需要缩放至原始大小进行审核。

（11）标注室内空间时，一般单独标记不同方向的墙，即使它们是相互连接的。

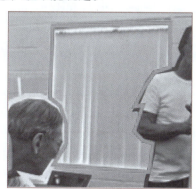

图 5-9　遮挡物体的处理

（12）在图 5-10 中，图像的复杂性是由于墙壁和拱门形成的不同深度平面造成的，在标记时需要给拱门内的元素进行标记。首先从两堵墙开始，然后给墙壁和容易分辨的大物体进行标注，最后再去标注小的一些细节，有时候遗漏是不可避免的。

（13）有时候某些容器是透明的，如透明的容器内装着一些饼干，此时是标注"容器"还是"饼干"呢？一般标注容器，重点在于要保持标注原则的前后一致。

（14）有时候标注标签并非自己的母语，当标注的目标物种类较多时，一定要建立一个标签的对应关系，方便查找，如"bed：床"。

图 5-10　图像的复杂性

5.4.3　标注团队管理

数据标注团队主要由标注师和质检员组成,在完成标注后,数据交给算法工程师,他们会用数据对大模型做测试。看一下哪些方面还有不足,再有针对性地做下一轮标注和调试。

通常,大模型标注员岗位的要求比普通标注员要高很多。除了硬性学历要求之外,对专业能力或综合能力要求也高,有时会要求具有专业领域工作经验,或者某些会要求外语水平,这是因为大模型和世界接轨,国内很多大模型产品也需要部署外语环境下的大模型。

(1)新人培训与管理:新人入职首先要学习标注规则,同时也要学习领域知识,尤其是专业性比较强的领域,如此才能掌握标注体系。

在学习中,标注练习是必不可少的。首先可以做单因子标注的练习,合格之后再进行综合评分的练习。此时的练习,最好有正确答案,这样可以随时监督新人练习的进度和质量,也可以制定一套新人培训学习体系,里面不仅要包括要学的内容,还要列清楚练习期间的任务数量,以及每个阶段所要达成的质量指标,以此来评判新人培训期间的成绩。

(2)质量把控与管理:低质量的标注数据会直接影响模型的训练效果,所以数据质量是标注工作的重中之重。保证标注质量的前提是做好任务的培训,明确标注需求、标注方法和验收标准。数据验收环节一般会采用自检、交叉检验,或者按任务进行分类检验的方式进行检验,甚至一些标注团队会设置专门的质检小组,对标注员的标注结果进行抽检或全检。

未来,大模型流水线上还会出现更多细分岗位,如模型评估师(指导大模型调优方向)、指令工程师(研究与大模型交互更高效的方式)、视频音频标注师、专业领域标注师等,这些岗位都是数据标注人员的发展方向,不仅岗位有更细分、更专业的发展方向,而且岗位需求量也会不断增大。

目前数据标注市场主要有两类参与者:一类是第三方标注公司;另一类是头部科技公司自建的数据标注团队。此外还有一些中间商,对接公司需求和标注团队。传统的数据标注行业主要依靠渠道、人力等形成的低成本优势。未来,数据需求方将更看重数据质量、场景多样性和可扩展性,这样才能让大模型发挥更大的作用。

5.5 智能数据标注

科技发展带来的最大冲击就是人工智能不断替代人力工作，而现在，连人工智能自身的"教育者"——数据标注行业也面临被这个"学生"逐渐取代的挑战。

传统的大模型训练依赖人类标注员标记出的大量高质量数据，也就是基于人类反馈的强化学习（RLHF）。然而，随着新的训练方法的出现，人工并不再是唯一选择。谷歌研究团队提出了名为 RLAIF 的训练方法，通过人工智能自身进行数据标注，得出的训练结果甚至可以与 RLHF 相媲美。

不过，这一技术转变并非易行。目前，自动化标注方法还无法满足所有任务标注需求，它更多的是作为人工标注的辅助工具出现。简单的标注问题可以交给人工智能完成，而人工依然在处理涉及复杂逻辑和具有争议的场景的标注任务中发挥主导作用。然而，这也预示着未来的数据标注行业的门槛将会进一步提高，需求将从重人力转化为重技术。

有人认为，人工标注对于深化仍然至关重要，或许在某些情况下，RLHF 与 RLAIF 的混合方法更具优势。然而，无论结果如何，数据标注服务企业要有所准备，迎接这个变革，向做自动化标注工具的方向发展。这个进程并非只有挑战,也充满了机遇。如果正确把握，这也许是数据标注行业，甚至整个人工智能技术研发领域的又一次突破。

作 业

1. 数据是人工智能的基础，更是大模型源源不断的养分来源，（　　）这个环节做得如何，直接决定了大模型有多聪明。

　　A．综合微调　　　B．模型规划　　　C．智慧分析　　　D．数据标注

2. 数据标注的方式之一是先做出预训练模型，再用强化学习加上人工反馈来调优，即 RLHF——从（　　）中强化学习。

　　A．智能决策　　　B．人类反馈　　　C．知识表示　　　D．字典辅助

3. 知识是人的大脑通过思维重新组合和系统化的信息集合。（　　）是人工智能中的一项重要的基本技术，它决定着人工智能如何进行知识学习。

　　A．智能决策　　　B．人类反馈　　　C．知识表示　　　D．字典辅助

4. 最简单的信息片是数据，从数据中可以建立事实，进而获得信息。人们将知识定义为"处理（　　），将其转换成知识，使之可以用于智能决策。"

　　A．信息　　　　　B．数据　　　　　C．事实　　　　　D．因素

5. 从便于表示和运用的角度出发，可将知识分为四种类型，即元知识以及（　　）。

　　①对象　　　　　②事件　　　　　③规则　　　　　④行为
　　A．②③④　　　　B．①②③　　　　C．①③④　　　　D．①②④

6. 元知识，即关于如何表示知识和运用知识的知识。运用元知识进行的推理称为（　　）。

　　A．元规则　　　　B．元推理　　　　C．元事实　　　　D．元因素

7. （　　）是对知识的一种描述，或者说是对知识的一组约定，一种计算机可以接受的用于描述知识的数据结构，是能够完成对专家的知识进行计算机处理的一系列技术手段。

　　A. 规则体系　　　B. 信息系统　　　C. 知识表示　　　D. 知识体系

8. 对于人类而言，一个好的知识表示应该具有（　　）等特征。

　　① 格式严谨　　　② 容易理解　　　③ 影响人类　　　④ 真实可靠

　　A. ②③④　　　　B. ①②③　　　　C. ①②④　　　　D. ①③④

9. 知识的（　　）表示描述事实性知识，给出客观事物所涉及的对象是什么。它的表示与知识运用（推理）是分开处理的。

　　A. 逻辑　　　　　B. 过程式　　　　C. 物理　　　　　D. 叙述式

10. 知识的（　　）表示描述规则和控制结构知识，给出一些客观规律，告诉怎么做，一般可用一段计算机程序来描述。

　　A. 逻辑　　　　　B. 过程式　　　　C. 物理　　　　　D. 叙述式

11. 在大模型的实际应用中，有监督的深度学习方式是主流。监督学习需要做数据标注，对数据标注有着（　　）需求。

　　A. 个别依赖　　　B. 有限依赖　　　C. 强依赖性　　　D. 弱依赖性

12. 未经标注处理过的原始数据多以非结构化数据为主，难以被机器识别和学习。只有经过标注处理后的结构化数据才能被算法模型训练使用。（　　）数据标注可以说是智能的前提与灵魂。

　　A. 人工　　　　　B. 自动　　　　　C. 完全　　　　　D. 个别

13. 大模型数据标注的特点主要包括（　　）。

　　① 标注要求主观，属非结构化　　　② 标注业务不需要领域知识

　　③ 标注人员知识要求高　　　　　　④ 标注工作属于知识密集型

　　A. ①②④　　　　B. ①②③　　　　C. ②③④　　　　D. ①③④

14. 地图识别标注、语音识别标注通常为（　　）标注，这类标注需要大量标注训练样本，应用场景多样且复杂，一般对标注员无专业技能要求。

　　A. 样本型　　　　B. 常识性　　　　C. 专业性　　　　D. 评估型

15. （　　）标注是为模型提供前期机器学习的训练输入，该类型工作需要标注大量数据，为了样本的均衡性，标注数据大都是随机抽取的。

　　A. 样本型　　　　B. 常识性　　　　C. 专业性　　　　D. 评估型

16. （　　）标注一般是为了测试模型的准确率，发现一些不好的样例，然后优化算法模型。该类型的标注工作为了节约标注资源可控制标注数量，样本具有统计意义即可。

　　A. 样本型　　　　B. 常识性　　　　C. 专业性　　　　D. 评估型

17. 常识性标注的规则比较简单，但专业性标注的规则比较复杂。制定专业的标注规则需要遵循的原则主要有（　　）。

　　① 多维分析与综合分析相结合　　　② 因子权重影响因素场景化

　　③ 问题类型标签化、结构化　　　　④ 标注场景选择因子多元化

　　A. ①③④　　　　B. ①②④　　　　C. ①②③　　　　D. ②③④

18. 数据标注看似简单实际却十分复杂，涉及（　　）以及系统搭建、团队管理等，尤其专业领域的标注更困难。
    ① 标注分类　　② 规则制定　　③ 财务管理　　④ 原因分析
    A. ①②③　　　B. ①②④　　　C. ①③④　　　D. ②③④

19. 数据质量是标注工作的重中之重。标注工作的数据验收环节一般会采用（　　）等方式进行检验，甚至会设置专门质检小组进行抽检或全检。
    ① 复检　　　　② 自检　　　　③ 交叉检验　　④ 分类检验
    A. ②③④　　　B. ①②③　　　C. ①②④　　　D. ①③④

20. 目前数据标注市场主要有两类参与者：一类是第三方标注公司；另一类是头部科技公司自建的数据标注团队。未来，数据需求方将更看重（　　），这样才能让大模型发挥更大的作用。
    ① 数据质量　　② 成本低廉　　③ 场景多样性　④ 可扩展性
    A. ②③④　　　B. ①②③　　　C. ①②④　　　D. ①③④

【实训与思考】熟悉 Globe Explorer 智能搜索引擎

Globe Explorer 是一款全新的人工智能搜索引擎（见图 5-11），不同于传统的搜索引擎，Globe Explorer 提供了更为丰富和个性化的搜索体验，不管对工程、科学、艺术、学校、技术、爱好、生活方式等领域有何需求，它都能让用户满足探索欲望，轻松发现其感兴趣的内容。它提供个性化搜索体验，支持多语言搜索，致力于提供高质量的搜索结果。它能够将搜索关键词自动整理成思维导图，帮助用户快速明了地查看信息。例如，研究人员使用 Globe Explorer 搜索学术资料，快速整理成思维导图，学生利用 Globe Explorer 整理课程笔记，形成清晰的学习结构，专业人士使用 Globe Explorer 进行市场调研，高效获取和整理信息。甚至有人把 Globe Explorer 誉为跨时代的搜索引擎。

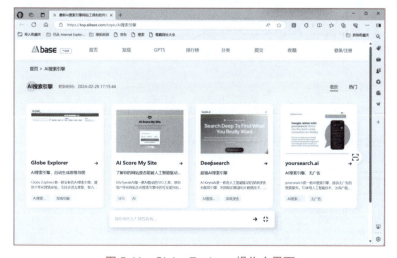

图 5-11　Globe Explorer 操作主界面

1. 实训目的

（1）体会和思考人工智能技术领域中的重要能力——搜索，回顾传统搜索技术的内涵。

（2）了解和体验智能搜索引擎的创新发展。

（3）深入思考什么是智能，思考"智能+"的发展前景。

2. 实训内容与步骤

请仔细阅读本课，关注大模型的重要基础工作——预训练数据的组织与处理。

（1）传统搜索。爱上网的人一定经常使用搜索引擎。请问，你熟悉的搜索引擎是哪个？

答：_____

请回顾你平时使用搜索引擎完成的任务一般是什么。

答：_____
_____

（2）体验 Globe Explorer 智能搜索引擎。请登录 Globe Explorer 操作界面，体验与竭力分析搜索与智能搜索功能。

3. 实训总结

_____
_____
_____
_____

4. 实训评价（教师）

_____
_____

第 6 课 大语言模型预训练数据

● 学习目标

（1）熟悉大语言模型的预训练数据知识。
（2）熟悉预训练数据处理知识，了解数据的训练集、测试集和验证集。
（3）重视数据印象的分析，了解数据集面临的挑战。

● 学习难点

（1）大模型的数据处理需求与技术。
（2）大模型预训练数据的训练集、测试集和验证集。

● 素质要素

（1）数据伦理与隐私保护：强调在收集和处理大数据时，必须严格遵守数据保护法规，如《个人信息保护法》等，尊重个人隐私，正确处理敏感信息，确保数据使用的合法性和伦理性。

（2）数据质量与真实性：培养学生的数据素养，认识到高质量、真实性的数据对预训练模型的影响，强调在标注、清洗过程中保持严谨，避免因数据偏差导致的模型歧视和社会不公。

（3）社会责任与公共利益：引导学生思考大数据技术如何服务于社会公共利益，如在医疗健康、环境保护、灾害预警等领域中的应用，培养技术开发和应用中考虑社会整体福祉的意识。

（4）创新与合作精神：鼓励在学习过程中培养创新思维，探索大数据预训练的新方法和应用场景，强调团队合作的重要性，通过跨学科合作解决复杂问题，促进知识共享和共同进步。

（5）法律意识与合规性：讲解与大数据相关的法律法规，增强法律意识，确保数据采集、处理和应用过程中的所有活动都在法律框架内进行，防止侵犯知识产权或违反数据跨境传输规定。

（6）公平性与无偏见：讨论预训练数据中的偏见问题，如性别、种族、地域等偏见如何被模型学习并放大，教育学生在构建数据集时采取措施减少偏见，如多样化数据收集、偏见检测与修正技术等。

（7）国家政策与战略导向：讲解大数据技术在国家战略层面的作用，如促进数字经济发展、支撑社会治理现代化等，增强学生的国家使命感和行业责任感。

一般情况下，用于预训练的都是具备复杂网络结构、众多参数量，以及足够大数据集的大模型。在自然语言处理领域，预训练模型往往是语言模型（见图 6-1），其训练是无监督的，可以获得大规模语料。同时，语言模型又是许多典型自然语言处理任务的基础，如机器翻译、文本生成、阅读理解等。

图 6-1 从语言模型嵌入

（1）在循环神经网络（RNN）模型中，每一个词嵌入的输出要参考前面已经输入过的数据，所以叫作上下文词嵌入。

（2）除了考虑每个词嵌入前文，同时还要考虑后文，所以再从句尾向句首训练。

（3）使用多层隐藏层后，最终的词嵌入＝该词所有层的词嵌入的加权平均，如图 6-2 所示。

图 6-2 从语言模型中嵌入

训练大模型需要数万亿各类型数据。如何构造海量"高质量"数据对于大模型的训练至关重要。研究表明，预训练数据是影响大模型效果及样本泛化能力的关键因素之一。大模型预训练数据要覆盖尽可能多的领域、语言、文化和视角，通常来自网络、图书、论文、百科和社交媒体等。

6.1 数据来源

OpenAI 训练 GPT-3 使用的主要数据来源，包含经过过滤的 CommonCravwl、WebText2、Books1、Books2 等数据集。其中 CommonCrawl 的原始数据有 45 TB，过滤后仅保留了 570 GB 的数据。通过词元方式对上述数据进行切分，大约包含 5 000 亿个词元。为了保证模型使用更多高质量数据进行训练，在 GPT-3 训练时，根据数据来源的不同，设置不同的采样权重。在完成 3 000 亿个词元的训练时，英文某百科的数据平均训练轮数为 3.4 次，而 CommonCrawl 和 Books2 仅有 0.44 次和 0.43 次。另一个例子，由于 CommonCrawl 数据集的过滤过程烦琐复杂，Meta 公司的研究人员在训练 OPT 模型时，采用了混合 RoBERTa、Pile 和 PushShift.io Reddit 数据的方法。由于这些数据集中包含的绝大部分数据都是英文数据，因此 OPT 也从 CommonCrawl 数据集中抽取了部分非英文数据加入训练数据。

大模型预训练所需的数据来源大体上分为通用数据和专业数据两大类。

6.1.1 通用数据

通用数据在大模型训练数据中占比非常高，主要包括网页、图书、新闻、对话文本等不同类型的数据，具有规模大、多样性和易获取等特点，因此支持大模型的语言建模和泛化能力。

1. 网页

网页是通用数据中数量最多的一类。随着互联网的日益普及，人们通过网站、论坛、博客、App 创造了海量的数据。网页数据使语言模型能够获得多样化的语言知识并增强其泛化能力。爬取和处理海量网页内容并不是一件容易的事情，因此一些研究人员构建了 ClueWeb09、ClueWeb12、SogouT-16、CommonCrawl 等开源网页数据集。虽然这些爬取的网络数据包含大量高质量的文本，但也包含非常多低质量的文本（如垃圾邮件等）。因此，过滤并处理网页数据以提高数据质量对大模型训练非常重要。

2. 图书

图书是人类知识的主要积累方式之一，从古代经典到现代学术著作，承载了丰富多样的人类思想。图书通常包含广泛的词汇，包括专业术语、文学表达及各种主题词汇。利用图书数据进行训练，大模型可以接触多样化的词汇，从而提高其对不同领域和主题的理解能力。相较于其他数据库，图书也是最重要的，甚至是唯一的长文本书面语的数据来源。图书提供了完整的句子和段落，使大模型可以学习到上下文之间的联系。这对于模型理解句子中的复杂结构、逻辑关系和语义连贯性非常重要。图书涵盖了各种文体和风格，包括小说、科学著作、历史记录等。用图书数据训练大模型，可以使模型学习到不同的写作风格和表达方式，提高大模型在各种文本类型上的能力。受限于版权因素，开源图书数据集很少，现有的开源大模型研究通常采用 Pile 数据集中提供的 Books 3 和 BookCorpus 2 数据集。

3. 对话文本

对话文本是指有两个或更多参与者交流的文本内容。对话文本包含书面形式的对话、聊天记录、论坛帖子、社交媒体评论等。研究表明，对话文本可以有效增强大模型的对话能力，并潜在地提高大模型在多种问答任务上的表现。对话文本可以通过收集、清洗、归并等过程从社会媒体、论坛、邮件组等处构建。相较于网页数据，对话文本数据的收集和处理会困难一些，数据量也少很多。常见的对话文本数据集包括 PushShift.io Reddit、Ubuntu Dialogue Corpus、Douban Conversation Corpus、Chromium Conversations Corpus 等。此外，还提出了使用大模型自动生成对话文本数据的 UltraChat 方法。

6.1.2 专业数据

专业数据包括多语言数据、科学文本数据、代码及领域特有资料等。虽然专业数据在大模型中所占比例通常较低，但是其对改进大模型在下游任务上的特定解决能力有着非常重要的作用。专业数据种类非常多，大模型使用的专业数据主要有三类。

1. 多语言数据

多语言数据对于增强大模型的语言理解和生成多语言能力具有至关重要的作用。当前的大模型训练除了需要目标语言中的文本，通常还要整合多语言数据库。例如，BLOOM 的预训练数据中包含 46 种语言的数据，PaLM 的预训练数据中甚至包含高达 122 种语言的数据。研究发现，通过多语言数据混合训练，预训练模型可以在一定程度上自动构建多语言之间的语义关联。因此，多语言数据混合训练可以有效提升翻译、多语言摘要和多语言问答等任务能力。此外，由于不同语言中不同类型的知识获取难度不同，多语言数据还可以有效地增加数据的多样性和知识的丰富性。

2. 科学文本数据

科学文本数据包括教材、论文、百科及其他相关资源。这些数据对于提升大模型在理解科学知识方面的能力具有重要作用。科学文本数据的来源主要包括 arXiv 论文、PubMed 论文、教材、课件和教学网页等。由于科学领域涉及众多专业领域且数据形式复杂，通常还需要对公式、化学式、蛋白质序列等采用特定的符号标记并进行预处理。例如，公式可以用 LaTeX 语法表示，化学结构可以用 SMILES（simplified molecular input line entry system，简化的分子输入管路输入系统）表示，蛋白质序列可以用单字母代码或三字母代码表示。这样可以将不同格式的数据转换为统一的形式，使大模型更好地处理和分析科学文本数据。

3. 代码

代码是进行程序生成任务所必需的训练数据。研究表明，通过在大量代码上进行预训练，大模型可以有效提升代码生成的效果。程序代码除本身之外，还包含大量的注释信息。与自然语言文本不同，代码是一种格式化语言，对应着长程依赖和准确的执行逻辑。代码的语法结构、关键字和特定的编程范式都对其含义和功能起着重要作用。代码的主要来源是编程问答社区和公共软件仓库。编程问答社区中的数据包含了开发者提出的问题、其他开发者的回答及相关代码示例。这些数据提供了丰富的语境和真实世界中的代码使用场景。公共软件仓库中的数据包含了大量的开源代码，涵盖多种编程语言和不同领域。这些代码库中的很多代码经过了严格的代码评审和实际的使用测试，因此具有一定的可靠性。

6.2 数据处理

由于数据质量对于大模型的影响非常大，因此，在收集各种类型的数据之后，需要对数据进行处理，去除低质量数据、重复数据、有害信息、个人隐私等内容并进行词元切分。

6.2.1 质量过滤

互联网上的数据质量参差不齐，因此，从收集到的数据中删除过滤掉低质量数据是大模型训练中的重要步骤。其方法大致分为两类：基于分类器的方法和基于启发式的方法。

1. 基于分类器的方法

目标是训练文本质量判断模型，利用该模型识别并过滤低质量数据。GPT-3、PaLM 和 GLaM 模型在训练数据构造时都使用了基于分类器的方法。例如，基于特征哈希的线性分类器，可以非常高效地完成文本质量判断。该分类器使用一组精选文本（如书籍和一些选定的网站）进行训练，目标是给予训练数据类似的网页较高分数。利用这个分类器可以评估网页的内容质量。在实际应用中，还可以通过使用 Pareto 分布对网页进行采样，根据其得分选择合适的阈值，从而选定合适的数据集。然而，一些研究发现，基于分类器的方法可能会删除包含方言或者口语的高质量文本，从而损失一定的多样性。

2. 基于启发式的方法

通过一组精心设计的规则来消除低质量文本，BLOOM 和 Gopher 采用了基于启发式的方法。一些启发式规则如下：

（1）语言过滤：如果一个大模型仅关注一种或者几种语言，则可以大幅过滤数据中其他语言的文本。

（2）指标过滤：利用评测指标也可以过滤低质量文本。例如，可以使用语言模型对给定文本的困惑度进行计算，利用该值过滤非自然的句子。

（3）统计特征过滤：针对文本内容可以计算包括标点符号分布、符号字比、句子长度在内的统计特征，利用这些特征过滤低质量数据。

（4）关键词过滤：根据特定的关键词集，可以识别并删除文本中的噪声或无用元素，如 HTML 标签、超链接及冒犯性词语等。

在大模型出现之前，在自然语言处理领域已经开展了很多文章质量判断相关的研究，主要应用于搜索引擎、社交媒体、推荐系统、广告排序及作文评分等任务中。在搜索和推荐系统中，内容结果的质量是影响用户体验的重要因素之一，因此，此前很多工作都是针对用户生成内容的质量进行判断的。自动作文评分也是文章质量判断领域的一个重要子任务，自 1998 年提出使用贝叶斯分类器进行作文评分预测以来，基于 SVM、CNN-RNN、BERT 等方法的作文评分算法相继被提出，并取得了较大进展。这些方法都可以应用于大模型预训练数据过滤。由于预训练数据量非常大，并且对质量判断的准确率要求并不很高，因此一些基于深度学习和预训练的方法还没有应用于低质过滤中。

6.2.2 冗余去除

研究表明，大模型训练数据库中的重复数据会降低大模型的多样性，并可能导致训练过程不稳定，从而影响模型性能。因此，需要对预训练数据库中的重复数据进行处理，去除其中的冗余部分。文本冗余发现也称为文本重复检测，是自然语言处理和信息检索中的基础任务之一，其目标是发现不同粒度上的文本重复，包括句子、段落、文档、数据集等不同级别。在实际产生预训练数据时，冗余去除需要从不同粒度着手，这对改善语言模型的训练效果具有重要作用。

在句子级别上，包含重复单词或短语的句子很可能造成语言建模中引入重复的模式。这对语言模型来说会产生非常严重的影响，使模型在预测时容易陷入重复循环。重复循环对语言模型生成的文本质量的影响非常大，因此在预训练数据中需要删除这些包含大量重复单词或者短语的句子。

在文档级别上，大部分大模型依靠文档之间的表面特征相似度（如 n-gram 重叠比例）进行检测并删除重复文档。LLaMA 模型采用 CCNet 处理模式，先将文档拆分为段落，并把所有字符转换为小写字符、将数字替换为占位符，删除所有 Unicode 标点符号和重音符号，对每个段落进行规范化处理。然后，使用 SHA-1 方法为每个段落计算一个哈希码，并使用前 64 位数字作为键。最后，利用每个段落的键进行重复判断。RefinedWeb 先去除页面中的菜单、标题、页脚、广告等内容，仅抽取页面中的主要内容。在此基础上，在文档级别进行过滤，使用 n-gram 重复程度来衡量句子、段落及文档的相似度。如果超过预先设定的阈值，则会过滤重复段落或文档。

此外，数据集级别上也可能存在一定数量的重复情况，例如很多大模型预训练数据集都会包含 GitHub、C4 等。需要特别注意预训练数据中混入测试数据，造成数据集污染的情况。

6.2.3 隐私消除

由于绝大多数预训练数据源于互联网，因此不可避免地会包含涉及敏感或个人信息的用户生成内容，这可能会增加隐私泄露的风险。因此，有必要从预训练数据库中删除包含个人身份信息的内容。

删除隐私数据最直接的方法是采用基于规则的算法，BigScience ROOTS Corpus 在构建过程中就采用了基于命名实体识别的方法，利用算法检测姓名、地址、电话号码等个人信息内容并进行删除或者替换。该方法被集成在 muliwai 类库中，使用了基于 Transformer 的模型，并结合机器翻译技术，可以处理超过 100 种语言的文本，消除其中的隐私信息。

6.2.4 词元切分

传统的自然语言处理通常以单词为基本处理单元，模型都依赖预先确定的词表，在编码输入词序列时，这些词表示模型只能处理词表中存在的词。因此，使用时如果遇到不在词表中的未登录词，模型无法为其生成对应的表示，只能给予这些未登录词一个默认的通用表示。

在深度学习模型中，词表示模型会预先在词表中加入一个默认的 [UNK] 标识表示未知词，并在训练的过程中将 [UNK] 的向量作为词表示矩阵的一部分一起训练，通过引入相应机制来更新 [UNK] 向量的参数。使用时，对全部未登录词使用 [UNK] 向量作为表示向量。此外，基于固定词表的词表示模型对词表大小的选择比较敏感。当词表过小时，未登录词的比例较高，影响模型性能；当词表过大时，大量低频词出现在词表中，这些词的词向量很难得到充分学习。理想模式下，词表示模型应能覆盖绝大部分输入词，并避免词表过大造成的数据稀疏问题。

为了缓解未登录词问题，一些工作通过利用亚词级别的信息构造词表示向量。一种直接的解决思路是为输入建立字符级别表示，并通过字符向量的组合获得每个单词的表示，以解决数据稀疏问题。然而，单词中的词根、词缀等构词模式往往跨越多个字符，基于字符表示的方法很难学习跨度较大的模式。为了充分学习这些构词模式，研究人员提出了子词元化方法，以缓解未登录词问题。词元表示模型会维护一个词元词表，其中既存在完整的单词，也存在形如"c""re""ing"等单词的部分信息，称为子词。词元表示模型对词表中的每个词元计算一个定长向量表示，供下游模型使用。对于输入的词序列，词元表示模型将每个词拆分为词表内的词元。例如，将单词"reborn"拆分为"re"和"born"。模型随后查询每个词元的表示，将输入重新组成词元表示序列。当下游模型需要计算一个单词或词组的表示时，可以将对应范围内的词元表示合成需要的表示。因此，词元表示模型能够较好地解决自然语言处理系统中未登录词的问题。词元分析是将原始文本分割成词元序列的过程。词元切分也是数据预处理中至关重要的一步。

字节对编码是一种常见的子词词元算法。该算法采用的词表包含最常见的单词及高频出现的子词。使用时，常见词通常位于字节对编码词表中，而罕见词通常能被分解为若干个包含在字节对编码词表中的词元，从而大幅减小未登录词的比例。字节对编码算法包括以下两部分：

（1）词元词表的确定。

（2）全词切分为词元及词元合并为全词的方法。

 ## 6.3　数据影响分析

过去自然语言处理是一个任务用标注数据训练一个模型，而现在可以在大量无标注的语料上预训练出一个在少量有监督数据上微调就能做很多任务的模型。这其实就比较接近人类学习语言的过程。例如，参加某项考试测试英文能力的好坏，里面有听说读写等各式各样的任务，有填空和选择等很多题型。但我们学习英文的方法并不是去做大量的选择题，而是背大量的英文单词，理解它的词性、意思，阅读大量的英文文章、掌握它在段落中的用法，只需做少量的选择题，就可以通过某个语言能力的测试。这便是自然语言处理领域所追求的目标。我们期待可以训练一个模型，它真的了解人类的语言，在需要解决各式各样的任务时，只需要稍微微调一下，就知道怎么做，如图 6-3 所示。

大模型训练需要大量计算资源，通常不可能进行多次。有千亿级参数量的大模型进行一次预训练就需要花费数百万元的计算成本。因此，在训练大模型之前，构建一个准备充分的预训练数据库尤为重要。

图 6-3 在预训练基础上微调

6.3.1 数据规模

随着大模型参数规模的增加，为了有效地训练模型，需要收集足够数量的高质量数据。在针对模型参数规模、训练数据量及总计算量与模型效果之间关系的研究被提出之前，大部分大模型训练所采用的训练数据量相较于 LLaMA 等新的大模型都少很多。

DeepMind 的研究人员描述了他们训练 400 多个语言模型后得出的分析结果（模型的参数量从 7 000 万个到 160 亿个，训练数据量从 5 亿个词元到 5 000 亿个词元）。研究发现，如果希望模型训练达到计算最优，则模型大小和训练词元数量应该等比例缩放，即模型大小加倍，则训练词元数量也应该加倍。为了验证该分析结果，他们使用与 Gopher 语言模型训练相同的计算资源，根据上述理论预测了 Chinchilla 语言模型的最优参数量与词元量组合。最终确定 Chinchilla 语言模型具有 700 亿个参数，使用了 1.4 万亿个词元进行训练。通过实验发现，Chinchilla 在很多下游评估任务中都显著地优于 Gopher（280 B）、GPT-3（175BJurassic-1（178 B）及 Megatron-Turing NLG（530 B）。

6.3.2 数据质量

数据质量是影响大模型训练效果的关键因素之一。大量重复的低质量数据会导致训练过程不稳定，模型训练不收敛。研究表明，训练数据的构建时间、噪声或有害信息、数据重复率等因素，都对语言模型性能产生较大影响，在经过清洗的高质量数据上训练数据可得到更好的性能。

Gopher 语言模型在训练时针对文本质量进行相关实验，具有 140 亿个参数的模型在 OpenWebText、C4 及不同版本的 MassiveWeb 数据集上训练得到模型效果对比。他们分别测试了利用不同数据训练得到的模型在 Wikitext103 单词预测、CuraticCorpus 摘要及 Lambada 书籍级别的单词预测三个下游任务上的表现。从结果可以看到，使用经过过滤和去重的 MassiveWeb 数训练得到的语言模型，在三个任务上都远好于使用未经处理的数据训练所得到的模型。使用经过处理的 MassiveWeb 数据训练得到的语言模型在下游任务上的表现也远好于使用 OpenWebText 和 C4 数据集训练得到的结果。

构建 GLaM 语言模型时，也对训练数据质量的影响进行了分析。通过实验结果可以看到使用高质量数据训练的模型在自然语言生成和理解任务上表现更好。特别是，高质量数据对自然语言生成任务的影响大于自然语言理解任务。这可能是因为自然语言生成任务通常需要生成高质量的语言，过滤预训练数据库对语言模型的生成能力至关重要。预训练数据的质量在下游任务的性能中也扮演着关键角色。

来自不同领域、使用不同语言、应用于不同场景的训练数据具有不同的语言特征，包含不同语义知识。通过使用不同来源的数据进行训练，大模型可以获得广泛的知识。

6.4 典型的开源数据集

随着基于统计机器学习的自然语言处理算法的发展，以及信息检索研究的需求增加，特别是对深度学习和预训练语言模型研究的深入，研究人员构建了多种大规模开源数据集，涵盖网页、图书、论文、百科等多个领域。在构建大模型时，数据的质量和多样性对于提高模型性能至关重要。为了推动大模型研究和应用，学术界和工业界也开放了多个针对大模型的开源数据集。

6.4.1 Pile 数据集

Pile 数据集是一个用于大模型训练的多样性大规模文本数据库，由 22 个不同的高质量子集构成，包括现有的和新构建的，主要来自学术或专业领域。这些子集包括 Pile-CC（清洗后的 CommonCrawl 子集）、Wikipedia、OpenWebText2、ArXiv、PubMed Central 等。Pile 的特点是包含大量多样化文本，涵盖不同领域和主题，从而提高了训练数据集的多样性和丰富性。Pile 数据集包含 825 GB 英文文本，其数据类型组成大体上如图 6-4 所示，所占面积大小表示数据在整个数据集中所占的规模。

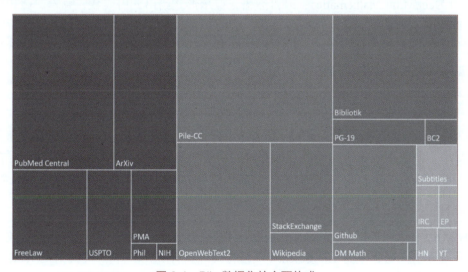

图 6-4　Pile 数据集的主要构成

Pile 数据集的部分子集简单介绍如下：

（1）Pile-CCC：通过在 Web Archive 文件上使用 jusText 方法提取，比直接使用 WET 文件产生更高质量的输出。

（2）PubMed Central（PMC）：由美国国家生物技术信息中心（NCBI）运营的 PubMed 生物医学在线资源库的一个子集，提供对近 500 万份出版物的开放全文访问。

（3）OpenWebText2（OWT2）：一个基于 WebText1 和 OpenWobTextCorpts 的通用数据集，它包括来自多种语言的文本内容、网页文本元数据，以及多个开源数据集和开源代码库。

（4）ArXiv：一个自 1991 年开始运营的研究论文预印版本发布服务平台。论文主要集中在数学、计算机科学和物理领域。ArXiv 上的论文是用 LaTeX 编写的，其中公式、符号、表格等内容的表示非常适合语言模型学习。

（5）GitHub：一个大型的开源代码库，对于语言模型完成代码生成、代码补全等任务具有非常重要的作用。

（6）FreeLaw：一个非营利项目，为法律学术研究提供访问和分析工具。CourtListener 是 FreeLaw 项目的一部分，包含美国联邦和州法院的数百万法律意见，并提供批量下载服务。

（7）Stack Exchange：一个围绕用户提供问题和答案的网站集合，其中 Stack Exchange Data Dump 包含了网站集合中所有用户贡献的内容的匿名数据集。它是最大的问题 - 答案对数据集之一，包括编程、园艺、艺术等主题。

（8）USPTO：美国专利商标局授权专利背景数据集，源于其公布的批量档案。该数据集包含大量关于应用主题的技术内容，如任务背景、技术领域概述、建立问题空间框架等。

（9）PubMed：由 PubMed 的 3 000 万份出版物的摘要组成的数据集。它是由美国国家医学图书馆运营的生物医学文章在线存储库，还包含 1946 年至今的生物医学摘要。

（10）OpenSubtitles：由英文电影和电视的字幕组成的数据集。字幕是对话的重要来源并且可以增强模型对虚构格式的理解，对创造性写作任务（如剧本写作、演讲写作、交式故事讲述等）有一定作用。

（11）DeepMind Mathematics：以自然语言提示形式给出，由代数、算术、微积分、数论和概率等一系列数学问题组成的数据集。大模型在数学任务上的表现较差，这可能是由于训练集中缺乏数学问题。因此，Pile 数据集中专门增加数学问题数据集，期望增强通过 Pile 数据集训练的语言模型的数学能力。

（12）PhilPapers：由国际数据库中的哲学出版物组成，它涵盖了广泛的抽象、概念性话语，文本写作质量也非常高。

（13）NIH：包含 1985 年至今获得 NIH 资助的项目申请摘要，是高质量的科学写作实例。

Pile 中不同数据子集所占比例及训练时的采样权重有很大不同，高质量的数据会有更高的采样权重。例如，Pile-CC 数据集包含 227.12 GB 数据，整个训练周期中采样 1 轮。

6.4.2 ROOTS

ROOTS（responsible open-science open-collaboration text sources，负责任的开放科学、开放协作文本源）数据集是 Big-Science 项目在训练具有 1 760 亿个参数的 BLOOM 大模型时使用的数据集，其中包含 46 种自然语言和 13 种编程语言，整个数据集约 1.6 TB。

ROOTS 数据主要来源于四个方面：公开数据、虚拟抓取、GitHub 代码、网页数据。

（1）在公开数据方面，目标是收集尽可能多的各种类型的数据，包括自然语言处理数据集和各类型文档数据集。在收集原始数据集的基础上，进一步从语言和统一表示方面对收集的文档进行规范化处理。识别数据集所属语言并分类存储，将所有数据都按照统一的文本和元数据结构进行表示。

（2）在虚拟抓取方面，由于很多语言的现有公开数据集较少，因此这些语言的网页信息是十分重要的资源补充。在 ROOTS 数据集中，采用网页镜像，选取了 614 个域名，从这些域名下的网页中提取文本内容补充到数据集中，以提升语言的多样性。

（3）在 GitHub 代码方面，针对程序语言，ROOTS 数据集从 BigQuery 公开数据集中选取文件长度在 100 字符到 20 万字符，字母符号占比在 15%～65%，最大行数在 20～1000 行的代码。

（4）大模型训练中，网页数据对于数据的多样性和数据量支撑都起到重要的作用。ROOTS 数据集中包含了 OSCAR 21.09 版本，对应的是 CommonCrawl 2021 年 2 月的快照，占整体 ROOTS 数据集规模的 38%。

在数据准备完成后，还要进行清洗、过滤、去重及隐私信息删除等工作，ROOTS 数据集处理流程如图 6-5 所示。整个处理工作采用人工与自动相结合的方法，针对数据中存在的一些非自然语言的文本，如预处理错误、SEO 页面或垃圾邮件，构建 ROOTS 数据集时会进行一定的处理。

图 6-5　ROOTS 数据集处理流程

6.5　数据集面临的挑战

AI 大模型发展方兴未艾，实际上其应用的落地部分还需要进一步探索和创新。为了适应更多细分的落地场景，大模型之间的竞争也逐步带起一堆小模型之间的竞争。

好模型离不开好数据,好的数据集对模型的成功至关重要,它能提升模型的精确度,让模型能更准确地预测或分类。同时,好的数据集还能增强模型的可解释性,使人们更容易理解模型的决策过程,也有助于模型更快地收敛到最优解。这意味着模型的训练时间将大幅缩短,实打实的效率和成本是核心竞争力。

6.5.1　规模和质量待提升

由于数据来源多样、类型复杂,大模型数据集存在质量参差不齐的问题。高质量的数据集需要专业的标注和清洗过程,包括对数据的详细分类、校对和验证,以确保模型能够接收准确、一致和有用的信息。然而,部分数据集因缺乏严格的标注和清洗流程,导致数据质量不如意,包括标注错误、数据重复和不平衡的数据分布,都可能削弱人工智能大模型的训练效果,从另外一个角度看,这也凸显了高质量数据的价值。高质量数据集不仅能够提升模型的性能,由于其收集和处理的复杂性,成本也相对较高。

与此同时,数据文化有其自身的特色,例如在数据集的共享和开放性方面相对谨慎。由于对数据隐私、安全以及商业竞争的考虑,许多有价值的数据库并没有公开。从技术角度看,这种做法可能会限制数据集的广泛应用和研究。然而换个角度来看,保持数据的独立性和私密性也有其合理性。这种做法有助于保护敏感信息,防止数据被滥用,同时也鼓励企业和机构投资于数据收集和分析,以获得竞争优势,体现了对数据安全和商业利益的重视。

未来,无论模型变得多么庞大,数据集的质量始终是关键。为了从公开网络中获取高质量的数据,需要寻找那些内容质量高、规模大的平台。

6.5.2　大模型与数据集相辅相成

AI模型和数据集相辅相成,互相助力。大模型如同大脑,通过深度学习与不断优化,实现智能识别、预测分析;而数据集如同养料,为大模型提供丰富、准确的信息来源。只有优秀的大模型与高质量的数据集相结合,才能充分发挥人工智能的潜力,为各行各业带来颠覆性的变革。

例如,假设初次见面,我们让星火认知大模型做自我介绍。问题(提示)很简单,就用"你好,请介绍一下你自己,我该如何向你提问才能得到有效的答案?"回复如图6-6所示。

图6-6　科大讯飞星火认知大模型的"初次相识"回复

感兴趣的读者可以自行选择不同的中文大模型产品来体验，了解不同产品回复，在信息组织、逻辑性强、传达信息的高效和精确等方面，做出自己的评价。

6.5.3 标准规范需健全

大模型所需的数据集标准和规范还不够健全，略显滞后，在一定程度上影响了大模型的训练效果和应用范围。《国家新一代人工智能标准体系建设指南》提出，要"初步建立人工智能标准体系，重点研制数据算法、系统、服务等重点急需标准，并率先在制造、交通、金融、安防、家居、养老、环保、教育、医疗健康、司法等重点行业和领域进行推进。建设人工智能标准试验验证平台，提供公共服务能力。"国家工业信息安全发展研究中心 2023 年 9 月 14 日发布《AI 大模型发展白皮书》，其中也提到，在基础支撑方面，AI 大模型训练数据需求激增，高质量数据集成为 AI 大模型进化的关键支撑，并建议全面夯实算法、算力、数据等高质量发展根基。与此同时，由国家多个部门共同发布的《生成式人工智能服务管理暂行办法》，明确了生成式 AI 服务提供者在数据处理活动中应遵循的规定，包括使用合法来源的数据和基础模型，提高训练数据质量，确保数据的真实性、准确性、客观性和多样性等。

无论是从政策文件还是从实际应用出发，大模型数据集标准规范对于我国 AI 产业发展具有重要意义。面对挑战，我们期待能看到更完善的政策法规体系，建立有效的数据集质量评估体系，推动数据集共享与开放，加强国际合作与交流，从而在全球竞争中立于不败之地。

6.5.4 存储性能待提高

AI 技术的快速进步推动了 AI 数据集的急剧扩张和复杂化。大型数据集不仅包含海量的数据，而且还包括大量的文本、图片、音频和视频等不同类型的数据。这就要求存储系统必须拥有更大的存储空间和更快的读写速度，才能满足这些不断增长的数据需求。在人工智能的整个工作流程中，从数据收集、预处理、模型训练与评估，再到模型的部署和应用，每个环节都离不开对海量数据的存储和快速访问。

然而，目前主流的存储架构，如共享存储结合本地 SSD 硬盘，还有一些 IT 系统大多采用烟囱式的建设模式，导致数据在不同存储集群之间需要频繁迁移。这种数据迁移不仅增加了复杂性，还降低了大模型处理数据的效率，已然是当前 AI 数据集发展中面临的一个挑战。所以，为了提高 AI 数据集的存储性能，需要对存储架构进行优化。

可以考虑采用分布式存储系统，将数据分散存储在多个节点上，提高数据的访问速度和可靠性。也可以采用数据压缩和去重技术，减少数据存储的空间需求，提高存储效率。

除了数量规模和数据架构，大模型参数的频繁优化和训练平台的不稳定性也会增加对高性能存储的需求。可以采用数据分片和索引技术，提高数据的查询和访问速度。也可以采用数据预处理和特征提取技术，减少训练数据的大小和复杂度，提高训练效率。

伴随着大模型发展的大趋势，参数量指数增长、多模态和全模态的发展，以及对算力需求的增长，会带来数据存储架构的挑战，如存储容量、数据迁移效率、系统故障间隔时间等。

因此，一个满足大模型发展的存储架构需要具备高性能和大容量，并能进行数据全生命周期管理，能支持人工智能全流程业务，兼容多种协议，支持数据高效流转的同时又能满足数千节点的横向扩展。要达到这个标准，着实不容易。

6.6 训练集、测试集、验证集的异同

训练集、测试集、验证集三者在数据目的与功能、数据交互频率上、数据划分与比例，以及使用时机等方面均有不同之处。另一方面，它们在数据来源、预处理、目标、独立性以及数据质量和代表性方面又有着相似之处。

6.6.1 训练、测试与验证数据集的不同之处

1. 目的与功能不同

训练集、测试集、验证集这三者的目的和功能不同。训练集主要用于训练模型，验证集主要用于在训练过程中选择模型和调整超参数，测试集则用来最终评估模型的性能。

训练集用于模型训练，帮助模型确定权重和偏置等参数，模型通过深入学习和理解训练集中的数据，逐渐学会识别其中的模式和规律，并逐步优化其预测能力。没有良好的训练集，模型就像失去了根基的大树，无法稳固地生长和扩展。因此，需要精心准备和挑选训练集，确保它具有代表性和高质量，这样模型才能更好地理解和适应真实世界的变化。

验证集用于模型选择和超参数调整。它不参与学习参数的确定，主要帮助在众多可能性中，找到那些能够使模型性能达到巅峰的超参数，如网络层数、网络节点数、迭代次数、学习率等，为挑选最优模型超参数提供优质的咨询和建议。

验证集的作用是能够在实战之前就预知模型的性能，从而做出最佳的选择。这种前瞻性的策略，不仅能够提高模型的效率，更能够节省宝贵的时间和资源。

测试集用于评估模型的最终性能，是考验模型的最后一关。它不参与模型的学习参数过程，也不介入超参数的选择，就是为了对模型的最终性能（即泛化能力）做出公正的评价。一个人工智能模型只有通过了测试集的考验，才能真正称得上是具备良好泛化能力的模型。

2. 数据交互频率不同

训练集、测试集、验证集这三者和模型的数据交互频率不同。训练集会不断交互，验证集是定期交互，而测试集只交互一次。

使用训练集时，模型在训练阶段不断与训练集交互，通过多次学习、调整和迭代来提高性能。它在训练集的多次反馈中完成优化。在训练集中，模型通过一次次的迭代优化，逐步提升自己的工艺水平。

验证集在训练过程中的不同时间点交互，帮助开发人员调整模型参数和决定训练的结束点。它在训练过程中的每一个关键时刻出现，为开发人员提供宝贵的反馈和指引，帮助开发人员调整模型的超参数。所以，和训练集中的情况不一样，模型不会在验证集中反复

训练，只会定期和验证集进行数据交互。验证集的每一次反馈，都是对模型的一次重要检验，所获得的数据评估指标，也是优化人工智能性能的重要依据。

测试集仅在整个训练过程完成后交互一次，用于模型的最终评估，这个活动只有在整个训练过程圆满完成后才会出现。测试集是模型的最后一道关卡，通过了，模型就可以接受真实世界的考验。

3. 数据划分与比例不同

通常情况下，数据集会通过随机抽样、分层抽样、时间序列抽样等方式，按照不同比例划分为训练集、验证集和测试集，三者之间不能有交集。

训练集作为模型学习的主要来源占据较大的比例，一般为60%～80%，以确保模型有足够的数据来捕捉到数据中的模式和规律。

一般来说，占比规模为10%～20%的验证集已经足够提供模型性能的合理估计，能提供有关模型泛化能力的有用信息就行，不用过多。如果验证集太大，每次评估的时间成本会显著增加，这会拖慢整个实验的进度。

因为测试集在模型训练完成后只评估一次，所以只要足够用于评估模型最终性能即可，一般为10%～20%。如果测试集太大，评估过程会消耗大量计算资源和时间。

在数据划分上，训练集、测试集、验证集的具体比例取决于实际任务的需求和数据量的大小，不同的机器学习问题可能有不同的数据划分需求。例如，对于数据量非常庞大的情况，可能只需要很小的验证集和测试集；而对于数据量本身就很小的情况，可能需要采用交叉验证等方法来充分利用数据。

4. 使用时机不同

训练集、验证集和测试集在模型的整个训练过程的不同阶段发挥作用，所以开发人员使用它们的时机是不同的。

训练集用在模型的初始训练阶段。模型刚刚搭建起来的时候，需要耐心地用训练集进行大量的训练，直到它掌握了所有的知识为止，这是初始必经过程。

在模型训练过程中定期使用验证集。因为验证集用于监控模型的性能和调整超参数，所以在模型通过初始阶段的训练后，需要在过程中可以监督到模型的学习效果。在模型的训练过程中，直到结束训练前的这个阶段，一般会用验证集给模型来几场"摸底考试"，若发现不对的地方可以及时调整，以确保模型在训练过程中具备良好的性能。

测试集在模型训练完成后使用，以最终评估模型性能。所以，在训练集和验证集阶段都不会用到测试集的数据，并且也需要保证测试集的数据是模型之前未见过的数据。

对模型学习成果来一次最终的全面检验是测试集存在的价值之一，这也是为什么测试集会放在模型训练的最后阶段。

6.6.2 训练、测试与验证数据集的相似之处

训练集、测试集和验证集在数据来源、预处理、目标、独立性，以及数据质量和代表性方面都有着相似之处，这些相似性是确保模型完成有效训练和评估的基础。

1. 数据来源一致

训练集、验证集和测试集通常来自同一数据源或具有相同的数据分布。这意味着它们

共享相同的数据特征和属性，确保模型在不同阶段处理的数据具有一致性。

2. 相似的数据预处理

在模型训练之前，训练集、验证集和测试集都需要进行相似的数据预处理步骤，如归一化、标准化、缺失值处理等。

（1）归一化就像是给数据量体裁衣，让每个数据点都在合适的范围内。数据归一化是将数据缩放到一个特定的范围，通常是在 0 和 1 之间。这样做的目的是让数据在相同的尺度上，以便模型能够更好地学习和识别其中的模式。例如，如果数据集中的某些特征值非常大，而另一些特征值非常小，那么在训练过程中，较大的值可能会对模型的学习产生更大的影响。通过归一化，可以减少这种影响，使得每个特征对模型的贡献更加均衡。

（2）标准化则是调整数据的尺码，让它们能够站在同一条起跑线上。标准化的方法，是将数据特征的均值设置为 0，标准差设置为 1。通常通过减去特征的均值然后除以其标准差来实现，即

$$z = (x - \mu)/\sigma$$

其中：x 是数据点的原始值，μ 是该特征的均值，σ 是该特征的标准差。

通过将每个数据点减去其特征的均值，然后除以其标准差，可以将数据特征缩放到一个标准单位，使其具有零均值和单位方差。这个过程有助于算法（如线性回归）的训练和预测过程更加稳定。

（3）缺失值的处理像是填补数据中的空白，让整个数据集更加完整。在数据集中，可能会有一些数据点由于各种原因（如测量错误、数据录入错误等）而丢失。处理这些缺失值的方法有多种，包括删除含有缺失值的样本、填充缺失值（如使用平均值、中位数或众数填充）或者使用模型预测缺失值等。处理缺失值的关键是确保不会引入偏差，同时保留尽可能多的有效信息。

3. 目标一致又各具独立性

训练、验证和测试三个数据集在模型开发的不同阶段使用，但它们的目标是一致的，即都是为了构建一个泛化能力强、能够准确预测新数据的模型。

为了保证模型评估的公正性，三个数据集中的样本必须保持相互独立。这意味着，每个集合中的数据是独一无二的，不会与其他集合的数据交叉重叠，让模型在评估过程中的表现不会受到其他集合数据的影响。这种独立性确保了评估结果的真实性和有效性。

4. 保证数据质量和代表性

为了确保模型在不同阶段的学习和评估过程中能够获得准确和可靠的结果，训练集、验证集和测试集都需要能够代表原始数据的整体特性，同时还需要保证数据质量。这意味着它们都应该包含所有可能的数据特征和类别，以便模型能够在不同的数据集上都能学习到有效的模式，提高其泛化能力。

从训练集、验证集和测试集的不同与相似中可以发现，它们在机器学习的模型训练中是紧密相连的，它们各司其职，共同保障了模型的有效学习结果和泛化能力。

作 业

1. 一般情况下用于预训练的都是大模型，具备（　　）进行训练而产生的模型。在自然语言处理领域，预训练模型往往是语言模型，其训练是无监督的，可以获得大规模语料。

   ① 复杂网络结构　　　　　　　② 众多参数量
   ③ 多模式数据形式　　　　　　④ 足够大的数据集
   A. ①②④　　　B. ①③④　　　C. ①②③　　　D. ②③④

2. （　　）在大模型训练数据中占比非常高，主要包括网页、图书、新闻、对话文本等不同类型的数据，具有规模大、多样性和易获取等特点。

   A. 虚拟数据　　B. 物理数据　　C. 通用数据　　D. 专业数据

3. 虽然（　　）在大模型中所占比例通常较低，但是其对改进大模型在下游任务上的特定解决能力有着非常重要的作用。

   A. 虚拟数据　　B. 物理数据　　C. 通用数据　　D. 专业数据

4. 专业数据种类非常多。大模型使用的专业数据主要有（　　）三类。

   ① 计算参数　　② 多语言数据　　③ 科学文本　　④ 代码
   A. ①②③　　　B. ②③④　　　C. ①②④　　　D. ①③④

5. 由于数据质量对于大模型的影响非常大。因此，在收集各种类型数据之后，需要对数据进行处理，去除低质量数据、（　　）等内容。

   ① 典型数据　　② 重复数据　　③ 有害信息　　④ 个人隐私
   A. ①③④　　　B. ①②④　　　C. ②③④　　　D. ①②③

6. 基于（　　）的数据质量过滤方法目标是训练文本质量判断模型，利用该模型识别并过滤低质量数据。

   A. 分类器　　　B. 启发式　　　C. 典型性　　　D. 通用性

7. 基于启发式的质量过滤方法通过一组精心设计的规则来消除低质量文本，一些启发式规则包括（　　）以及统计特征过滤。

   ① 语言过滤　　② 规划过滤　　③ 指标过滤　　④ 关键词过滤
   A. ②③④　　　B. ①②③　　　C. ①②④　　　D. ①③④

8. 大模型训练数据库中的重复数据会影响模型性能。因此，在实际产生预训练数据时，冗余去除需要从（　　）等不同粒度着手，这对改善语言模型的训练效果具有重要作用。

   ① 函数　　　② 句子　　　③ 文档　　　④ 数据集
   A. ①②③　　　B. ②③④　　　C. ①②④　　　D. ①③④

9. 由于绝大多数预训练数据源于互联网，难免会涉及敏感或隐私信息。删除隐私数据最直接的方法是采用（　　）的算法，检测姓名、地址、电话号码等个人信息内容并进行删除或者替换。

   A. 分类聚类　　B. 交互问答　　C. 基于规则　　D. 统计预测

10. 现在的自然语言处理可以在大量无标注的语料上预训练出一个在少量有监督数据上（　　）就能做很多任务的模型。这其实已经接近人类学习语言的过程。

　　A. 微调　　　　B. 重复　　　　C. 扩散　　　　D. 放大

11. 针对（　　）与模型效果之间关系的研究提出，随着大模型参数规模的增加，为了有效地训练模型，需要收集足够数量的高质量数据。

　　① 源代码规模　　② 参数规模　　③ 训练数据量　　④ 总计算量

　　A. ①③④　　　B. ①②④　　　C. ②③④　　　D. ①②③

12. （　　）是影响大模型训练效果的关键因素之一。大量重复的低质量数据会导致训练过程不稳定，模型训练不收敛。

　　A. 微调能力　　B. 重复次数　　C. 处理时间　　D. 数据质量

13. 研究表明，（　　）等因素，都对语言模型性能产生较大影响。语言模型在经过清洗的高质量数据上训练数据可得到更好的性能。

　　① 训练数据的构建时间　　　② 包含噪声或有害信息情况
　　③ 数据重复率　　　　　　　④ 模型建设的地区位置

　　A. ②③④　　　B. ①②③　　　C. ①②④　　　D. ①③④

14. 来自（　　）的训练数据具有不同的语言特征，包含不同语义知识。通过使用不同来源的数据进行训练，大模型可以获得广泛的知识。

　　① 不同时段　　② 不同领域　　③ 不同语言　　④ 应用于不同场景

　　A. ②③④　　　B. ①②③　　　C. ①②④　　　D. ①③④

15. 好的数据集对模型的成功至关重要，它能（　　），这意味着模型的训练时间将大幅缩短，实打实的效率和成本是核心竞争力。

　　① 让模型能更准确地预测或分类　　② 提升模型的精确度
　　③ 减缓模型到最优解的收敛　　　　④ 增强模型的可解释性

　　A. ②③④　　　B. ①②③　　　C. ①②④　　　D. ①③④

16. 高质量数据集的专业标注和清洗过程包括对数据进行详细（　　），以确保模型能够接收准确、一致和有用的信息。

　　① 核算　　　　② 分类　　　　③ 校对　　　　④ 验证

　　A. ①③④　　　B. ①②④　　　C. ①②③　　　D. ②③④

17. 好的人工智能模型和好的数据集相辅相成，互相助力。大模型如同大脑，通过深度学习与不断优化，实现智能（　　）；而数据集则如同养料，为大模型提供丰富、准确的信息来源。

　　① 识别　　　　② 传输　　　　③ 预测　　　　④ 分析

　　A. ①②④　　　B. ①③④　　　C. ①②③　　　D. ②③④

18. 《国家新一代人工智能标准体系建设指南》中提出，要"初步建立人工智能标准体系，重点研制数据（　　）等重点急需标准，并率先在重点行业和领域进行推进。"

　　① 算法　　　　② 系统　　　　③ 程序　　　　④ 服务

　　A. ①②④　　　B. ①③④　　　C. ①②③　　　D. ②③④

19. 国家工信安全发展研究中心的《AI大模型发展白皮书》中建议全面夯实（　　）

等高质量发展根基，提高训练数据质量，确保数据的真实性、准确性、客观性和多样性等。

①算例　　　　　②算法　　　　　③算力　　　　　④数据

A. ①③④　　　B. ①②④　　　C. ②③④　　　D. ①②③

20. 综合来看，AI 数据集的重要性日益凸显，是行业进步的关键因素，同时也面临着许多挑战。需要加大对人工智能数据集（　　　）。

①构建的投入　　②权力的下放　　③扩大数据集　　④提升数据质量

A. ②③④　　　B. ①②③　　　C. ①②④　　　D. ①③④

【实训与思考】熟悉科大讯飞大模型"讯飞星火认知"

"讯飞星火认知"由科大讯飞 2023 年 5 月 6 日发布，是中国头部水平的 AI 大模型产品（见图 6-7），该模型具有七大核心功能，即文本生成、语言理解、知识问答、逻辑推理、数学能力、代码能力、多模交互。该模型对标 ChatGPT，通过海量文本、代码和知识的学习，拥有跨领域的知识和语言理解能力，基于自然对话方式理解与执行任务。

图 6-7 "讯飞星火认知"登录界面

1. 实训目的

（1）熟悉科大讯飞"讯飞星火认知"大模型，体会"中国头部水平"。

（2）探索大模型产品的测试方法，提高应用大模型的学习和工作能力。

（3）熟悉多模态概念和多模态大模型，关注大模型产业的进化发展。

2. 实训内容与步骤

在图 6-7 所示界面上"为您推荐"栏目中有很多功能选项，可以尝试执行其中任一功能。例如，选择"短视频脚本助手"，在下方文本框中输入提示："农场里养了一群小鸭子，我每天看着它们去池塘里。"然后提交。

很快,系统给出脚本如下:

短视频脚本:农场的明星小鸭子

【场景描述】

农场的后院,阳光明媚,绿草如茵,一群黄色的小鸭子在草地上蹒跚学步,偶尔"嘎嘎"地叫几声。一条小路通向不远处的清澈池塘。

【镜头描述】

(1)开场镜头:缓慢推进镜头,捕捉小鸭子们在草地上活泼的样子,背景是清晨的阳光和晨雾。

(2)中景:小鸭子们排成一行,跟着领头鸭走向池塘。

(3)特写:一只小鸭子的脚丫子踏在湿润的泥土上,留下一串串小小的脚印。

(4)高角度镜头:小鸭子们到达池塘边,一个接一个跳入水中,溅起水花。

(5)水下镜头:模糊的水下视角,小鸭子们在水中欢快地游动。

(6)慢动作镜头:一只小鸭子振翅欲飞,水珠随着动作四散飞溅。

(7)结束镜头:夕阳下,小鸭子们离开池塘,沿着小路回到农场,画面渐渐模糊,转为黑屏。

【配音文字】

(轻快的背景音乐开始)

旁白:"欢迎来到农场,这里有一群特别的小明星——我们的小鸭子!"

(镜头转向小鸭子们)

旁白:"看它们摇摇摆摆,多么可爱啊!"

(小鸭子们向池塘进发)

旁白:"每天,它们都会踏上这条小路,去池塘里探险。"

(小鸭子跳入水中)

旁白:"扑通!扑通!小鸭子们的水上乐园,清凉一夏!"

(慢动作镜头)

旁白:"看这只小勇士,仿佛在说:'我将来一定是只天鹅!'"

(结束镜头)

旁白:"夕阳西下,小鸭子们结束了一天的快乐时光,明天,它们还会继续它们的冒险。"

(背景音乐渐弱)

旁白:"这就是我们农场的明星小鸭子,感谢你们观看,我们明天见!"

【特效说明】

- 开场时使用轻微的光晕效果,营造温馨气氛。
- 小鸭子跳水时添加水花溅射特效。
- 慢动作镜头使用动态模糊,增强动感。
- 结束时使用渐变效果,平滑过渡到黑屏。

【备注】

请确保拍摄时光线充足,小鸭子的安全得到保障,不要对动物造成任何压力或伤害。

相信编过文艺节目,或者拍过小视频,或者拍摄过教学微课的人,都一定会感慨这个脚本编写的专业和轻松。

继续向系统提问:"讯飞的短视频脚本如何转换成视频?"

系统回复如下:

讯飞的短视频脚本可以通过科大讯飞提供的 AI 视频生成工具转换成视频。具体步骤如下:

(1)准备脚本:需要准备好短视频脚本,这是视频内容的基础。

(2)使用讯飞工具:科大讯飞的 SparkGen 平台是一款自动视频生成工具,它可以让用户轻松地将脚本转换成视频内容。只需在平台上输入您的脚本,并选择虚拟主持人,平台就会根据脚本生成相应的音频和视频内容。

(3)合成音频:如果需要将脚本转换为音频,可以使用讯飞语音合成工具。这需要先下载讯飞语音合成离线包,并按照指南进行安装和配置。通过简单的命令行操作,可以将文本合成为音频文件。

(4)视频制作:如果已经有了音频文件,可以使用讯飞制作工具将这些音频与视频或图片素材结合起来,制作出完整的短视频。

(5)渲染输出:最后,可以在讯飞的平台上进行视频渲染和输出,这样就可以得到最终的视频文件。科大讯飞的技术支持能够确保视频的快速渲染,大幅提高生产效率。

总之,通过上述步骤,可以将讯飞的短视频脚本转换成视频。在整个过程中,讯飞提供的 AI 技术和工具将大幅简化视频创作的复杂性,帮助用户高效地完成视频制作。

接着,请在"讯飞星火认知"中选择功能进行实践,建议适当记录,并总结应用体会。

功能 1: _____
结果描述: _____
_____
评价: □完美　　　□待改进　　　□较差
功能 2: _____
结果描述: _____
_____
评价: □完美　　　□待改进　　　□较差
功能 3: _____
结果描述: _____
_____
评价: □完美　　　□待改进　　　□较差
功能 4: _____
结果描述: _____
_____
评价: □完美　　　□待改进　　　□较差
功能 5: _____
结果描述: _____
_____

评价:□ 完美　　　　□ 待改进　　　　□ 较差

---------------------- 请将丰富内容另外附纸粘贴于此 ----------------------

3. 实训总结

_____
_____
_____
_____

4. 实训评价（教师）

_____
_____

第 7 课 组织大语言模型开发

● **学习目标**

（1）熟悉大语言模型开发组织的基础知识。
（2）熟悉大语言模型数据处理的组织流程。
（3）理解分布式计算、分布式数据处理及训练策略。

● **学习难点**

（1）大语言模型数据的组织流程。
（2）大语言模型分布式处理与策略。

● **素质要素**

（1）科技创新与国家发展战略：结合创新驱动发展战略，阐述大模型研究与开发对于推动科技进步、促进产业升级、增强国家竞争力的重要意义，增强学生的国家意识和民族自豪感。

（2）伦理道德与数据安全：强调在大模型开发中遵守伦理规范，如保护用户隐私、防止数据泄露、消除算法偏见等，教育学生在追求技术进步的同时，要坚守道德底线，维护国家安全和社会公共利益。

（3）团队协作与集体主义精神：通过大模型开发团队的组织结构和合作模式，展示团队协作的力量，培养学生的集体主义精神，理解在复杂项目中个人与团队、局部与整体的关系。

（4）责任意识与持续学习：引导学生认识到大模型开发者肩负的社会责任，包括对技术应用后果的预见和防控，以及在技术快速发展中持续学习，提升自我，以适应未来科技发展趋势。

（5）国际视野与文化自信：在介绍国际大模型发展动态的同时，强调中国在人工智能领域的创新成果和独特贡献，鼓励学生在全球化背景下树立文化自信，促进中外科技交流与合作。

（6）法治思维与合规操作：结合相关法律法规，如《网络安全法》《数据安全法》等，教育学生在大模型开发与应用中遵循法律法规，强化法治思维，确保技术活动的合法性。

（7）创新与可持续发展：引导学生思考如何在大模型开发中融入绿色、环保理念，推动人工智能技术与社会经济的可持续发展，平衡技术进步与环境保护的关系。

所谓大语言模型开发，是指建设以大模型为功能核心、通过其强大的理解和生成能力，结合特殊的数据或业务逻辑来提供独特功能的应用。开发大模型相关应用，其技术核心虽然在大模型上，但通过调用 API 或开源模型来达成理解与生成，通过提示工程来实现大模型控制，因此，大模型是深度学习领域的集大成之作，而大模型开发却更多的是一个工程问题，如图 7-1 所示。

图 7-1　大模型开发要素

7.1　大模型开发流程

大模型开发一般不会大幅度改动模型，因而不必将精力聚焦在优化模型上，而是将大模型作为一个调用工具，通过提示工程、数据工程、业务逻辑分解等手段来充分发挥大模型能力，适配应用任务。因此，大模型开发的初学者更需要掌握使用大模型的实践技巧。

以调用、发挥大模型作用为核心的大模型开发与传统的人工智能开发在思路上有着较大不同。大模型的两个核心能力：指令理解与文本生成提供了复杂业务逻辑的简单平替方案。传统人工智能开发中，首先需要将复杂的业务逻辑进行拆解，对于每一个子业务构造训练数据与验证数据，对于每一个子业务训练优化模型，最后形成完整的模型链路来解决整个业务逻辑。而在大模型开发中，尝试用提示工程替代子模型训练调优，通过提示链路组合来实现业务逻辑，用通用大模型+业务提示来完成任务，从而使模型训练调优成为简单、轻松、低成本的提示设计调优。

在评估思路上，大模型开发与传统人工智能开发有质的差异，如图 7-2 所示。

图 7-2　大模型开发与传统人工智能开发的不同

传统人工智能开发首先需要构造训练集、测试集、验证集，通过在训练集上训练模型、在测试集上调优模型、在验证集上最终验证模型效果来实现性能的评估。然而，大模型开发更敏捷、灵活，由于不再需要训练子模型，直接从实际业务需求出发构造小批量验证集，设计合理提示来满足验证集效果。然后，不断从业务逻辑中收集提示的坏情况，并将坏情况加入验证集中，针对性优化提示，最后实现较好的泛化效果。

大模型开发流程，如图 7-3 所示。

图 7-3　大模型开发流程

（1）确定目标：开发目标即应用场景、目标人群、核心价值。对于小型开发团队而言，一般应先设定最小化目标，从构建一个最小可行性产品开始，逐步进行完善和优化。

（2）设计功能：确定目标后，设计应用所要提供的功能，以及每一个功能的大体实现逻辑。虽然通过使用大模型简化了业务逻辑的拆解，越清晰、深入的业务逻辑往往能带来更好的提示效果。同样，先确定核心功能，然后延展设计核心功能的上下游功能。例如，想打造一款个人知识库助手，核心功能就是结合个人知识库内容进行问题的回答，其上游功能的用户上传知识库、下游功能的用户手动纠正模型回答就是必须要设计实现的子功能。

（3）搭建整体架构：大部分大模型应用都是采用特定数据库+提示+通用大模型的架构，需要针对所设计的功能，搭建项目的整体架构，实现从用户输入到应用输出的全流程贯通。一般情况下，推荐基于 LangChain 框架进行开发，这是一款使用大模型构建强大应用程序的工具，它提供了链（chain）、工具（tool）等架构的实现，可以基于 LangChain 进行个性化定制，实现从用户输入到数据库再到大模型最后输出的整体架构连接。

（4）搭建数据库：大模型应用需要有个性化的数据库来支撑。由于大模型应用需要进行向量语义检索，一般使用诸如 Chroma 向量数据库。在该步骤中，需要收集数据并进行预处理，再向量化存储到数据库中。数据预处理一般包括从多种格式向纯文本的转化，如 pdf、markdown、html、音视频等，以及对错误数据、异常数据、脏数据进行清洗。完成预处理后，需要进行切片、向量化构建出个性化数据库。

向量数据库最早应用于传统人工智能和机器学习场景。大模型兴起后，由于受大模型词元数的限制，很多开发者倾向于将数据量庞大的知识、新闻、文献、语料等先通过嵌入算法转变为向量数据，然后存储在 Chroma 等向量数据库中。当用户在大模型输入问题后，将问题本身也嵌入转化为向量，在向量数据库中查找与之最匹配的相关知识，组成大模型的上下文，将其输入给大模型，最终返回大模型处理后的文本给用户。这种方式不仅降低了大模型的计算量，提高了响应速度，也降低了成本，而且避免了大模型的词元限制，是一种简单高效的处理手段。此外，向量数据库还在大模型记忆存储等领域发挥其不可替代的作用。

（5）提示工程：优质的提示对大模型能力具有极大影响，需要逐步迭代构建优质的提示工程来提升应用性能。在该步骤中，首先应该明确提示设计的一般原则及技巧，构建出一个源于实际业务的小型验证集，以此来满足基本要求、具备基本能力的提示。

（6）验证优化（迭代）：这在大模型开发中是极其重要的一步，一般指通过不断发现坏的情况并针对性改进提示工程来提升系统效果、应对边界情况。在完成上一步的初始化提示设计后，应该进行实际业务测试，探讨边界情况，找到坏的情况，并针对性分析提示存在的问题，从而不断迭代优化，直到达到一个较为稳定、可以基本实现目标的提示版本。

（7）前后端搭建：完成提示工程及其迭代优化之后，就完成了应用的核心功能，可以充分发挥大模型的强大能力。接下来，需要搭建前后端，设计产品页面，让应用能够上线成为产品。前后端开发是非常经典且成熟的领域，有两种快速开发演示的框架：Gradio 和 Streamlit，可以帮助开发者迅速搭建可视化页面实现演示上线。

（8）上线体验：完成前后端搭建后，应用就可以上线体验。接下来需要进行长期的用户体验跟踪，记录坏情况，与用户负反馈，再针对性进行优化即可。

7.2 大模型数据处理

在设计、研发、运行的过程中，大模型面临的主要挑战如下：

（1）计算资源：训练和运行大模型需要大量的计算资源，这可能限制了许多机构和研究者使用它的能力。

（2）环境影响：大规模模型的训练对能源的需求是巨大的，可能会对环境造成负面影响。

（3）偏见和公正性：由于大模型通常从大量的互联网文本中学习，它们可能会吸收并再现存在于这些数据中的偏见。

尽管存在挑战，但研究者仍在积极寻找解决方法。例如，通过更高效的训练方法、结构优化等技术来降低能源消耗；或者通过更公正的数据收集和处理方法来减少模型偏见。大模型的研发流程涵盖了从数据采集到模型训练的多个步骤。

7.2.1 数据采集

根据大模型训练的需求收集大量数据是大模型项目的起点。这些数据可以有多种来源，如公开的数据集、公司内部的数据库、用户生成的数据、传感器数据等。数据的类型可以多样，包括图像、文本、声音、视频等。

（1）定义数据需求：确定需要收集什么样的数据。应该基于问题陈述和项目目标，需要理解你的问题是什么，然后决定哪种类型的数据（例如数字、类别、文本、图像等）和哪些特定的特征可能对解决问题有帮助。

（2）找到数据源：确定数据来源。可能包括公开的数据库、在线资源，或者可以从公司内部数据库或系统中收集数据。在某些情况下，可能需要通过调查或实验收集新的数据。

（3）数据收集：从选择的数据源中收集数据。这涉及从数据库中导出数据，使用 API 来收集在线数据，或者使用特殊的数据采集设备（例如物联网）。

（4）数据存储：将收集到的数据存储在合适的地方，以便进一步处理和分析。这可能涉及设置数据库或使用文件系统。

（5）检查数据质量：查看收集的数据，确保其质量满足需求。需要检查数据是否完整，是否有错误，是否有重复的数据等。

（6）数据整理：如果数据有多个来源，或者在一个大的数据集中，可能需要整理数据，使其在一定的上下文中有意义。包括数据排序或者将数据分组，将数据从多个源合并等。

数据采集是一个持续的过程，特别是对需要实时更新或处理新信息的项目。在数据采集过程中，需要关注数据的质量和一致性，注意遵守数据隐私和安全的相关规定。

7.2.2 数据清洗和预处理

收集到的原始数据可能含有噪声、缺失值、错误数据等，所以要对数据进行清洗。清洗后的数据要进行一系列预处理操作，如归一化、编码转换等，使其适合输入到模型中。数据清洗和预处理是数据科学项目的重要步骤，它们有助于提高模型的性能并减少可能的错误。

（1）数据质量检查：这是数据清洗的第一步，其中涉及识别和处理数据集中的错误、重复值、缺失值和异常值。需要验证数据的完整性、一致性和准确性，确保所有记录与实际情况相符。

（2）处理缺失值：处理数据集中缺失值的方法包括删除包含缺失值的记录、用特定值（如列的平均值、中位数或众数）填充缺失值、使用模型（如 KNN 近邻分类或回归）预测缺失值、使用一种标记值来表示缺失值。

（3）处理重复值：如果数据集中存在重复的记录，就可能需要删除这些重复的记录。在一些情况下，重复的记录可能是数据收集过程中的错误，但在其他情况下，重复的记录可能是有意义的，需要根据具体情况来判断。

（4）处理异常值：异常值是那些远离其他观察值的值，这些值可能由测量错误或其他原因产生。处理异常值的方法包括删除异常值、使用统计方法（如四分位数间距法）将异常值替换为更合理的值、使用机器学习算法对其进行预测。

（5）数据转换：将数据转换为适合进行分析或建模的形式。包括以下几种形式：

- 规范化或标准化：将数值特征缩放到同一范围内，如 0 到 1，或者转换为具有零均值和单位方差的值。
- 分类变量编码：例如将分类变量转换为独热编码或标签编码。
- 特征工程：创建新的特征，使之可能更好地表达数据的某些方面或者提高模型的性能。

根据具体的项目和数据集，这个流程可能会有所不同。在进行数据清洗和预处理时，需要对数据有深入的理解，以便做出最好的决策。

7.2.3 数据标注

数据标注是一项为原始数据添加元信息的工作，以帮助大模型更好地理解和学习数据。对于监督学习任务，模型需要有标签数据进行训练，数据标注的目标就是为数据提供这些标签，这个过程可能需要专门的标注团队。

（1）理解任务需求：首先需要理解要解决的问题以及数据标注应该如何进行。例如，如果进行图像分类任务，可能需要给每个图像一个分类标签；如果在进行物体检测任务，可能需要在图像中的每个目标物体周围画一个边界框，并给出这个物体的分类标签。

（2）制定标注规范：规范是一个详细解释如何进行数据标注的指南，它解释哪些数据应该被标记，应该如何标记，以及如何处理可能出现的问题或歧义。清晰、详细的标注规范可以帮助保持标注的一致性，并提高标注的质量。

（3）进行数据标注：选择或开发一个适合自己任务的标注工具，按照标注规范进行数据标注。这可能是一个时间和人力密集型的过程，尤其是当有大量数据需要标注时。

（4）质量检查：检查标注的数据，确保标注的质量。这涉及随机抽查一部分数据，并检查它们是否被正确和一致地标注。

（5）反馈和修正：根据质量检查的结果，如果发现任何问题或不一致，需要反馈给标注团队，并修正错误的标注。高质量标注数据对训练出高性能的机器学习模型至关重要。

7.2.4 数据集划分

数据通常被划分为训练集、验证集和测试集。数据集划分是大模型项目中的一个重要步骤，它可以帮助我们更好地理解模型在未见过的数据上的性能。

（1）确定划分策略：主要取决于数据集的大小和特性，一般是将数据集划分为训练集、验证集和测试集。在大多数情况下，数据被划分为80%的训练集，10%的验证集和10%的测试集，具体的划分比例需要根据实际情况来确定。

（2）随机划分：为了确保每个划分的数据分布与原始数据集相似，通常对数据进行随机划分。这可以通过洗牌数据索引来实现。

（3）分层抽样：指在某些情况下，可能需要确保每个划分中各类别的数据比例与整个数据集相同。例如，可能希望训练集、验证集和测试集中正负样本的比例都与整个数据集中的比例相同。

（4）时间序列数据划分：通常时间序列数据不能随机划分，而是基于时间划分。例如，可能会使用前80%的数据作为训练集，使用接下来10%的数据作为验证集，最后10%的数据作为测试集。

（5）分割数据：按照所选择的策略，使用编程语言或者数据处理工具来划分数据。

（6）保存数据：保存划分后的数据集，以便后续训练和测试。确保训练数据、验证数据和测试数据被正确地保存，并且可以方便地加载。

这个流程可能根据数据的类型和任务的需求有所不同。无论如何，正确的数据划分策略对于避免过拟合，以及准确评估模型的性能至关重要。

7.2.5 模型设计

模型设计是大模型项目的关键环节，需要结合项目目标、数据特性以及算法理论选择或设计适合任务的模型架构，图7-4所示为文心大模型全景图。可能会使用复杂的深度学习架构，如Transformer、BERT、ResNet等。

工具与平台	EasyDL-大模型 零门槛人工智能开发平台		BML-大模型 全功能人工智能开发平台	
	大模型开发工具	大模型轻量化工具	大模型部署工具	
文心大模型	自然语言处理大模型	视觉大模型	跨模态大模型	
领域/任务	医疗ERNIE-Health 金融ERNIE-Finance 对话PLATO 信息抽取ERNIE-IE	OCR结构化 VIMER-StrucTexT	跨文生成ERNIE-ViLG 文档分析ERNIE-Layout	
基础通用	跨语言ERNIE-M 语言理解与生成ERNIE 3.0	图像 VIMER-Image	视频 VIMER-Video	视觉-语言 ERNIE-ViL	语音-语言 ERNIE-FAT

图 7-4 文心大模型全景图

（1）理解问题：首先需要理解要解决的问题，并根据问题类型（如分类、回归、聚类、生成模型等）决定采用何种类型的模型。

（2）选择算法：根据要解决的问题选择合适的机器学习算法。这可能包括决策树、线性回归、逻辑回归、支持向量机、神经网络、集成学习等。在选择算法时，需要考虑各种因素，如问题的复杂性、数据的大小和维度、计算资源等。

（3）设计模型架构：主要涉及深度学习模型，如神经网络的层数、每层的节点数、激活函数的选择等。此步骤可能需要根据经验和实验结果进行调整。

（4）设置超参数：超参数是在开始学习过程之前设置的参数，而不是通过训练得到的参数，如学习率、批量大小、迭代次数等。超参数的选择可能需要通过经验或者系统的搜索（如网格搜索、随机搜索或贝叶斯优化）来确定。

（5）正则化和优化策略：为了防止过拟合并提高模型的泛化能力，可能需要使用一些正则化策略，如 L1/L2 正则化、辍学、提早终止等。同时，还需要选择合适的优化算法（如 SGD、Adam、RMSprop 等）以及可能的学习率调整策略。

（6）定义评估指标：以此来衡量模型的性能。选择的评估指标应与业务目标和模型目标相一致。常见的评估指标包括精度、召回率、F1 分数、模型评估指标、均方误差等。

需要根据具体项目和需求进行迭代。模型设计是一个需要技术、经验以及实验验证的过程，设计时需要保持对模型复杂性和泛化能力之间平衡的认识，并始终以实现业务目标为导向。

7.2.6 模型初始化

训练开始前需要初始化模型参数，这是大模型项目中的重要步骤，一般通过随机方式进行。正确的初始化策略可以帮助模型更快地收敛，并减少训练过程中可能出现的问题。

（1）选择初始化策略：例如零初始化、随机初始化、He 初始化、Xavier 初始化等。需要根据模型和激活函数来选择合适的初始化策略，例如，如果模型使用 ReLU 激活函数，He 初始化可能是一个好的选择；如果模型使用 tanh 或 sigmoid 激活函数，Xavier 初始化可能是一个好的选择。

（2）初始化权重：根据所选策略来初始化模型的权重，对每一层都需要初始化其权重。在大多数情况下，权重应该被初始化为小的随机数，以打破对称性并保证不同神经元学到不同的特征。

（3）初始化偏置：初始化模型的偏置。在许多情况下，偏置可以被初始化为零。但是，对于某些类型的层（如批量归一化层），偏置的初始化可能需要更复杂的策略。

（4）设置初始化参数：某些初始化策略可能需要额外的参数。例如，随机初始化可能需要一个范围或者一个标准差。

（5）执行初始化：在模型代码中执行初始化操作。大多数深度学习框架（如 TensorFlow 和 PyTorch）都提供了内置的方法来执行初始化。

模型初始化是一个比较技术性的主题，正确的初始化策略可能对模型的训练速度和性能有很大的影响。应该了解不同的初始化策略，以便根据模型选择最适合的策略。

7.2.7 模型训练

模型训练是大模型项目中的关键步骤，其中包含多个环节：

（1）设置训练参数：首先，需要设置训练参数，如学习率、训练迭代次数、批次大小等。

（2）准备训练数据：需要将数据集划分为训练集、验证集和测试集。通常，大部分数据用于训练，一部分用于验证模型性能和调整超参数，剩余的一部分用于测试。

（3）前向传播：在这个阶段，模型接收输入数据，并通过网络层传递，直到输出层。这个过程中会生成一个预测输出。

（4）计算损失：根据预测输出和实际标签，使用损失函数（如均方误差、交叉熵等）计算损失。损失反映了模型预测的准确程度。

（5）反向传播：在这个阶段，算法计算损失函数关于模型参数的梯度，并根据这些梯度来更新模型参数。这个过程通常使用优化算法（如梯度下降、随机梯度下降、Adam 等）来进行。

（6）验证和调整：在每个迭代结束后，使用验证集评估模型性能。如果模型在验证集上的性能没有提高，或者开始下降，这意味着模型可能过拟合了，需要调整模型的超参数，或者使用一些正则化技术（如 dropout、L1/L2 正则化、早停法等）。

重复前向传播、计算损失、反向传播和验证步骤，直到对模型性能满意，或者达到预设的训练迭代次数。

（7）模型测试：当模型训练完成后，使用测试集进行最终的性能评估。

实际操作中可能需要根据特定任务或特定模型进行相应的调整。

7.2.8 模型验证

模型验证是大模型项目中非常关键的一步，目的是在训练过程中，评估模型的性能，定期在验证集上测试模型的性能，监控过拟合，根据测试和监控结果调整模型的超参数。

（1）准备验证集：在数据集划分阶段，应该保留一部分数据作为验证集。这部分数据不参与模型训练，仅用于模型验证。

（2）进行模型预测：使用训练好的模型对验证集进行预测。通常，在每一轮迭代训练结束后进行一次验证。

（3）计算评估指标：根据模型在验证集上的预测结果和真实标签，计算相应的评估指标，其选择取决于任务类型。例如，对于分类任务，常见的评估指标有准确率、精确率、召回率、F1 分数等；对于回归任务，常见的评估指标有均方误差（MSE）、平均绝对误差（MAE）等。

（4）比较性能：将这一轮的验证性能与前一轮进行比较。如果性能提高，则可以继续进行下一轮训练；如果性能下降，则可能需要调整学习率、增加正则化等措施。如果在连续多轮训练后，验证性能没有显著提高，可以使用早停法来提前结束训练，以避免过拟合。

（5）调整超参数：如果模型在验证集上的性能不佳，可能需要调整模型的超参数，如学习率、批次大小、正则化参数等。常用网格搜索或随机搜索等方式来自动搜索最优的超参数组合。

7.2.9 模型保存

模型保存是将训练好的模型存储起来，以便于后续的测试、部署或进一步训练或分享。

（1）选择保存格式：需要选择一个合适的模型保存格式，常用格式包括：Python 的 pickle 文件、joblib 文件，或者某些深度学习框架的专有格式，如 TensorFlow 的 SavedModel 格式和 PyTorch 的 pth 格式。这个选择可能会受到所使用的工具和框架、模型的大小和复杂性，以及具体需求等因素的影响。

（2）保存模型参数：对于神经网络模型，通常会保存模型的参数（即权重和偏置）。这些参数是通过训练学习到的，可用于在相同的模型架构上进行预测。

（3）保存模型架构：除了模型参数，还需要保存模型的架构，包括模型层数、每层类型（如卷积层、全连接层等）、每层参数（如卷积核的大小和数量、步长、填充等）、激活函数类型等。

（4）保存训练配置：可能需要保存的训练配置信息如优化器类型、学习率、损失函数类型等。

（5）执行保存操作：使用所选工具或框架的保存函数，将模型保存到文件中。通常，这会创建一个可以在其他计算机或在其他时间加载的文件。

（6）验证保存的模型：加载保存的模型，并在一些测试数据上运行，以确保模型被正确保存并可以再次使用。

这个流程可能会根据具体需求和所使用的工具或框架进行一些调整。

7.2.10 模型测试

模型测试是大模型部署前的最后一步，目的是在测试集上评估模型的最终性能。

（1）准备测试集：在数据集划分阶段保留了一部分数据作为测试集，这部分数据仅用于最后的模型测试。

（2）模型预测：在此步骤中，应当使用训练已保存并经过验证的模型对测试集进行预测。

（3）计算评估指标：根据模型在测试集上的预测结果和真实标签，计算相应的评估指标。这些指标应当与在训练和验证阶段使用的指标一致，以便于进行比较。

（4）分析结果：除了计算总体的评估指标，也可以分析模型在特定类型的任务或数据上的性能。例如，可以查看模型在某个特定类别上的精确率和召回率，或者分析模型在不同难度级别的任务上的表现。

（5）记录和报告：记录模型在测试集上的性能并编写报告。报告应当包含模型的详细信息（如架构、训练参数等），以及模型在测试集上的性能结果。

测试集应当保持独立和未知，以确保测试结果能够真实反映模型在实际环境中的表现。

7.2.11 模型部署

模型部署是将训练好的大模型应用于实际生产环境中，使模型能够对新的数据进行预测。

（1）模型选择：在多个模型中选择适合部署，应该是在验证和测试阶段表现最优秀的模型。

（2）模型转换：如果需要，将模型转换为适用于特定生产环境的格式。例如，如果计划在移动设备上运行模型，可能需要将模型转换为 TensorFlow Lite 或 Core ML 格式。

（3）部署策略：确定模型部署策略。可能会选择将模型部署在本地服务器上，也可能选择将模型部署在云服务器上。此外，还需要决定是否使用 API、微服务或其他形式来提供模型服务。

（4）环境配置：配置生产环境。这可能包括安装必要的软件库、设置服务器参数、配置网络等。

（5）模型加载和测试：在生产环境中加载模型并进行测试，以确保模型在生产环境中正确运行。

（6）模型监控：设置监控系统，以实时监测模型的性能。如果模型性能下降或出现其他问题，应该能够及时得到通知。

（7）模型更新：根据模型在生产环境中的表现和新的数据，定期更新模型。这可能涉及收集新的训练数据，重新训练模型，测试新模型，然后将新模型部署到生产环境中。

这个流程可能会根据具体需求和所使用的技术进行一些调整。部署机器学习模型是一个复杂的过程，需要考虑的因素很多，如模型性能、可扩展性、安全性、成本等。

7.3 分而治之的思想

大模型的参数量和所需训练数据量的规模在持续急速增长，更大的模型能进一步提升效果，同时也展现出一些很有益的特性，如解决多种不同类型的任务等。

训练巨大的模型必然需要底层基础软件和芯片的支撑，单个机器的有限资源已无法满足训练的要求，但担纲此重任的 GPU 无论是显存空间还是算力增长，都跟不上模型规模的增长。深度学习框架的分布式训练技术强势地支撑起了模型的快速增长。人们设计分布式训练系统来解决海量的计算和内存资源需求问题。在分布式训练系统环境下，将一个模型训练任务拆分成多个子任务，并将子任务分发给多个计算设备，从而解决资源瓶颈。

如何才能利用数万计算加速芯片的集群，训练千亿甚至万亿参数量的大模型？这其中涉及集群架构、并行策略、模型架构、内存优化、计算优化等一系列技术。

7.3.1 分布式计算

传统的单机数据处理方法无法满足大数据的处理需求，于是，将一组计算机组织到一起形成一个集群，利用集群的力量来处理大数据的工程实践逐渐成为主流方案，这种计算方式被称为分布式计算。当前几乎所有的大数据系统都是在集群进行分布式计算。

分布式计算的思想实际上十分朴素，即分而治之，如图 7-5 所示。它是将一个原始问题分解为子问题，多个子问题分别在多台机器上求解，借助必要的数据交换和合并策略，将子结果汇总即可求出最终结果。不同的分布式计算系统所使用的算法和策略根据所要解决的问题各有不同，分别计算求解，其中的每台机器（物理机或虚拟机）又称为一个节点。在分布式计算的成熟方案中，比较有代表性的是消息传递接口（message passing interface，MPI）和 MapReduce。

图 7-5　分而治之的算法思想

7.3.2 消息传递接口

消息传递接口（MPI）是一个主要解决节点间数据通信问题的分布式计算框架。在前 MapReduce 时代，MPI 是分布式计算的业界标准，现在依然广泛运行在全球各大超级计算中心、大学、政府和军队研究机构中，许多物理、生物、化学、能源、航空航天等基础学科的大规模分布式计算都依赖 MPI。

分治法将问题切分成子问题，在不同节点上分别求解。MPI 提供了一个在多进程多节点间进行数据通信的方案，因为在大多数情况下，在中间计算和最终合并的过程中，需要对多个节点上的数据进行交换和同步。

MPI 中最重要的两个操作为数据发送（send）和数据接收（recv）。send 表示将本进程中某块数据发送给其他进程，recv 表示接收其他进程的数据。图 7-6 所示为 MPI 架构在 4 台服务器上进行并行计算。在实际的代码开发过程中，用户需要自行设计分治算法，将复杂问题切分为子问题，手动调用 MPI 库，将数据发送给指定的进程。

图 7-6　MPI 并行计算示意图

MPI 能够在很细的粒度上控制数据通信，这既是优势也是劣势，因为细粒度控制意味着从分治算法设计到数据通信到结果汇总都需要编程人员手动控制。有经验的程序员可以对程序进行底层优化，取得成倍的速度提升。但是，如果对计算机和分布式系统没有太多经验，编码、调试和运行 MPI 程序的时间成本极高，加上数据在不同节点上不均衡和通信延迟等问题，一个节点进程失败会导致整个程序失败，因此，MPI 对于大部分程序员来说也许就是噩梦。

衡量一个程序的时间成本，不仅要考虑程序运行，也要考虑程序员学习、开发和调试的时间。就像 C 语言运算速度极快，但是 Python 语言却更受欢迎一样，MPI 虽然能提供极快的分布式计算加速，但应用有一定的难度。

7.3.3　MapReduce 模型

为了解决分布式计算学习和使用成本高的问题，谷歌 2004 年提出了一种更简单易用的编程模型。与 MPI 将所有事情交给程序员控制不同，MapReduce 编程模型需要程序员定义两个核心操作：map（映射）和 reduce（减少）。

这里借用制作三明治的过程对 MapReduce 进行分析，如图 7-7 所示。假设需要大批量地制作三明治，三明治的每种食材可以分别单独处理，map 阶段将原材料在不同节点上分别处理，生成一些中间食材；shuffle（洗牌）阶段将不同的中间食材进行组合，reduce 最终将一组中间食材组合成为三明治成品。可以看到，map + shuffle + reduce 方式就是分而治之思想的一种实现。

基于 MapReduce 编程模型，不同的团队分别实现了自己的大数据框架。Hadoop 是最早的一种开源实现，如今已经成为大数据领域的业界标杆，之后又出现了 Spark 和 Flink。这些框架提供了 API 编程接口，辅助程序员存储、处理和分析大数据。

比起 MPI，MapReduce 编程模型将更多的中间过程做了封装，程序员只需要将原始问题转化为更高层次的 API，至于原始问题如何切分为更小的子问题、中间数据如何传输和交换、如何将计算伸缩扩展到多个节点等一系列细节问题，可以交给大数据框架来解决。因此，MapReduce 相对来说学习门槛低，使用更方便，编程开发速度更快。

图 7-7　使用 MapReduce 模型制作三明治

7.3.4　批处理和流处理

在现代通信技术中，数据的容量大且产生速度快。从时间维度上讲，数据源源不断地产生，形成一个无界的数据流，如图 7-8 所示。例如，每时每刻的运动数据都会累积到手机传感器上，金融交易随时随地都在发生，传感器会持续监控并生成数据。另一方面，数据流中的某段有界数据流可以组成一个数据集。通常所说的对某个数据进行分析，指的就是对某个数据集进行分析。随着数据产生速度越来越快，数据源越来越多，人们对时效性的重视程度也越来越高，如何处理数据流成了大家更为关注的问题。

图 7-8　有界与无解数据流

1. 批处理

这是对一批数据进行处理。批量计算比比皆是，最简单的批量计算例子有：微信运动每天晚上有一个批量任务，把用户好友一天所走的步数统计一遍，生成排序结果后推送给用户；银行信用卡中心每月账单日有一个批量任务，把一个月的消费总额统计一次，生成用户月度账单；国家统计局每季度对经济数据做一次统计，公布季度 GDP 增速。可见，批量任务一般是对一段时间的数据聚合后进行处理。对于数据量庞大的应用等情景，一段时间内积累的数据总量非常大，计算非常耗时。

批量计算的历史可以追溯到计算机刚刚起步的 20 世纪 60 年代，当前应用最为广泛的当属数据仓库的 ETL（extract transform load，提取 - 转换 - 加载）数据转化工作，如以 Oracle 为代表的商业数据仓库和以 Hadoop/Spark 为代表的开源数据仓库。

2. 流处理

数据其实是以流方式持续不断地产生，流处理就是对数据流进行分析和处理，时间对流处理获取实时数据价值越发重要。例如，在电商大促销中，管理者要以秒级的响应时间查看实时销售业绩、库存信息以及与竞品的对比结果，以争取更多的决策时间；股票交易要以毫秒级的速度来对新信息做出响应；风险控制要对每一份欺诈交易迅速做出处理，以减少不必要的损失；网络运营商要以极快速度发现网络和数据中心的故障，等等。以上这些场景，一旦出现故障，造成服务延迟，损失都难以估量，响应速度越快，越能减少损失，增加收入。而IoT（物联网）和5G通信的兴起，将为数据生成提供更完美的底层技术基础，海量数据在设备上采集生成，并高速传输到服务器，更庞大的实时数据流将汹涌而至，流式处理的需求肯定会爆炸式增长。

7.4 分布式训练与策略

可以看到，如果进行并行加速，可以从数据和模型两个维度进行考虑。对数据进行切分，并将同一个模型复制到多个设备上，并行执行不同的数据分片，这种方式通常称为数据并行；对模型进行划分，将模型中的算子分发到多个设备分别完成处理，这种方式通常称为模型并行；训练大语言模型往往需要同时对数据和模型进行切分，从而实现更高程度的并行，这种方式通常称为混合并行。

7.4.1 分布式训练概述

分布式训练是指将机器学习或深度学习模型训练任务分解成多个子任务，并在多个计算设备上并行地进行训练。图7-9所示为单个计算设备和多个计算设备的示例，这里的计算设备可以是中央处理器（CPU）、图形处理器（GPU）、张量处理器（TPU），也可以是神经网络处理器（NPU）。

（a）单设备　　　　　　　　　（b）多设备

图7-9　单个计算设备和多个计算设备的示例

由于同一台服务器内部的多个计算设备之间的内存可能并不共享，因此，无论这些计算设备是处于一台服务器还是多台服务器中，其系统架构都属于分布式系统范畴。一个模型训练任务往往会有大量的训练样本作为输入，可以利用一个计算设备完成，也可以将整个模型的训练任务拆分成多个子任务，分发给不同的计算设备，实现并行计算。此后，还需要对每个计算设备的输出进行合并，最终得到与单个计算设备等价的计算结果。由于每个计算设备只需要负责子任务，并且多个计算设备可以并行执行，因此，可以更快速地完成整体计算，并最终实现对整个计算过程的加速。

分布式训练的总体目标是提升总的训练速度，减少模型训练的总体时间。对单设备训练效率进行优化，主要的技术手段有混合精度训练、算子融合、梯度累加等。在分布式训练系统中，随着计算设备数量的增加，理论上峰值计算速度会增加，然而受通信效率的影响，计算设备数量增多会造成加速比急速降低；多设备加速比是由计算和通信效率决定的，需要结合算法和网络拓扑结构进行优化。

大模型参数量和所使用的数据量都非常大，因此都采用了分布式训练架构完成训练。分布式训练系统需要克服计算墙、显存墙、通信墙等瓶颈，以确保集群内的所有资源得到充分利用，从而加速训练过程并缩短训练周期。

（1）计算墙：单个计算设备能提供的计算能力与大模型所需的总计算量之间存在巨大差异。

（2）显存墙：单个计算设备无法完整存储一个大模型的参数。

（3）通信墙：分布式训练系统中各计算设备之间需要频繁地进行参数传输和同步。由于通信的延迟和带宽限制，这可能成为训练过程的瓶颈。

计算墙和显存墙源于单计算设备的计算和存储能力有限，与模型所需庞大计算和存储需求存在矛盾。分布式训练方法可以解决这个问题，但它又会面临通信墙的挑战。随着大模型参数的增大，对应集群规模也随之增加，这些问题变得更加突出。

分布式训练系统将单节点模型训练转换成等价的分布式并行模型训练，对大模型来说，训练过程就是根据数据和损失函数，利用优化算法对神经网络模型参数进行更新的过程。单个计算设备模型训练系统的结构如图 7-10 所示，主要由数据和模型两部分组成，训练过程会由多个数据小批次完成。图中的数据表示的是一个小批次，训练系统会利用小批次数据根据损失函数和优化算法生成梯度，从而对模型参数进行修正。针对大模型多层神经网络的执行过程，可以由一个计算图表示，这个图有多个相互连接的算子，每个算子实现一个神经网络层，而参数则代表了这个层在训练中所更新的权重。

图 7-10 单个计算设备模型训练系统的结构

计算图的执行过程可以分为前向计算和反向计算两个阶段。前向计算是将数据读入第一个算子，计算出相应的输出结构，然后重复前向过程，直到最后一个算子结束处理。反向计算过程是根据优化函数和损失，每个算子依次计算梯度并更新本地参数。在反向计算结束后，该数据小批次的计算完成，系统就会读取下一个数据小批次，继续下一轮的模型参数更新。

总的来说，支撑模型规模发展的关键分布式训练技术，其解决的核心问题是如何在保障 GPU 能够高效计算的同时，降低显存的开销。

7.4.2 数据并行性

数据并行性关注的问题是在大批量下如何降低显存的开销。模型在前向和后向的计算过程都会有中间状态,这些中间状态通常占用的空间和批量大小成正比。

在数据并行系统中,每个计算设备都有整个神经网络模型的模型副本,进行迭代时,每个计算设备只分配一个批次数据样本的子集,并根据该批次样本子集的数据进行网络模型的前向计算。图 7-11 所示为由 3 个 GPU 计算设备组成的数据并行训练系统样例。通过将大的批量切分到 n 个 GPU 上,每个 GPU 上部分状态的空间开销能降到 $1/n$,而省下的空间可以用来保存模型的参数、优化器状态等,因此可以提高 GPU 上容纳的模型规模。

数据并行训练系统可以通过增加计算设备,有效提升整体训练吞吐量,即每秒全局批次数。与单个计算设备训练相比,其主要区别在于反向计算中的梯度需要在所有计算设备中同步,以保证每个计算设备上最终得到的是所有进程上梯度的平均值。常见的神经网络框架中都有数据并行方式的具体实现。基于 Transformer 结构的大模型中每个算子都依赖单个数据而非批次数据,因此数据并行并不影响其计算逻辑。一般情况下,各训练设备中前向计算是独立的,不涉及同步问题。数据并行训练加速比最高,但要求每个设备上都备份一份模型,显存占用比较高。

图 7-11 大批量数据的切分

7.4.3 模型并行性

模型并行用于解决单节点内存不足的问题,可以从计算图角度,用以下两种形式进行切分:

(1)按模型的层切分到不同设备,即层间并行或算子间并行,也称为流水线并行。

(2)将计算图层内的参数切分到不同设备,即层内并行或算子内并行,也称张量并行。

两节点模型并行训练系统如图 7-12 所示,图 7-12(a)为流水线并行,模型不同层被切分到不同设备中；图 7-12（b）为张量并行，同一层中不同参数被切分到不同设备中进行计算。

（a）流水线并行　　　　　　　　　　（b）张量并行

图 7-12　两节点模型并行训练系统

模型并行是把模型本身进行切分，使得每个 GPU 卡只需要存模型的一部分。多个 GPU 配合起来完成一个完整的小批量。按这个宽泛的定义，模型并行性的使用方式就比较多样，例如：

（1）对一个算子进行拆分，把参数和计算切分到多个 GPU 上，通过通信完成原子计算。

（2）单纯把模型参数切分到多个 GPU 上，在使用时通过数据驱动的方式，每个 GPU 从其他 GPU 上拉取需要的那部分。例如，大的嵌入参数如果有 100 GB，可以切分成 8 份放在 8 个 GPU 上。每个小批量计算时，嵌入层仅需要收集 100 GB 中很少的一部分。

（3）简单地把模型横向切分几份，分别放在不同的 GPU 上。例如，一个 1 000 层的组合每个 GPU 放其中 100 层的参数。当一个小批量进来后，依次通过 10 个 GPU 完成 1 000 层的计算。

模型并行性的做法很多，可以在数据并行的基础上显著降低单个 GPU 上的显存压力。但是，模型并行性的问题也很多，使用起来远比数据并行更复杂。

7.4.4　流水线并行性

流水线并行性的思想比较简单，使用了经典的管道思想。在模型计算流水线上，每个 GPU 只负责模型的一个分片，计算完就交给下一个 GPU，完成下一个模型分片的计算。下个 GPU 在计算时，上一个 GPU 开始算下一个小批量属于它的模型分片，如图 7-13 所示。

图 7-13　流水线并行

这里需要注意到不同模型分片使用的参数分片是否同步的问题（防止流水线更新参数的问题）。从数学上看，一个小批量数据训练使用的所有模型参数都需要是同步的（不完全一定）。因此，在优化时，整个流水线并行性需要进行某种形式的同步。流水线并行性依然没有完全解决部分硬件时间空闲的问题。同时使用模型并行性的复杂性和调优依然是个问题。

7.4.5 混合并行

混合并行将多种并行策略，如数据并行、流水线并行和张量并行等混合使用。通过结合不同的并行策略，混合并行可以充分发挥各种并行策略的优点，最大限度地提高计算性能和效率。针对千亿规模的大模型，通常在每个服务器内部使用张量并行策略，由于该策略涉及的网络通信量较大，因此需要利用服务器内部的不同计算设备之间的高速通信带宽。通过流水线并行，将模型的不同层划分为多个阶段，每个阶段由不同的机器负责计算。这样可以充分利用多台机器的计算能力，并通过机器间的高速通信传递计算结果和中间数据，以提高整体的计算速度和效率。

最后，在外层叠加数据并行策略，以增加并发数量，加快整体训练速度。通过数据并行，将训练数据分发到多组服务器上进行并行处理，每组服务器处理不同的数据批次。这样可以充分利用多台服务器的计算资源，并增加训练的并发度，从而加快整体训练速度。

7.4.6 分布式训练集群架构

分布式训练集群属于高性能计算集群，其目标是提供海量的计算能力。在由高速网络组成的高性能计算上构建分布式训练系统，主要有两种常见架构：参数服务器架构和去中心化架构。

典型的用于分布式训练的高性能计算集群的硬件组成如图 7-14 所示。整个计算集群包含大量带有计算加速设备的服务器，其中往往有多个计算加速设备（2～16 个）。多台服务器会被放置在一个机柜中，服务器通过架顶交换机连接网络。在架顶交换机满载的情况下，可以通过在架顶交换机间增加骨干交换机接入新的机柜。这种连接服务器的拓扑结构往往是一个多层树。

图 7-14 典型的用于分布式训练的高性能计算集群的硬件组成

参数服务器架构的分布式训练系统中有两种服务器角色：训练服务器和参数服务器。参数服务器需要提供充足的内存资源和通信资源，训练服务器需要提供大量的计算资源。图 7-15 所示为一个具有参数服务器的分布式训练集群示意图。该集群包括两个训练服务器和两个参数服务器。假设有一个可分为两个参数分区的模型，每个分区由一个参数服务器负责参数同步。在训练过程中，每个训练服务器都拥有完整的模型，将分配到此服务器的训练数据集切片并进行计算，将得到的梯度推送到相应的参数服务器。参数服务器会等待两个训练服务器都完成梯度推送，再计算平均梯度并更新参数。之后，参数服务器会通知训练服务器拉取最新的参数，并开始下一轮训练迭代。

图 7-15 参数服务器的分布式训练集群示意图

作　　业

1. （　　）是指建设以大模型为功能核心、通过其强大的理解能力和生成能力、结合特殊的数据或业务逻辑来提供独特功能的应用。

　　A. 大模型开发　　B. 分布式模型　　C. 智能大系统　　D. 语言处理集

2. 在大模型开发中，一般会将大模型作为一个调用工具，通过（　　）等手段来充分发挥大模型能力，适配应用任务。

　　① 算法优化　　② 提示工程　　③ 数据工程　　④ 业务逻辑分解

　　A. ①③④　　B. ①②④　　C. ②③④　　D. ①②③

3. 以调用、发挥大模型作用为核心的大模型开发有（　　）两项核心功能，它提供了复杂业务逻辑的简单平替方案。

　　① 指令理解　　② 模型转换　　③ 文本生成　　④ 数据优化

　　A. ②④　　B. ①③　　C. ①②　　D. ③④

4. 通常将大模型开发分解多个流程阶段，其中确定目标阶段的开发目标即（　　）。

　　① 应用场景　　② 目标人群　　③ 开发成本　　④ 核心价值

　　A. ②③④　　B. ①②③　　C. ①③④　　D. ①②④

5. 目前，绝大部分大模型应用都是采用（　　）的综合架构，需要针对所设计的功能，搭建项目的整体架构，实现从用户输入到应用输出的全流程贯通。

　　① 专用算法　　② 特定数据库　　③ 提示　　④ 通用大模型

A. ②③④　　　B. ①②③　　　C. ①②④　　　D. ①③④

6. 在设计、研发、运行的过程中，大模型面临的主要挑战包括（　　），其研发流程涵盖了从数据采集到模型训练的多个步骤。
① 计算资源　　② 环境影响　　③ 专业限制　　④ 偏见和公正性
A. ②③④　　　B. ①②③　　　C. ①②④　　　D. ①③④

7. 数据采集是大模型项目的起点，也是一个持续的过程。根据大模型训练的需求收集大量数据，其任务还包括（　　）以及检查数据质量等。
① 找到数据源　② 数据聚合　　③ 数据收集　　④ 数据存储
A. ①②④　　　B. ①③④　　　C. ①②③　　　D. ②③④

8. 针对收集到的原始数据进行的数据清洗和预处理是数据科学项目的重要步骤，工作内容主要包括（　　）等，它们有助于提高模型的性能并减少可能的错误。
① 处理缺失值　② 处理重复值　③ 消除极大值　④ 数据转换
A. ②③④　　　B. ①②③　　　C. ①③④　　　D. ①②④

9. 所谓数据转换，是指将数据转换为适合进行分析或建模的形式，包括（　　）等形式。
① 特征工程　　② 离散化　　　③ 规范化或标准化　④ 分类变量编码
A. ②③④　　　B. ①②③　　　C. ①②④　　　D. ①③④

10. 数据通常被划分为（　　）。数据集划分是大模型项目中的一个重要步骤，它可以帮助我们更好地理解模型在未见过的数据上的性能。
① 测试集　　　② 训练集　　　③ 离散集　　　④ 验证集
A. ①②④　　　B. ①③④　　　C. ①②③　　　D. ②③④

11. 设计模型架构主要涉及深度学习模型。需要设计模型的架构，例如（　　）等。此步骤可能需要根据经验和实验结果进行调整。
① 神经网络的层数　　　　　　② 架构的离散程度
③ 每层的节点数　　　　　　　④ 激活函数的选择
A. ①②④　　　B. ①③④　　　C. ①②③　　　D. ②③④

12. 模型验证是大模型项目中关键一步，目的是在训练过程中（　　），根据测试和监控结果调整模型的超参数。
① 监控过拟合　　　　　　　　② 评估模型的性能
③ 定期验证模型的性能　　　　④ 改善训练环境
A. ②③④　　　B. ①②③　　　C. ①②④　　　D. ①③④

13. （　　）是将训练好的大模型应用于实际生产环境中，使模型能够对新的数据进行预测。这是一个复杂的过程，需要考虑的因素很多，如模型性能、可扩展性、安全性等。
A. 模型部署　　B. 模型验证　　C. 模型测试　　D. 模型选择

14. 深度学习框架的（　　）训练技术强势地支撑起了模型的快速增长。人们设计这样的训练系统来解决海量的计算和内存资源需求问题。
A. 分布式　　　B. 离散型　　　C. 逻辑型　　　D. 集中式

15. 如何才能利用数万计算加速芯片的集群，训练千亿甚至万亿参数量的大模型？这其中涉及集群架构、（　　）、计算优化等一系列的技术。

① 模型架构　　　② 串行条件　　　③ 并行策略　　　④ 内存优化
A. ②③④　　　B. ①②③　　　C. ①②④　　　D. ①③④

16. 分布式计算已经有很多成熟的方案，其中比较有名的有（　　）。
① Transform　　　② MapReduce　　　③ MPI　　　④ OCR
A. ①②　　　B. ②③　　　C. ①④　　　D. ③④

17. 为了解决分布式计算学习和使用成本高的问题，研究人员提出了更简单易用的（　　）编程模型，它是谷歌 2004 年提出的一种编程范式。
A. Transform　　　B. MapReduce　　　C. MPI　　　D. OCR

18. 数据持续不断地产生着，（　　）就是对数据流进行分析和处理，时间对其获取实时数据价值越发重要。
A. 并行处理　　　B. 离散处理　　　C. 分布式处理　　　D. 流处理

19. （　　）是利用多个功能部件或多个处理机同时工作来提高系统性能或可靠性的计算机系统，这种系统至少包含指令级或指令级以上的并行。
A. 并行处理　　　B. 离散处理　　　C. 分布式处理　　　D. 流处理

20. 分布式训练系统需要克服（　　）等挑战，以确保集群内的所有资源得到充分利用，从而加速训练过程并缩短训练周期。
① 计算墙　　　② 数据墙　　　③ 显存墙　　　④ 通信墙
A. ①③④　　　B. ①②④　　　C. ①②③　　　D. ②③④

【实训与思考】程序员：文心大模型开发代码智能体

2024 年 4 月 16 日，以"创造未来"为主题的百度 AI 开发者大会在深圳国际会展中心举办。百度首席技术官王海峰在会上表示，文心一言累计用户规模已达 2 亿，日均调用量也达到了 2 亿，高效满足了用户工作、生活和学习需求。

王海峰表示，智能体是重要的发展方向，会带来更多的应用爆发。智能体是在基础模型上，进一步进行思考增强训练，包括思考过程的有监督精调、行为决策的偏好学习、结果反思的增强学习，进而得到思考模型。智能体的思考模型会阅读说明书、学习工具的使用方法，进而调用工具来完成任务。

据悉，从万亿级训练数据中，文心大模型既学到了自然语言的能力，也学到了代码能力，打通从思考到执行的过程。基于文心大模型的这两种能力，百度开发了代码智能体和智能代码助手。王海峰表示："代码智能体，让大家都能做之前只有程序员才能做的事，人人都可以成为程序员；智能代码助手，则帮助专业的程序员更高效地写出更好的代码。"

在模型效果不断提升的基础上，百度进一步构建了上下文增强、私域知识增强、流程无缝集成、多模型技术等能力。文心大模型在其他方面也持续创新，包括基于模型反馈闭环的数据体系、基于自反馈增强的大模型对齐技术等。

1. 实训目的

（1）进一步熟悉百度"文心一言"大模型，体会其"有用、有趣、有温度"的实际含义。

（2）探索"文心"大模型的程序设计能力，通过程序编码对比，熟悉不同程序设计语言的编程特点。

（3）体验和思考大模型背景下程序员的新的开发方式。

2. 实训内容与步骤

（1）请仔细阅读本课内容，熟悉大模型开发组织的相关技术。

（2）登录百度"文心一言"大模型工作界面，把鼠标指向"文心大模型 4.0"（也许当前有更高版本）字样，这是文心大模型"会员专享"的版本，单击"开通会员"项。这是收费项目，大家可以自行决定。不过，是否开通会员不影响本实验的后续操作。

（3）回到文心大模型主界面，考虑选择程序功能，例如"冒泡（排序）""递归"甚至"菜单交互"等，设计提示词，让文心大模型分别生成 Python、C、VB 程序语言对应的源代码程序。

提示词：_____

_____

- Python 源代码：

-------------------- 请将丰富内容另外附纸粘贴于此 --------------------

- C 源代码：

-------------------- 请将丰富内容另外附纸粘贴于此 --------------------

- VB 源代码：

-------------------- 请将丰富内容另外附纸粘贴于此 --------------------

请点评文心大模型的编码水平（例如执行是否正确，编码是否规范等）。

答：_____

_____

（3）实际上，编写典型程序功能的代码已经实现，但程序员的工作远不止这些。广告词说"人人都能当程序员"，你认为这个说法现实吗？

答：_____

_____

3. 实训总结

_____

_____

_____

4. 实训评价（教师）

_____

_____

第 8 课
大语言模型智能体

● **学习目标**

（1）熟悉智能体及其环境知识。
（2）了解智能体的良好行为和环境本质。
（3）熟悉智能体基本结构。

● **学习难点**

（1）大语言模型智能体。
（2）构建大模型智能体。

● **素质要素**

（1）科技伦理与社会责任：强调在开发和运用大模型智能体时，应遵循的伦理原则，包括数据隐私保护、避免算法偏见、保障信息安全等，培养学生的社会责任感和道德意识。

（2）国家安全观：结合大模型智能体的开发与应用，讲解国家对于人工智能安全的重视，教育学生认识到维护数据安全、防范技术滥用对国家安全的重要性，增强国家安全意识。

（3）创新思维与实践能力：鼓励学生在学习技术的同时，培养创新思维，探索大模型智能体的新应用领域，通过实践项目锻炼解决实际问题的能力，强调理论与实践相结合。

（4）团队合作与领导力：在大模型智能体的复杂开发过程中，强调团队合作的重要性，通过团队项目培养学生的沟通协调能力、团队精神和领导力，为将来在多元化团队中工作打下基础。

（5）持续学习与自我提升：鉴于人工智能领域的快速迭代，教育学生树立终身学习的理念，鼓励他们紧跟技术前沿，不断提升自我，适应行业发展的需要。

随着计算能力的提升和大数据的出现，人工智能有了显著的发展，深度学习和机器学习技术的突破使人工智能在视觉识别、语言处理等领域取得惊人的成就，随之兴起的智能体标志着人工智能从单纯的任务执行者转变为能够代表或协助人类做出决策的智能实体，它们在理解和预测人类意图、提高决策质量等方面发挥着越来越重要的作用。智能体是人工智能领域中的一个重要概念，它指的是一个能自主活动的软件或者硬件实体。任何独立的能够思考并可以与环境交互的实体都可以抽象为智能体。

大模型在人工智能应用领域的重大突破,给智能体带来了新的发展机会。像 ChatGPT 这样的基于 Transformer 架构的大模型,成为为智能体装备的拥有广泛任务能力的"大脑",从推理、规划和决策到行动都使智能体展现出前所未有的能力。基于大模型的智能体将广泛深刻地影响人们生活工作的方式,由于其可以更好地理解和应对复杂多变的现实世界场景,具备更强的智能和自适应能力。因此,智能体被认为是通往通用人工智能的必经之路。

8.1 智能体和环境

智能体通过传感器感知环境并通过执行器作用于该环境的事物,如图 8-1 所示。我们从检查智能体、环境以及它们之间的耦合,观察到某些智能体比其他智能体表现得更好,自然引出了理性智能体的概念,即行为尽可能好。智能体的行为取决于环境的性质,环境可以是一切,甚至是整个宇宙。实际上,设计智能体时关心的只是宇宙中影响智能体感知以及受智能体动作影响的某一部分的状态。

图 8-1 智能体通过传感器和执行器与环境交互

一个人类智能体以眼睛、耳朵和其他器官作为传感器,以手、腿、声道等作为执行器。而机器人智能体可能以摄像头和红外测距仪作为传感器,各种电动机作为执行器。软件智能体接收文件内容、网络数据包和人工输入(键盘/鼠标/触摸屏/语音)作为传感输入,并通过写入文件、发送网络数据包、显示信息或生成声音对环境进行操作。

术语"感知"用来表示智能体的传感器知觉的内容。一般而言,一个智能体在任何给定时刻的动作选择,可能取决于其内置知识和迄今为止观察到的整个感知序列,而不是它未感知到的任何事物。从数学上讲,智能体的行为由智能体函数描述,该函数将任意给定的感知序列映射到一个动作。

可以想象,将描述任何给定智能体的智能体函数制成表格,对大多数智能体来说这个表格会非常大,事实上是无限的(除非限制所考虑的感知序列的长度),当然,该表只是该智能体的外部特征。在内部,人工智能体的智能体函数由智能体程序实现。智能体函数是一种抽象的数学描述,而智能体程序是一个可以在某些物理系统中运行的具体实现。

下面看一个简单的例子——真空吸尘器。在一个由方格组成的世界中，包含一个机器人真空吸尘器智能体，其中的方格可能是脏的，也可能是干净的。考虑只有两个方格——方格 A 和方格 B 的情况。真空吸尘器智能体可以感知它在哪个方格中，以及方格中是否干净。从方格 A 开始，智能体可选的操作包括向右移动、向左移动、吸尘或什么都不做（其实，真正的机器人不太可能会有"向右移动"和"向左移动"这样的动作，而是采用"向前旋转轮子"和"向后旋转轮子"这样的动作）。一个非常简单的智能体函数如下：如果当前方格是脏的，就吸尘；否则，移动到另一个方格。

8.2 智能体的良好行为

人工智能通常通过结果来评估智能体的行为。当智能体进入环境时，它会根据接受的感知产生一个动作序列，这会导致环境经历一系列的状态。如果序列是理想的，则智能体表现良好，这个概念由性能度量描述，评估任何给定环境状态的序列。

8.2.1 性能度量

人类有适用于自身的理性概念，它与成功选择产生环境状态序列的行动有关，而这些环境状态序列从人类的角度来看是可取的。但是，机器没有自己的欲望和偏好，至少在最初，性能度量是在机器设计者或者机器受众的头脑中。一些智能体设计具有性能度量的显式表示，但它也可能是完全隐式的。智能体尽管会做正确的事情，但它并不知道这是为什么。

有时，正确地制定性能度量可能非常困难。例如，考虑真空吸尘器智能体，我们可能会用单个 8 小时班次中清理的灰尘量来度量其性能。然而，一个理性的智能体可以通过清理灰尘，然后将其全部倾倒在地板上，再次清理，如此反复，从而最大化这一性能度量值。更合适的性能度量是奖励拥有干净地板的智能体。例如，在每个时间步中，每个干净方格可以获得 1 分（可能会对耗电和产生的噪声进行惩罚）。作为一般规则，更好的做法是根据一个人在环境中真正想要实现的目标，而不是根据一个人认为智能体应该如何表现来设计性能度量。

即使避免了明显的缺陷，一些棘手的问题仍然存在。例如，"干净地板"的概念是基于一段时间内的平均整洁度。然而，两个不同的智能体可以达到相同的平均整洁度，其中一个智能体工作始终保持一般水平，而另一个智能体短时间工作效率很高，但需要长时间休息。哪种工作方式更可取，这似乎是保洁工作的课题，而实际上还是一个具有深远影响的哲学问题。

8.2.2 理性

通常，理性取决于以下四方面：
（1）定义成功标准的性能度量。
（2）智能体对环境的先验知识。

（3）智能体可以执行的动作。
（4）智能体到目前为止的感知序列。

于是，对理性智能体的定义是：对于每个可能的感知序列，给定感知序列提供的证据和智能体所拥有的任何先验知识，理性智能体应该选择一个期望最大化其性能度量的动作。

全知的智能体能预知其行动的实际结果，并据此采取行动，但在现实中，全知是不可能的。理性不等同于完美。理性使期望性能最大化，而完美使实际性能最大化。不要求完美不仅仅是对智能体公平的问题，关键是，如果期望一个智能体做事后证明是最好的行动，就不可能设计一个符合规范的智能体。因此，对理性的定义并不需要全知，因为理性决策只取决于迄今为止的感知序列。我们还必须确保没有无意中允许智能体进行低智的行动。

理性智能体不仅要收集信息，还要尽可能多地从它所感知到的东西中学习。智能体的初始配置可以反映对环境的一些先验知识，但随着智能体获得经验，这可能会被修改和增强。在一些极端情况下，环境完全是先验已知的和完全可预测的，这种情况下，智能体不需要感知或学习，只需要正确地运行。当然，这样的智能体是脆弱的。

如果在某种程度上智能体依赖于其设计者的先验知识，而不是自身感知和学习过程，就说该智能体缺乏自主性。理性智能体应该是自主的，应该学习如何弥补部分或不正确的先验知识。

8.3 环境的本质

构建理性智能体必须考虑任务环境，而理性智能体是此问题的"解决方案"。首先指定任务环境，然后展示任务环境的多种形式。任务环境的性质直接影响到智能体程序的恰当设计。

8.3.1 指定任务环境

在讨论简单吸尘器智能体的理性时，必须为其指定性能度量、环境以及智能体的执行器和传感器（即 PEAS，performance、environment、actuator、sensor）描述。设计智能体的第一步始终是尽可能完整地指定任务环境。

下面考虑一个更复杂的问题：自动驾驶出租车的任务环境 PEAS 描述见表 8-1。

首先，对于自动驾驶追求的性能度量，理想的标准包括到达正确的目的地，尽量减少油耗和磨损，尽量减少行程时间或成本，尽量减少违反交通法规和对其他驾驶员的干扰，最大限度地提高安全性和乘客舒适度，最大化利润。显然，其中有一些目标是相互冲突的，需要权衡。

表 8-1 自动驾驶出租车司机任务环境的 PEAS 描述

智能体类型	性能度量	环 境	执 行 器	传 感 器
自动驾驶出租车司机	安全、速度快、合法、舒适、最大化利润、对其他道路用户的影响最小化	道路、其他交通工具、警察、行人、客户、天气	转向器、加速器、制动、信号、喇叭、显示、语音	摄像头、雷达、速度表、导航、传感器、加速度表、麦克风、触摸屏

接着，出租车将面临什么样的驾驶环境？如驾驶员必须能够在乡村车道、城市小巷以及多个车道的高速公路的各种道路上行驶。道路上有其他交通工具、行人、流浪动物、道路工程、警车和坑洼。出租车还必须与潜在以及实际的乘客互动。另外，还有一些可选项，出租车可以选择在很少下雪的南方或者经常下雪的北方运营。显然，环境越受限，设计问题就越容易解决。

自动驾驶出租车的执行器包括可供驾驶员使用的器件，例如通过加速器控制发动机、控制转向和制动。此外，它还需要输出到显示屏或语音合成器，以便与驾驶员及乘客进行对话，或许还需要某种方式与其他车辆进行礼貌的或其他方式的沟通。

出租车的基本传感器包括一个或多个摄像头以便观察，以及激光雷达和超声波传感器以便检测其他车辆和障碍物的距离。为了避免超速罚单，出租车应该有一个速度表，而为了正确控制车辆（特别是在弯道上），它应该有一个加速度表。要确定车辆的机械状态，需要发动机、燃油和电气系统的传感器常规阵列。像许多人类驾驶者一样，它可能需要获取北斗导航信号，这样就不会迷路。最后，乘客需要触摸屏或语音输入才能说明目的地。

表8-2中简要列举了一些其他智能体类型的基本PEAS元素。这些示例包括物理环境和虚拟环境。注意，虚拟任务环境可能与"真实"世界一样复杂。例如，在拍卖和转售网站上进行交易的软件智能体，为数百万其他用户和数十亿对象提供交易业务。

表 8-2　智能体类型及其 PEAS 描述的示例

智能体类型	性能度量	环境	执行器	传感器
医学诊断系统	治愈患者、降低费用	患者、医院、工作人员	用于问题、测试、诊断、治疗的显示	用于症状和检验结果的各种输入
卫星图像分析系统	正确分类对象和地形	轨道卫星、下行链路、天气	场景分类显示器	高分辨率数字照相机
零件选取机器人	零件在正确箱中的比例	零件输送带、箱子	有关节的手臂和手	摄像头、触觉和关节角度传感器
提炼厂控制器	纯度、产量、安全	提炼厂、原料、操作员	阀门、泵、加热器、搅拌器、显示器	温度、气压、流量、化学等传感器
交互英语教师	学生的考试分数	一组学生、考试机构	用于练习、反馈、发言的显示器	键盘输入、语音

8.3.2　任务环境的属性

人工智能中可能出现的任务环境范围非常广泛，但可以确定少量的维度，并根据这些维度对任务环境进行分类。这些维度在很大程度上决定了恰当的智能体设计以及智能体实现的主要技术系列的适用性。首先列出维度，然后分析任务环境，阐明思路。

1. 完全可观测与部分可观测

如果能让智能体的传感器在每个时间点都能访问环境的完整状态，就说任务环境是完全可观测的。如果传感器检测到与动作选择相关的所有方面，那么任务环境就是有效的完全可观测的，而这里的"相关"又取决于性能度量标准。完全可观测的环境容易处理，因为智能体不需要维护任何内部状态来追踪世界。由于传感器噪声大且不准确，或者由于传感器数据中缺少部分状态，环境可能部分可观测。例如，只有一个局部灰尘传感器的真空吸尘器无法判断其他方格是否有灰尘，或者自动驾驶出租车无法感知其他驾驶员的想法。

如果智能体根本没有传感器，那么环境是不可观测的。在这种情况下，智能体的困境可能是无解的，但智能体的目标仍然可能实现。

2. 单智能体与多智能体

单智能体和多智能体环境之间的区别似乎足够简单。例如，独自解决纵横字谜的智能体显然处于单智能体环境中，而下国际象棋的智能体则处于二智能体环境中。然而，这里也有一些微妙的问题，例如我们已经描述了如何将一个实体视为智能体，但没有解释哪些实体必须视为智能体。

多智能体设计问题与单智能体有较大差异。例如，在多智能体环境中，通信通常作为一种理性行为出现；在某些竞争环境中，随机行为是理性的，因为它避免了一些可预测性的陷阱。

3. 确定性与非确定性

如果环境的下一个状态完全由当前状态和智能体执行的动作决定，那么就说环境是确定性的，否则是非确定性的。原则上，在完全可观测的确定性环境中，智能体不需要担心不确定性。然而，如果环境是部分可观测的，那么它可能是非确定性的。

大多数真实情况非常复杂，以至于不可能追踪所有未观测到的方面，实际上必须将其视为非确定性的。出租车驾驶显然是非确定性的，因为无法准确地预测交通行为，例如轮胎可能会意外爆胎，发动机可能会在没有警告的情况下失灵等。虽然所描述的真空吸尘器是确定性的，但可能存在非确定性因素，如随机出现的灰尘和不可靠的吸力机制等。

注意"随机"与"非确定性"不同。如果环境模型显式地处理概率（例如"明天的降雨可能性为25%"），那么它是随机的；如果可能性没有被量化，那么它是"非确定性的"（例如"明天有可能下雨"）。

4. 回合式与序贯

许多分类任务是回合式的。例如，在装配流水线上检测缺陷零件的智能体，它需要根据当前零件做出每个决策，而无须考虑以前的决策，而且当前的决策并不影响下一个零件是否有缺陷。在回合式任务环境中，智能体的经验被划分为原子式回合，每接收一个感知执行单个动作。重要的是，下一回合并不依赖于前几回合采取的动作。但是，在序贯环境中，当前决策可能会影响未来所有决策。国际象棋和出租车驾驶是序贯的：在这些情况下，短期行为可能会产生长期影响。回合式环境下的智能体不需要提前思考，所以要比序贯环境简单很多。

5. 静态与动态

如果环境在智能体思考时发生了变化，就说该智能体的环境是动态的，否则是静态的。静态环境容易处理，因为智能体在决定某个操作时不需要一直关注世界，也不需要担心时间的流逝。但是，动态环境会不断地询问智能体想要采取什么行动，如果它还没有决定，就什么都不做。如果环境本身不会随着时间的推移而改变，但智能体的性能分数会改变，就说环境是半动态的。驾驶出租车显然是动态的，因为驾驶算法在计划下一步该做什么时，其他车辆和出租车本身在不断移动。在用时钟计时的情况下国际象棋是半动态的，而填字游戏是静态的。

6. 离散与连续

离散与连续这之间的区别适用于环境的状态、处理时间的方式以及智能体的感知和动作。例如，国际象棋环境具有有限数量的不同状态（不包括时钟），国际象棋也有一组离散的感知和动作。驾驶出租车是一个连续状态和连续时间的问题，出租车和其他车辆的速度和位置是一系列连续的值，并随着时间平稳地变化。出租车的驾驶动作也是连续的（转向角等）。严格来说，来自数字照相机的输入是离散的，但通常被视为表示连续变化的强度和位置。

7. 已知与未知

已知与未知这种区别是指智能体（或设计者）对环境"物理定律"的认知状态。在已知环境中，所有行动的结果（如果环境是非确定性的，则对应结果的概率）都是既定的。显然，如果环境未知，智能体将不得不了解它是如何工作的，才能做出正确的决策。

最困难的情况是部分可观测、多智能体、非确定性、序贯、动态、连续且未知的。表 8-3 列出许多熟悉环境的例子及特征。例如，将患者的患病过程作为智能体建模并不适合，所以将医疗诊断任务列为单智能体，但是医疗诊断系统还可能会应对顽固的病人和多疑的工作人员，因此环境具有多智能体方面。此外，如果将任务设想为根据症状列表进行诊断，那么医疗诊断是回合式的；如果任务包括一系列测试、评估治疗进展、处理多个患者等，那就是序贯的。

表 8-3　任务环境的例子及特征

任务环境	可观测	智能体	确定性	回合式	动静态	离散性
填字游戏	完全	单	确定性	序贯	静态	离散
限时国际象棋	完全		确定性		半动态	
扑克	部分	多	非确定性	序贯	静态	离散
西洋双陆棋	完全		非确定性			
驾驶出租车	部分		非确定性		动态	连续
医疗诊断						
图片分析	完全	单	确定性	回合式	半动态	连续
零件选取机器人						
提炼厂控制器	部分		非确定性	序贯	动态	
交互英语教师		多				离散

8.4　智能体的结构

人工智能的工作是设计一个智能体程序实现智能体函数，即从感知到动作的映射。假设该程序将运行在某种具有物理传感器和执行器的计算设备上，称之为智能体架构。

智能体 = 架构 + 程序

智能体的关键组成如图 8-2 所示。显然，选择的程序必须适合相应的架构。如果程序打算推荐步行这样的动作，那么对应的架构设计最好有腿。架构可能只是一台普通 PC，也可能是一辆带有多台车载计算机、摄像头和其他传感器的机器人汽车。通常，架构使程序可以使用来自传感器的感知，然后运行，并将程序生成的动作选择反馈给执行器。

图 8-2　智能体的关键组成

8.4.1　智能体程序

我们考虑的智能体程序都有相同的框架：将当前感知作为传感器的输入，并将动作返回给执行器。而智能体程序框架还有其他选择，例如可以让智能体程序作为与环境异步运行的协程。每个这样的协程都有一个输入和输出端口，并由一个循环组成，该循环读取输入端口的感知，并将动作写到输出端口。

注意智能体程序（将当前感知作为输入）和智能体函数（可能依赖整个感知历史）之间的差异。因为环境中没有其他可用信息，所以智能体程序别无选择，只能将当前感知作为输入。如果智能体的动作需要依赖于整个感知序列，那么智能体必须记住历史感知。

人工智能面临的关键挑战是找出编写程序的方法，尽可能从一个小程序而不是从一个大表中产生理性行为。有四种基本的智能体程序，它们体现了几乎所有智能系统的基本原理，每种智能体程序以特定的方式组合特定的组件来产生动作。

（1）简单反射型智能体：最简单的智能体，根据当前感知选择动作，忽略感知历史的其余部分。

（2）基于模型的反射型智能体：处理部分可观测性的最有效方法是让智能体追踪它现在观测不到的部分世界。也就是说，智能体应该维护某种依赖于感知历史的内部状态，从而反映当前状态一些未观测到的方面。例如制动问题，内部状态范围不仅限于摄像头拍摄图像的前一帧，要让智能体能够检测车辆边缘的两个红灯何时同时亮起或熄灭。对于其他驾驶任务，如变道，如果智能体无法同时看到其他车辆，则需要追踪它们的位置。

随着时间的推移，更新这些内部状态信息需要在智能体程序中以某种形式编码两种知识。

首先，需要一些关于世界如何随时间变化的信息，这些信息大致可以分为两部分：智能体行为的影响和世界如何独立于智能体而发展。例如，当智能体顺时针转动转向盘时汽车会右转；而下雨时汽车的摄像头会被淋湿。这种关于"世界如何运转"的知识（无论是在简单的布尔电路中还是在完整的科学理论中实现）称为世界的转移模型。

其次，需要一些关于世界状态如何反映在智能体感知中的信息。例如，当前面的汽车开始制动时，前向摄像头的图像中会出现一个或多个亮起的红色区域；当摄像头被淋湿时，图像中会出现水滴状物体并部分遮挡道路，这种知识称为传感器模型。

转移模型和传感器模型结合在一起让智能体能够在传感器受限的情况下尽可能地跟踪世界的状态。使用此类模型的智能体称为基于模型的智能体。

（3）基于目标的智能体：即使了解了环境的现状也并不总是能决定做什么。例如，在一个路口，出租车可以左转、右转或直行。正确的决定还取决于出租车要去哪里。换句话说，除了当前状态的描述之外，智能体还需要某种描述理想情况的目标信息，如设定目的地。智能体程序可以将其与模型相结合，并选择实现目标的动作。

（4）基于效用的智能体：在大多数环境中，仅靠目标并不足以产生高质量的行为。例如，许多动作序列都能使出租车到达目的地，但有些动作序列比其他动作序列更快、更安全、更可靠或者更便宜。此时，目标只是在"快乐"和"不快乐"状态之间提供了一个粗略的二元区别。更一般的性能度量应该允许根据不同世界状态的"快乐"程度来对智能体进行比较。经济学家和计算机科学家通常用"效用"这个词来代替"快乐"。

性能度量会给任何给定的环境状态序列打分，因此它可以很容易地区分到达出租车目的地所采取的更可取和更不可取的方式。智能体的效用函数本质上是性能度量的内部化。如果内部效用函数和外部性能度量一致，则根据外部性能度量选择动作，以使其效用最大化的智能体是理性的。

8.4.2　学习型智能体

在图灵早期的著名论文中，曾经考虑了手动编程实现智能机器的想法。他估计了这可能需要多少工作量，并得出结论"似乎需要一些更快捷的方法"。他提出的方法是构造学习型机器，然后教它们。在人工智能的许多领域，这是目前创建最先进系统的首选方法。任何类型的智能体（基于模型、基于目标、基于效用等）都可以构建（或不构建）成学习型智能体。

学习还有另一个优势：它让智能体能够在最初未知的环境中运作，并变得比其最初的能力更强。学习型智能体可分为四个概念组件（见图8-3），其中，"性能元素"框表示我们之前认为的整个智能体程序，"学习元素"框可以修改该程序以提升其性能。最重要的区别在于负责提升的学习元素和负责选择外部行动的性能元素。性能元素接受感知并决定动作，学习元素是自评估者对智能体表现的反馈，并以此确定应该如何修改性能元素以在未来做得更好。

图 8-3　通用学习型智能体

学习元素的设计在很大程度上取决于性能元素的设计。当设计者试图设计一个学习某种能力的智能体时，第一个问题是"一旦智能体学会了如何做，它将使用什么样的性能元素？"给定性能元素的设计，可以构造学习机制来改进智能体的每个部分。

评估者告诉学习元素：智能体在固定性能标准方面的表现如何。评估者是必要的，因为感知本身并不会指示智能体是否成功。例如，国际象棋程序可能会收到一个感知，提示它已将死对手，但它需要一个性能标准来知道这是一件好事。从概念上讲，应该把性能标准看作完全在智能体之外，智能体不能修改性能标准以适应自己的行为。

学习型智能体的最后一个组件是问题生成器。它负责建议动作，这些动作将获得全新和信息丰富的经验。如果性能元素完全根据自己的方式，它会继续选择已知最好的动作。但如果智能体愿意进行一些探索，并在短期内做一些可能不太理想的动作，从长远来看，它可能会发现更好的动作。问题生成器的工作是建议这些探索性行动。

学习元素可以对智能体图中显示的任何"知识"组件进行更改。最简单的情况是直接从感知序列学习。观察成对连续的环境状态可以让智能体了解"我的动作做了什么"以及"世界如何演变"以响应其动作。例如，如果自动驾驶出租车在湿滑路面上行驶时进行一定程度的制动，那么它很快就会发现实际减速多少，以及它是否滑出路面。问题生成器可能会识别出模型中需要改进的某些部分，并建议进行实验，例如在不同条件下的不同路面上尝试制动。

无论外部性能标准如何，改进基于模型的智能体的组件，使其更好地符合现实几乎总是有益的。从计算的角度来看，在某些情况下简单但稍微不准确的模型比完美但极其复杂的模型更好。当智能体试图学习反射组件或效用函数时，需要外部标准的信息。从某种意义上讲，性能标准将传入感知的一部分区分为奖励或惩罚，以提供对智能体行为质量的直接反馈。

一般来说，人类的选择可以提供有关人类偏好的信息。例如，假设出租车不知道人们通常不喜欢噪声，于是决定不停地按喇叭以确保行人知道它即将到来。随之而来的人类行为，如盖住耳朵、说脏话甚至可能剪断喇叭上的电线，将为智能体提供更新其效用函数的证据。

总之，智能体有各种组件，这些组件可以在智能体程序中以多种方式表示，因此学习方法之间似乎存在很大差异。然而，主题仍然是统一的：智能体中的学习可以概括为对智能体的各个组件进行修改的过程，使各组件与可用的反馈信息更接近，从而提升智能体的整体性能。

8.4.3　智能体组件的工作

智能体程序由各种组件组成，组件表示了智能体所处环境的各种处理方式。我们通过一个复杂性和表达能力不断增加的方式来描述，即原子表示、因子化表示和结构化表示。例如，考虑一个特定的智能体组件，处理"我的动作会导致什么"。这个组件描述了采取动作的结果可能在环境中引起的变化，如图 8-4 所示。

图 8-4（a）中，原子表示一个状态（如 B 或 C）是没有内部结构的黑盒；图 8-4（b）中因子化表示状态由属性值向量组成，值可以是布尔值、实值或一组固定符号中的一个；

图 8-4（c）中结构化表示状态包括对象，每个对象可能有自己的属性以及与其他对象的关系。

（a）原子表示　　　　（b）因子化表示　　　　（c）结构化表示

图 8-4　表示状态及其转移的 3 种方法

在原子表示中，世界的每一个状态都是不可分割的，它没有内部结构。考虑这样一个任务：通过城市序列找到一条从某个国家的一端到另一端的行车路线。为了解决这个问题，将世界状态简化为所处城市的名称就足够了，这就是单一知识原子，也是一个"黑盒"，唯一可分辨的属性是与另一个黑盒相同或不同。搜索和博弈中的标准算法、隐马尔可夫模型以及马尔可夫决策过程都基于原子表示。

因子化表示将每个状态拆分为一组固定的变量或属性，每个变量或属性都可以有一个值。考虑同一个驾驶问题，即我们需要关注的不仅仅是一个城市或另一个城市的原子位置，可能还需要关注油箱中的汽油量、当前的北斗导航坐标、油量警示灯是否工作、通行费、收音机频道等。两个不同的原子状态没有任何共同点（只是不同的黑盒），但两个不同的因子化状态可以共享某些属性（如位于某个导航位置），而其他属性不同（如有大量汽油或没有汽油），这使得研究如何将一种状态转换为另一种状态变得更加容易。人工智能的许多重要领域都基于因子化表示，包括约束满足算法、命题逻辑、规划、贝叶斯网络以及各种机器学习算法。

此外，还需要将世界理解为存在着相互关联的事物，而不仅仅是具有值的变量。例如，我们可能注意到前面有一辆卡车正在倒车进入一个奶牛场的车道，但一头奶牛挡住了卡车的路。这时就需要一个结构化表示，可以明确描述诸如奶牛和卡车之类的对象及其各种不同的关系。结构化表示是关系数据库和一阶逻辑、一阶概率模型和大部分自然语言理解的基础。事实上，人类用自然语言表达的大部分内容都与对象及其关系有关。

8.5　构建大模型智能体

尽管能力出色，但大模型还只是被动的工具，它们依赖简单的执行过程，无法直接当智能体使用。智能体机制具有主动性，特别是在与环境的交互、主动决策和执行各种任务方面。另外，智能体通过挖掘大模型的潜在优势，可以进一步增强决策制定。特别是使用人工、环境或模型来提供反馈，使得智能体可以具备更深思熟虑和自适应的问题解决机制，超越大模型现有技术的局限。可以说，智能体是真正释放大模型潜能的关键，它能为大模型核心提供强大的行动能力；而另一方面，大模型能提供智能体所需要的强大引擎。可以说，大模型和智能体可以互补而相互成就。

智能体根据设定的目标，确定好需要履行特定角色，自主观测感知环境，根据获得的环境状态信息检索历史记忆和相关知识，通过推理规划分解任务并确定行动策略，并反馈作用于环境，以达成目标。在这个过程中，智能体持续学习，像人类一样不断进化。基于大模型来构建一个智能体，能充分地利用大模型的各种能力，驱动不同的组成单元，如图 8-5 所示。

图 8-5　基于大模型的智能体应用

智能体本身包括观测感知模块、记忆检索、推理规划和行动执行等模块。它呈现强大能力的关键在于系统形成反馈闭环，使智能体可以持续地迭代学习，不断地获得新知识和能力。反馈除了来自环境外，还可以来自人类和语言模型。智能体不断积累必要的经验来增强改进自己，以显著提高规划能力并产生新的行为，以越来越适应环境并符合常识，更加圆满地完成任务。

在执行任务过程中的不同阶段，基于大模型的智能体通过提示等方式与大模型交互获得必要的资源和相关结果。

作　　业

1. 智能体是人工智能领域中一个很重要的概念，它是指能（　　）的软件或者硬件实体，任何独立的能够思考并可以同环境交互的实体都可以抽象为智能体。

　　A. 独立计算　　　B. 关联处理　　　C. 自主活动　　　D. 受控移动

2. 基于 Transformer 架构的大模型成为智能体装备的拥有广泛任务能力的"大脑"，从（　　）到行动都使智能体展现出前所未有的能力。

　　①推理　　　　②规划　　　　③分析　　　　④决策

　　A. ①②④　　　B. ①③④　　　C. ①②③　　　D. ②③④

3. 通过（　　）感知环境并通过（　　）作用于该环境的事物都可以视为智能体。

　　A. 执行器，传感器　　　　　　B. 传感器，执行器
　　C. 分析器，控制器　　　　　　D. 控制器，分析器

4. 术语（　　）用来表示智能体的传感器知觉的内容。一般而言，一个智能体在任何给定时刻的动作选择，可能取决于其内置知识和迄今为止观察到的整个信息序列。

　　A. 感知　　　　B. 视线　　　　C. 关联　　　　D. 体验

5. 在内部，人工智能体的（　　）将由（　　）实现，区别这两种观点很重要，前者是一种抽象的数学描述，而后者是一个具体的实现，可以在某些物理系统中运行。

　　A. 执行器，服务器　　　　　　B. 服务器，执行器
　　C. 智能体程序，智能体函数　　D. 智能体函数，智能体程序

6. 事实上，机器没有自己的欲望和偏好，至少在最初，（　　）是在机器设计者的头脑中或者是在机器受众的头脑中。
    A. 感知条件　　　B. 视觉效果　　　C. 性能度量　　　D. 体验感受

7. 对智能体来说，任何时候，理性取决于对智能体定义成功标准的性能度量以及（　　）等四方面。
    ① 在物质方面的积累　　　　② 对环境的先验知识
    ③ 可以执行的动作　　　　　④ 到目前为止的感知序列。
    A. ①②③　　　B. ②③④　　　C. ①②④　　　D. ①③④

8. 在设计智能体时，第一步始终是尽可能完整地指定任务环境，包括传感器以及（　　）。
    ① 性能　　　② 环境　　　③ 函数　　　④ 执行器
    A. ①②④　　　B. ①③④　　　C. ①②③　　　D. ②③④

9. 如果智能体的传感器能让它在每个时间点都能访问环境的完整状态，就说任务环境是（　　）的。
    A. 有限可观测　　B. 非可观测　　C. 有效可观测　　D. 完全可观测

10. 在（　　）环境中，通信通常作为一种理性行为出现：在某些竞争环境中，随机行为是理性的，因为它避免了一些可预测性的陷阱。
    A. 单智能体　　　B. 多智能体　　　C. 复合智能体　　　D. 离线智能体

11. 如果环境的下一个状态完全由当前状态和智能体执行的动作决定，就说环境是（　　）。
    A. 静态的　　　B. 动态的　　　C. 确定性的　　　D. 非确定性的

12. 假设某个程序将运行在具有物理传感器和执行器的计算设备上，就称之为（　　）。通常，架构使程序可以使用来自传感器的感知，然后运行程序，并将程序生成的动作反馈给执行器。
    A. 智能体架构　　B. 自动系统　　C. 执行装置　　D. 智能系统

13. 因为环境中没有其他可用信息，所以智能体程序别无选择，只能将（　　）作为输入。
    A. 智能架构　　　B. 智能函数　　　C. 感知历史　　　D. 当前感知

14. 有简单反射型智能体和基于（　　）的反射型智能体等基本的智能体程序，它们几乎体现了所有智能系统的基本原理，每种智能体程序以特定的方式组合特定的组件来产生动作。
    ① 模型的　　　② 目标的　　　③ 成本的　　　④ 效用的
    A. ①③④　　　B. ①②④　　　C. ①②③　　　D. ②③④

15. 转移模型和传感器模型结合在一起，让智能体能够在传感器受限的情况下尽可能地跟踪世界的状态。使用此类模型的智能体称为基于（　　）的智能体。
    A. 成本　　　B. 效用　　　C. 模型　　　D. 目标

16. 任何类型的智能体都可以构建成学习型智能体，其优势在于让智能体能够在最初未知的环境中运作，并变得比其最初的能力更强。学习型智能体可分为（　　）和评估者等四个概念组件。
    ① 成本元素　　　② 性能元素　　　③ 学习元素　　　④ 问题生成器

A. ①③④ B. ①②④ C. ①②③ D. ②③④

17. 智能体通过挖掘大模型的潜在优势，可以进一步增强决策制定，特别是使用（   ）来提供反馈，使得智能体可以具备自适应的问题解决机制，超越大模型现有技术的局限。

① 函数 ② 人工 ③ 环境 ④ 模型

A. ②③④ B. ①②③ C. ①②④ D. ①③④

18. 一方面，智能体是真正释放大模型潜能的关键，它能为大模型核心提供强大的（   ）；而另一方面，大模型能提供智能体所需要的（   ）。

A. 物质资金，物理能量 B. 行动能力，强大引擎
C. 强大引擎，行动能力 D. 物理能量，物质资金

19. 智能体根据（   ）确定需要履行的角色，自主观测感知环境，根据环境状态信息检索历史记忆和相关知识，通过推理规划分解任务并确定行动策略，作用于环境，以达成目标。

A. 自主选择 B. 随机动作 C. 角色要求 D. 设定的目标

20. 智能体本身包括观测感知模块、（   ）等模块。它呈现强大能力的关键在于系统形成反馈闭环，使智能体可以持续地迭代学习，不断地获得新知识和能力。

① 记忆检索 ② 科学计算 ③ 推理规划 ④ 行动执行

A. ②③④ B. ①②③ C. ①③④ D. ①②④

【实训与思考】人形机器人创业独角兽 Figure AI

2024 年初，刚成立不到两年的机器人初创公司 Figure AI 就宣布获得融资，成为机器人领域的又一个独角兽。其背后的投资者包括 OpenAI、微软、英伟达和亚马逊创始人杰夫·贝佐斯。

Figure 成立于 2022 年，创立不到一年就披露了旗下第一款产品 Figure 01——一个会走路的人形机器人，如图 8-6 所示。2024 年 2 月 20 日，这个机器人已经学会搬箱子（见图 8-7），并运送到传送带上，但速度目前只有人类的 16.7%。

图 8-6　会走路的人形机器人 Figure 01

图 8-7　人形机器人 Figure 01 搬箱子

这家公司的目标是开发自主通用型人形机器人，代替人类做不受欢迎或危险的工作。该公司称，"我们公司的征程将需要几十年的时间，"我们面临着很高的风险和极低的成功

机会。然而，如果我们成功了，就有可能对人类产生积极影响，并建立地球上最大的公司。一个只能执行特定任务的机器，现在市面上已经出现，但一个可以服务数百万种任务的人形机器人，还只存在于科幻作品中，而这就是 Figure 的目标。

据 Figure 创始人布雷特·阿德考克介绍，在系统硬件上，现在团队的任务是开发拥有人类机体能力的硬件，机体能力根据运动范围、有效负载、扭矩、运输成本和速度衡量，并将通过快速的开发周期持续改进。他声称："我们希望我们是首批将一种真正有用且可以进行商业活动的人形机器人引入市场的团队之一。"

Figure 计划使用机器人的传感器数据训练自己的视觉语言模型，以改善语义理解和高级行为。Figure 01 学会做咖啡时，公司称其背后引入了端到端神经网络，机器人学会自己纠正错误，训练时长为 10 小时。Figure 公司确定了机器人在制造、航运和物流、仓储以及零售等面临迫切劳动力短缺的行业中的应用。公司的目标是将人形机器人投入到劳动力中。

有了人工智能的加持，人形机器人是否能摆脱华而不实的噱头演示或许尚有距离，但相较昨日，更多资金、幻想家和实践者正在涌入这一领域。

1. 实训目的

（1）理解智能体是人工智能领域中一个很重要的概念，熟悉智能体与智能代理的定义。

（2）了解大模型对于智能体的作用及其相互关系。

（3）熟悉投入数十年发展人形机器人的现实意义，熟悉当前主要的人形机器人产品。

2. 实训内容与步骤

（1）请仔细阅读本课内容，熟悉智能体与智能代理的概念，了解大模型对于发展人形机器人的现实意义。

（2）请通过网络搜索，进一步了解当前人形机器人发展的成果，并请简单综述和记录。

答：_____

_____

_____

3. 实训总结

_____

_____

_____

_____

4. 实训评价（教师）

_____

_____

第 9 课
强化学习方法

● **学习目标**

（1）熟悉强化学习方法及其主要概念。
（2）熟悉强化学习的知识基础。
（3）熟悉深度强化学习知识。

● **学习难点**

（1）强化学习基础知识。
（2）深度强化学习。

● **素质要素**

（1）伦理与责任意识：讨论强化学习算法在实际应用中可能引发的伦理问题，如隐私侵犯、决策偏见等，教育学生在设计和实施强化学习系统时，应充分考虑其对社会、环境和个体的潜在影响，培养其伦理判断能力和责任感。

（2）团队协作与集体主义精神：强化学习项目往往需要跨学科合作，通过团队项目和案例分析，强调团队协作的重要性，培养学生在集体中发挥作用的能力，以及为达成共同目标而努力的集体主义精神。

（3）创新与实践能力：鼓励学生在学习强化学习基本原理的基础上，勇于创新，通过实践项目和实验，将理论知识应用于解决实际问题，培养学生的创新思维和动手能力，为科技进步和社会发展贡献力量。

（4）科学精神与批判性思维：在教授强化学习算法原理时，强调科学方法和批判性思维的培养，教育学生客观分析问题，基于证据和逻辑做出判断，而不是盲目迷信技术或权威观点。

通过有监督微调，大语言模型初步具备了遵循人类指令完成各类型任务的能力。然而，有监督微调需要大量指令和对应的高质量的标准回复，因此会耗费许多人力和时间成本。由于有监督微调通常目标是调整参数使模型输出与标准答案完全相同，不能从整体上对模型输出质量进行判断，因此，模型不能适应自然语言的多样性，也不能解决微小变化的敏感性问题。

强化学习则将模型输出文本作为一个整体进行考虑，其优化目标是使模型生成高质量回复。此外，强化学习方法不依赖人工回复，其模型根据指令生成回复，奖励模型针对所生成的回复给出质量判断。强化学习的模型通过生成回复并接收反馈进行学习，可以生成多个答案，奖励模型对输出文本质量进行排序。模型强化学习方法更适合生成式任务，也是大模型构建中必不可少的关键步骤。

9.1 强化学习概述

强化学习的基本元素包括智能体、环境、状态、动作和奖励，其中，智能体和环境间通过奖励、状态、动作三个信号进行交互，不断地根据环境的反馈信息进行试错学习。

强化学习把学习看作试探评价过程。智能体选择一个动作用于环境，环境接受该动作后状态发生变化，同时产生一个强化信号（奖或惩）反馈给智能体，智能体根据强化信号和环境当前状态再选择下一个动作，选择的原则是使受到正强化（奖）的概率增大。选择的动作不仅影响立即强化值，而且影响环境下一时刻的状态及最终的强化值。

9.1.1 强化学习的定义

1997年，当"深蓝"击败国际象棋世界冠军加里·卡斯帕罗夫时，人们就把抵御的希望寄托在了围棋上。当时，天体物理学家，也是围棋爱好者的皮特·赫特曾预测称："计算机在围棋上击败人类需要一百年的时间（甚至可能更久）。"但实际上仅仅20年后，阿尔法狗（AlphaGo）就超越了人类棋手。阿尔法狗得益于对人类棋手过去数十万场棋局的研究以及对团队中围棋专家的知识的提炼。

后继项目AlphaZero不再借助于人类输入，它通过游戏规则自我学习，在围棋、国际象棋和日本将棋领域中击败了包括人类和机器在内的所有对手。与此同时，人类选手也在各种游戏中被人工智能系统击败，包括《危险边缘》、扑克以及电子游戏《刀塔2》《星际争霸11》《雷神之锤3》。这些进展显示了强化学习的巨大作用。

强化学习让智能体在环境中通过分析数据来学习，每个行动对应于各自的奖励。智能体关注不同情况下应该做怎样的事情——这样的学习过程和人类的自然经历十分相似。例如：

想象一个小孩子第一次看到火，他小心地走到火边。

- 感受到了温暖。火是个好东西（+1）。
- 然后，试着去摸。哇，这么烫（-1）。

这个尝试所得到的结论是，在稍远的地方火是好的，靠得太近就不好——这是人类与环境交互的学习方式，强化学习也是这样的道理。

例如，智能体要学着玩一个新的游戏，强化学习过程可以用一个循环来表示：

（1）智能体在游戏环境中获得初始状态S0（游戏的第一帧）。

（2）在S0的基础上，智能体做出第一个行动A0（如向右走）。

（3）环境变化，获得新的状态S1（A0发生后的某一帧）。

（4）环境给出第一个奖励 R1（没死或成功：+1）。

于是，这个回合输出的就是一个由状态、奖励和行动组成的序列，而智能体的目标就是让预期累积奖励最大化。

强化学习是机器学习的一个分支，它是一种广泛应用于创建智能系统的学习模式，在描述和解决智能体与环境的交互过程中，以"试错"方式，通过学习策略达成回报最大化或实现特定目标问题。强化学习侧重于在线学习并试图在探索和利用之间保持平衡，其目标是使智能体在复杂且不确定的环境中，只依靠对环境的感知和偶尔的奖励，对某项任务变得精通，使未来的奖励最大化，如图 9-1 所示。

图 9-1　强化学习

强化学习基本框架主要由智能体和环境两部分组成。在强化学习过程中，智能体与环境不断交互。智能体在环境中获取某个状态后，会根据该状态输出一个动作，也称为决策。动作会在环境中执行，环境会根据智能体采取的动作，给出下一个状态及当前动作带来的奖励。

由于强化学习涉及的知识面广，尤其是涵盖了诸多数学知识，需要对强化学习有系统性的梳理与认识。强化学习问题主要在信息论、博弈论、自动控制等领域讨论，用于解释有限理性条件下的平衡态、设计推荐系统和机器人交互系统。一些复杂的强化学习算法在一定程度上具备解决复杂问题的通用智能，可以在围棋和电子游戏中达到人类水平。

从严格意义上说，阿尔法狗程序在人机围棋对弈中赢了人类围棋大师，其中深度强化学习起了主要作用。所谓深度强化学习，就是在强化学习中加入深度神经网络。例如，Q 学习是利用传统算法创建 Q 表，帮助智能体找到下一步要采取的行动；DQN 是利用深度神经网络来近似 Q 值。智能系统必须能够在没有持续监督信号的情况下自主学习，而深度强化学习正是其最佳代表，能够带来更多发展空间与想象力。

9.1.2　不同于监督和无监督学习

机器学习方法主要分为监督学习、无监督学习和强化学习。强化学习和监督学习的共同点是两者都需要大量的数据进行学习训练，但学习方式有所不同，所需的数据类型也有差异。监督学习需要多样化的标签数据，强化学习则需要带有回复的交互数据。

与监督和无监督学习的最大不同是，强化学习中并没有给定的一组数据供智能体学习。环境是不断变化的，强化学习中的智能体要在变化的环境中做出一系列动作的决策，结合起来就是策略。强化学习就是通过不断与环境互动（不断试错）和更新策略的过程。

强化学习与监督和无监督学习的不同之处具体有以下五方面：

（1）没有监督者，只有奖励信号。监督学习基于大量作为训练与学习目标的标注数据进行，而强化学习中没有监督者，智能体是从环境的反馈中获得奖励信号。

（2）反馈延迟。实际上是延迟奖励，环境可能不会在每一步动作上都给予奖励，有时候需要完成一连串的动作，甚至是完成整个任务后才能获得奖励。

（3）试错学习。因为没有监督，所以没有直接的指导信息，智能体要与环境不断进行交互，通过试错的方式来获得最优策略。

（4）智能体的动作会影响后续的数据。智能体选择不同动作会进入不同状态。由于强化学习基于马尔可夫决策过程（markov decision process，MDP），指当前状态只与上一个状态有关，与其他状态无关，因此根据下一个时间步获得的状态变化，环境的反馈也会随之发生变化。

（5）时间序列很重要。强化学习更加注重输入数据的序列性，下一个时间步 t 的输入依赖于前一个时间步 t-1 的状态（即马尔可夫属性）。

9.1.3 不同于传统机器学习

一般而言，监督学习是通过对数据进行分析，找到数据的表达模型，随后利用该模型，在新输入的数据上进行决策，它主要分为训练阶段和预测阶段，如图 9-2 所示。在训练阶段，首先根据原始数据进行特征提取（特征工程），之后可以使用决策树、随机森林等机器学习算法去分析数据之间的关系，最终得到关于输入数据的模型。在预测阶段，按特征工程方法抽取数据特征，使用训练阶段得到的模型对特征向量进行预测，最终得到数据所属的分类标签。值得注意的是，验证模型使用验证集数据对模型进行反向验证，确保模型的正确性和精度。

图 9-2 监督学习的一般方法

与监督学习相比，深度学习的一般方法（见图 9-3）少了特征工程，从而大幅降低了业务领域门槛与人力成本。

监督学习只能发生在训练阶段，该阶段会出现一个监督信号（即具有学习的能力，数学上称为"差分信号"）。例如，在语音识别任务中，需要收集大量的语音语料数据和该语料对应标注好的文本内容。有了原始的语音数据和对应的语音标注数据后，可通过监督学习方法收集数据中的模式，如对语音分类、判别该语音音素所对应的单词等。

图 9-3 深度学习的一般方法

上述标注语音文本内容相当于一个监督信号，训练完成后，预测阶段不需要该监督信号，生成的语言识别模型用作新数据的预测。如果想要修改监督信号，则需要对语言识别模型进行重新训练，但监督学习的训练阶段非常耗时。

强化学习与监督学习不同，其学习过程与生物的自然学习过程非常类似。具体而言，智能体在与环境的互动过程中，通过不断探索与试错的方式，利用基于正/负奖励的方式进行学习。

9.1.4 大模型的强化学习

强化学习在大模型上的重要作用可以概括为以下几方面：

（1）相较于监督学习，强化学习更有可能考虑整体影响。

监督学习针对单个词元进行反馈，其目标是要求模型针对给定的输入给出确切的答案；而强化学习针对整个输出文本进行反馈，不针对特定词元。反馈粒度不同，使强化学习更适合大模型，既可以兼顾多样性表达，又可以增强对微小变化的敏感性。自然语言十分灵活，可以用多种不同的方式表达相同的语义。

另外，有监督微调通常采用交叉熵损失作为损失函数，由于总和规则，造成这种损失对个别词元变化不敏感。改变个别词元对整体损失产生的影响较小，而一个否定词可以完全改变文本的整体含义。强化学习则可以通过奖励函数同时兼顾多样性和微小变化敏感性两方面。

（2）强化学习更容易解决幻觉问题。

用户在大模型上主要有三类输入：

- 文本型：用户输入相关文本和问题，让模型基于所提供的文本生成答案（例如，"本文中提到的人名和地名有哪些"）。
- 求知型：用户仅提出问题，模型根据内在知识提供真实回答（例如，"流感的常见原因是什么"）。
- 创造型：用户提供问题或说明，让模型进行创造性输出（例如，"写一个关于·的故事"）。

监督学习算法非常容易使得求知型查询产生幻觉，在模型并不包含或者知道答案的情况下，有监督训练仍然会促使模型给出答案。而使用强化学习方法，则可以通过定制奖励函数，将正确答案赋予较高的分数，放弃回答的答案赋予中低分数，不正确的答案赋予非常高的负分,使得模型学会依赖内部知识选择放弃回答,从而在一定程度上缓解模型的幻觉问题。

(3)强化学习可以更好地解决多轮对话奖励累积问题。

多轮对话是大模型重要的基础能力之一。多轮对话是否达成最终目标,需要考虑多次交互过程的整体情况,因此很难使用监督学习的方法来构建。而使用强化学习方法,可以通过构建奖励函数,根据整个对话的背景及连贯性对当前模型输出的优劣进行判断。

9.1.5 先验知识与标注数据

强化学习不需要像监督学习那样依赖先验知识数据。例如线上游戏,越来越多的用户使用移动终端进行游戏,使数据的获取来源更加广泛。例如围棋游戏,围棋的棋谱可以很容易得到,这些棋谱是人类玩家的动作行为记录,如果只用监督学习进行建模,模型学习出的对弈技能很有可能只局限在所收集的有限棋谱内。当出现新的下棋方式时,模型可能会因为找不到全局最优解而使得棋力大减。

强化学习通过自我博弈方式产生更多的标准数据。在强化学习中,如果有基本棋谱,便可以利用系统自我学习和奖励的方式,系统自动学习更多的棋谱或者使用两个智能体进行互相博弈,进而为系统自身补充更多的棋谱信息,不受标注数据和先验知识的限制。强化学习利用较少的训练信息,让系统不断地自主学习,自我补充更多的信息,进而免受监督者的限制。

另外,可以使用迁移学习来减少标注数据的数量,它在一定程度上突破了监督学习中存在的限制,提前在大量标注数据信息中提取高维特征,从而减少后续复用模型的输入数据。迁移学习是把已经训练好的模型参数迁移到新的模型以帮助训练新模型。考虑到大部分数据或任务存在相关性,通过迁移学习可以将已经学到的模型参数(也可理解为模型学到的知识)通过某种方式分享给新模型,进而不需要从零开始学习,加快并优化新模型的学习效率。

9.2 强化学习基础

由于交互方式与人类和环境的交互方式类似,可以认为强化学习是一套通用的学习框架,用来解决通用人工智能问题,因此它也称为通用人工智能的机器学习方法。

9.2.1 基于模型与免模型环境

在强化学习中,按智能体所处的环境,将不同的算法分成两种类型:一种是环境已知,即智能体已经对环境建模,称为基于模型;另一种是环境未知,称为免模型。

(1)基于模型的强化学习。例如,工厂载货机器人通过传感器感应地面上的航线来控制其行走。由于地面上的航线是事先规划好的,工厂的环境也是可控已知的,因此可以将其视为基于模型的任务,如图9-4所示。

图 9-4　基于模型的任务：工厂 AGV 自动载重车

在基于模型的方法中，智能体使用环境的转移模型来帮助解释奖励信号并决定如何行动。模型最初可能是未知的，智能体通过观测其行为的影响来学习模型；或者它也可能是已知的，例如，国际象棋程序可能知道国际象棋的规则，即便它不知道如何选择好的走法。在部分可观测的环境中，转移模型对于状态估计也是很有用的。不过在现实情况下，环境的状态转移概率、奖励函数往往很难提前获取，甚至很难知道环境中一共有多少个状态。

（2）免模型强化学习。例如，汽车的自动驾驶系统，在现实交通环境下，很多事情是无法预先估计的，如路人的行为、往来车辆的行走轨迹等情况，因此可以将其视为免模型的任务。

在这种方式下，智能体不知道环境的转移模型，相反，它直接学习如何采取行为方式，可以使用动态规划法求解，其中主要有动作效用函数学习和策略搜索两种形式，包括蒙特卡罗法、时间差分法、值函数近似、梯度策略等方法。

9.2.2　探索与利用

在强化学习中，"探索"的目的是找到更多关于环境的信息，而"利用"（或者说"开发"）的目的是通过已知的环境信息来使预期累积奖励最大化。也就是说，"探索"是尝试新的动作行为，而"利用"则是从已知动作中选择下一步的行动。也正因如此，有时候会陷入一种困境。例如，小老鼠可以吃到无穷多块分散的奶酪（每块 +1），但在迷宫上方有许多堆在一起的奶酪（+1 000），或者看成巨型奶酪。如果只关心吃了多少，小老鼠就永远不会去找那些大奶酪。它只会在安全的地方一块一块地吃，这样奖励累积比较慢，但它不在乎。如果它跑去远的地方，也许就会发现大奖的存在，但也有可能发生危险。

实际上，"探索"和"利用"哪个重要，以及如何权衡两者之间的关系，是需要深入思考的。在基于模型的环境下，已经知道环境的所有信息（环境完备信息），智能体不需要在环境中探索，而只要简单利用环境中已知信息即可；可是在免模型环境下，探索和利用两者同等重要，既需要知道更多有关环境的信息，又需要针对这些已知信息来提高奖励。

不过，"探索"和"利用"两者本身是矛盾的，因为在实际运行中，算法能够尝试的次数有限，增加探索的次数则利用的次数会降低，反之亦然。这就是强化学习中的探索-利用困境，设计者需要设定一种规则，让智能体能够在探索和利用之间进行权衡。

在求解强化学习问题时，具体还有免模型预测和免模型控制，以及基于模型预测和基于模型控制。"预测"的目的是验证未来——对于一个给定的策略，智能体需要去验证该策略能够到达的理想状态值，以确定该策略的好坏。而"控制"则是优化未来——给出一个初始化策略，智能体希望基于该给定的初始化策略，找到一个最优的策略。

实际上，预测和控制是探索和利用的抽象。预测希望在未知环境中探索更多可能的策略，然后验证其状态值函数。控制对应于利用，希望在未知环境中找到的策略中发现一个最好的。

9.2.3 片段还是连续任务

强化学习的任务分为片段和连续两种：

（1）片段任务：这类任务有个起点和终点，两者之间有一堆状态、一堆行动、一堆奖励和一堆新的状态，它们共同构成了一"集"。

当一集结束，也就是到达终止状态时，智能体会看一下奖励累积了多少，以此评估自己的表现，然后就带着之前的经验开始一局新游戏，并且智能体做决定的依据会更充分一些。

以猫鼠迷宫的一集为例：

- 永远从同一个起点开始。
- 如果被猫吃掉或者走了超过 20 步，则游戏结束。
- 结束时得到一系列状态、行动、奖励和新状态。
- 算出奖励的总和（看看表现如何）。
- 更有经验地开始新游戏。

集数越多，智能体的表现会越好。

（2）连续任务：游戏永远不会结束。智能体要学习如何选择最佳的行动，和环境进行实时交互，就像自动驾驶汽车。这样的任务是通过时间差分学习来训练的，每一个时间步都会有总结学习，并不是等到一集结束再分析结果。

9.2.4 网络模型设计

强化学习的基本组成元素定义如下：

（1）智能体：强化学习的本体，作为学习者或者决策者。

（2）环境：强化学习智能体以外的一切，主要由状态集组成。

（3）状态：表示环境的数据。状态集是环境中所有可能的状态。

（4）动作：智能体可以做出的动作。动作集是智能体可以做出的所有动作。

（5）奖励：智能体在执行一个动作后，获得的正/负奖励信号。奖励集是智能体可以获得的所有反馈信息，正/负奖励信号亦可称作正/负反馈信号。

（6）策略：从环境状态到动作的映射学习，该映射关系称为策略。通俗地说，智能体选择动作的思考过程即为策略。

（7）目标：智能体自动寻找在连续时间序列里的最优策略，通常指最大化长期累积奖励。

在强化学习中，每一个自主体由两个神经网络模块组成，即行动网络和评估网络，如图 9-5 所示。行动网络是根据当前的状态而决定下一个时刻施加到环境上去的最好动作。

对于行动网络，强化学习算法允许它的输出节点进行随机搜索，有了来自评估网络的内部强化信号后,行动网络的输出节点即可有效地完成随机搜索,并且大幅提高选择好的动作的可能性,同时可以在线训练整个行动网络。

用一个辅助网络来为环境建模,评估网络可单步和多步预报当前由行动网络施加到环境上的动作强化信号,根据当前状态和模拟环境预测其标量值。可以提前向行动网络提供有关候选动作的强化信号,以及更多的奖惩信息(内部强化信号),以减少不确定性并提高学习速度。

强化学习使人们从手动构造行为和标记监督学习所需的大量数据集(或不得不人工编写控制策略)中解脱了出来,它在机器人技术的应用中特别有价值。该领域需要能够处理连续、高维、部分可观测环境的方法,在这样的环境中,成功的行为可能包含成千上万的基元动作。

图 9-5　强化学习的网络模型设计

9.3　强化学习分类

强化学习中,智能体在没有"老师"的情况下,通过考虑自己的最终成功或失败,根据奖励与惩罚,主动地从自己的经验中学习,以使未来的奖励最大化。

按给定条件,除了基于模型和免模型,还有主动和被动强化学习。强化学习的变体包括逆向强化学习、阶层强化学习和部分可观测系统的强化学习。求解强化学习问题所使用的算法可分为策略搜索算法和值函数算法两类。在强化学习中使用深度学习模型,形成深度强化学习。

9.3.1　从奖励中学习

考虑学习下国际象棋的问题。首先考虑监督学习,下棋智能体函数把棋盘局面作为输入并返回对应的棋子招式,因此,通过为它提供关于国际象棋棋盘局面的样本来训练此函数,其中每个样本都标有正确的走法。假设恰好有一个可用数据库,其中包括数百万局象棋大师的对局,每场对局都包含一系列的局面和走法。除少数例外,一般认为获胜者的招式即便不总是完美的,但也是较好的,因此得到一个很有前途的训练集。问题在于,与所有可能的国际象棋局面构成的空间(约 10^{40} 个)相比,样本相当少(约 10^8 个)。在新的对局中,人们很快就会遇到与数据库中明显不同的局面,此时经过训练的智能体很可能会失效——不仅是因为它不知道自己下棋的目标是什么(把对手将死),甚至不知道这些招式对棋子的局面有什么影响。当然,国际象棋只是真实世界的一小部分。对于更加实际的问题,需要更大的专业数据库,而它们实际上并不存在。

取而代之的另一种选择是使用强化学习,在这种学习中,智能体与世界进行互动,并不时收到反映其表现的奖励(强化)。例如,在国际象棋中,获胜的奖励为 1,失败的奖励为 0，平局的奖励为 1/2。强化学习的目标也是相同的：最大化期望奖励总和。想象一下你正在玩一个不了解规则的新游戏，那么在采取若干个行动后，裁判会告诉"你输了"。这个简单例子就是强化学习的一个缩影。

从设计者的角度来看，向智能体提供奖励信号通常比提供有标签的行动样本要容易得多。首先，奖励函数通常非常简洁且易于指定；它只需要几行代码就可以告诉国际象棋智能体这局比赛是赢了还是输了，或者告诉赛车智能体它赢得或输掉了比赛，或者它崩溃了。其次，不必是相关领域的专家，即不需要能在任何情况下提供正确动作，但如果试图应用监督学习的方法，这些将是必要的。

事实证明，一些专业知识对强化学习会有很大的帮助。考虑国际象棋和赛车比赛的输赢奖励（被称为稀疏奖励），在绝大多数状态下，智能体根本没有得到任何有信息量的奖励信号。网球和板球等游戏中可以轻松地为每次击球得分与跑垒得分提供额外的奖励。在赛车比赛中，可以奖励在赛道上朝着正确方向前进的智能体。在学习爬行时，任何向前的运动都是一种进步。这些中间奖励将使学习变得更加容易。

只要可以为智能体提供正确的奖励信号，强化学习就提供了一种非常通用的构建人工智能系统的方法。对模拟环境来说尤其如此，因为在这种情况下，我们不乏获得经验的机会。在强化学习系统中引入深度学习作为工具，也使新的应用成为可能，其中包括从原始视觉输入学习玩电子游戏、控制机器人和玩纸牌游戏。

9.3.2 被动与主动强化学习

考虑一个简单情形：有少量动作和状态，且环境完全可观测，其中智能体已经有了能决定其动作的固定策略。智能体将尝试学习效用函数——从状态出发，采用策略得到的期望总折扣奖励，称为被动学习智能体。被动学习任务类似于策略评估任务，可以将其表述为直接效用估计、自适应动态规划和时序差分学习。

被动学习智能体用固定策略来决定其行为，而主动学习智能体可以自主决定采取什么动作。从自适应动态规划智能体入手，考虑如何对它进行修改以利用这种新的自由度。智能体首先需要学习一个完整的转移模型，其中包含所有动作可能导致的结果及概率，而不仅仅是固定策略下的模型。

9.3.3 学徒学习

假设效用函数可以用表格形式表示，其中每个状态有一个输出值。这种方法适用于状态多达 10^6 的状态空间，这对处在二维网格环境中的玩具模型来说足够了。但在有更多状态的现实环境中，其收敛速度会很慢。双陆棋比大多数真实世界的应用简单，但它的状态已经多达约 10^{20} 个。我们不可能为了学习如何玩游戏而简单地访问每一个状态。

一些领域过于复杂，以至于很难在其中定义强化学习所需的奖励函数。例如，我们到底想让自动驾驶汽车做什么？当然，希望它到达目的地花费的时间不要太长，但它也不应开得太快，以免带来不必要的危险或超速罚单；应该节省能源；应该避免碰撞或由于突然变速给乘客带来剧烈晃动，但它仍可以在紧急情况下制动，等等，为这些因素分配权重比较困难。更糟糕的是，人们几乎必然会忘记一些重要的因素，例如它有义务为其他驾驶员着想。忽略一个因素通常会导致学习系统为被忽略的因素分配一个极端值，在这种情况下，汽车可能会为了使剩余的因素最大化而进行极不负责任的驾驶。

一种解决问题的方法是在模拟中进行大量的测试并关注有问题的行为，再尝试通过修改奖励函数以消除这些行为。另一种解决方法是寻找有关适合的奖励函数的其他信息来源。这种信息来源之一是奖励函数已经完成优化（或几乎完成优化）的智能体的行为，在这个例子中来源可以是专业的人类驾驶员。

学徒学习研究这样的问题：在提供一些对专家行为观测的基础上，如何让学习表现得较好。以专业驾驶算法为例，告诉学习者"像这样去做"。至少有两种方法来解决学徒学习问题。

第一种方法：假设环境是可观测的，对观测到的状态-动作对应于监督学习方法以学习其中的策略，称作模仿学习。它在机器人技术方面取得了成果，但也面临学习较为脆弱这类问题：训练集中的微小误差将随着时间累积增长，并最终导致学习失败。并且，模仿学习最多只能复现教师的表现，而不能超越。模仿学习者常常不明白为什么它应该执行指定的动作。

第二种方法旨在理解原因：观察专家的行为（和结果状态），并试图找出专家最大化的奖励函数，然后可以得到一个关于这个奖励函数的最优策略。人们期望这种方法能从相对较少的专家行为样本中得到较为健壮的策略，毕竟强化学习本身是基于奖励函数（而不是策略或价值函数）是对任务最简洁、最健壮和可迁移的定义这样一种想法的。此外，如果学习者恰当地考虑了专家可能存在的次优问题，那么通过优化真实奖励函数的某个较为精确的近似函数，学习者可能会比专家表现得更好。我们称该方法为逆强化学习：通过观察策略来学习奖励，而不是通过观察奖励来学习策略。

9.4 深度强化学习

对于强化学习来说，很多实际应用问题的输入数据是高维的，例如，对于自动驾驶算法，要根据当前的画面决定汽车的行驶方向和速度。经典的强化学习算法如 Q 学习，需要列举出当前所处环境所有可能的情况（称为状态）和动作，构建一个 Q 函数二维表，然后迭代计算各种状态下执行各种动作的预期最大值。这对于高维的输入数据显然是不现实的，因为维数高则状态数量太多。一种解决方案是从高维数据中抽象出特征作为状态，但这种做法很大程度上依赖于人工特征的设计，而且从画面中提取目标位置、速度等信息也非常困难。

用一个函数来逼近价值函数或策略函数成为解决这个问题的另一种思路，函数的输入是原始的状态数据，函数的输出是价值函数值或策略函数值。类似于有监督学习，也可以用神经网络来拟合强化学习中的价值函数和策略函数，这就是深度强化学习的基本思想。

早在 1995 年就有人进行神经网络与强化学习的结合尝试，人们用强化学习的 TD-gammon 算法来玩双陆棋，取得了比人类选手更好的成绩。但后来将这种算法用于国际象棋、围棋、跳棋时，效果却非常差。分析表明，将 Q 学习这样的免模型强化学习算法与非线性价值函数逼近结合使用时，会导致训练时 Q 网络无法收敛到 Q 函数极大值。

深度学习出现之后,将深度神经网络用于强化学习是一个很自然的想法。在计算机视觉、语音识别领域,深度神经网络可以直接从场景数据如图像、声音中学习到高层特征,实现端到端的学习,这比人工设计的特征更为强大和通用。

基于价值函数的深度强化学习的典型代表是 DQN(深度 Q 网络),由 DeepMind 公司在 2013 年提出,2015 年其改进型发表在《自然界》杂志上。DQN 算法是深度强化学习真正意义上的开山之作,这篇文章用 Atari 游戏对算法进行了测试,算法用深度卷积神经网络拟合价值函数(Q 函数),一般是 Q 函数。Q 网络的输入为经过处理后的原始游戏场景数据(最近 4 帧游戏画面),输出为在这种状态下执行各种动作时所能得到的 Q 函数的极大值。网络结构如图 9-6 所示。

图 9-6　用深度卷积神经网络拟合 Q 函数的网络结构

实验结果证明了 DQN 的收敛性,另外在实验中还比较了 DQN 与其他各种算法,以及人类选手的性能。在绝大部分游戏上,DQN 超过了之前最好的算法,在部分游戏上,甚至超过了人类玩家的水平。

DQN 实现了端到端学习,无须人工提取状态和特征,整合了深度学习与强化学习,深度学习用于感知任务,可以解决复杂环境下的决策问题,方法具有通用性。

DQN 中的深度神经网络是卷积神经网络,不具有长时间的记忆能力。为此,有人提出了一种整合了循环神经网络(RNN)的 DQN 算法(DRQN),这种方法在 CNN 的卷积层之后加入了循环层(LSTM 单元),能够记住之前的信息。

作　　业

1. 通过有监督微调,大模型已经初步具备了遵循人类指令完成各类型任务的能力,它通常的目标是(　　)使模型输出与标准答案完全相同。

　　A. 扩大规模　　　　B. 调整参数　　　　C. 压缩维度　　　　D. 强化训练

2. 强化学习将模型输出文本作为一个(　　)进行考虑,其优化目标是使模型生成高质量回复。

A. 个案　　　　B. 典型　　　　C. 局部　　　　D. 整体
3. 强化学习方法更适合（　　）任务，是大模型构建中必不可少的关键步骤。
  A. 生成式　　　B. 启发式　　　C. 研究性　　　D. 简单化
4. 在围棋比赛中，阿尔法狗系统得益于对人类棋手过去数十万场棋局的研究以及对团队中围棋专家的知识提炼。而后继项目 AlphaZero 系统则是通过游戏规则（　　）获得成功。
  A. 选择路径　　B. 修改算法　　C. 自我学习　　D. 指导选手
5. 强化学习的中心思想是让智能体在（　　）学习，每个行动对应于各自的奖励。智能体通过分析数据，关注不同情况下应该做怎样的事情。
  A. 选择时　　　B. 环境里　　　C. 计算中　　　D. 控制下
6. 强化学习是机器学习中一种广泛应用于创建（　　）的模式，其主要问题是：一个智能体如何在环境未知，只提供对环境的感知和偶尔的奖励情况下，对某项任务变得精通。
  A. 数据环境　　B. 搜索引擎　　C. 智能系统　　D. 事务系统
7. 强化学习侧重在线学习并试图在探索-利用间保持平衡，用于描述和解决智能体在与环境的交互过程中，以"（　　）"的方式，通过学习策略达成回报最大化或实现特定目标的问题。
  A. 试错　　　　B. 分析　　　　C. 搜索　　　　D. 奖励
8. 在强化学习中，（　　）选择一个动作用于环境，环境接受该动作后状态发生变化，同时产生一个强化信号（奖或惩）反馈给智能体。
  A. 专家　　　　B. 学习者　　　C. 智能体　　　D. 复合体
9. 强化学习的常见模型是标准的（　　）。
  A. 马尔可夫决策过程　　　　　　B. 先验标注数据
  C. 逆强化学习模型　　　　　　　D. 马尔代夫分析模型
10. 强化学习主要由智能体和环境组成，两者间通过（　　）三个信号进行交互。
  ① 奖励　　　② 状态　　　③ 反馈　　　④ 动作
  A. ②③④　　　B. ①②③　　　C. ①③④　　　D. ①②④
11. 在强化学习中，每一个自主体由两个神经网络模块组成，即（　　）。
  A. 马尔可夫决策和马尔代夫分析　　B. 行动网络和评估网络
  C. 逆强化学习和顺优选函数　　　　D. 先验知识和标注数据
12. （　　）是根据当前的状态而决定下一个时刻施加到环境上去的最好动作。
  A. 评估网络　　B. 学习者　　　C. 行动网络　　D. 复合体
13. 强化学习和监督学习的共同点是两者都需要大量的（　　）进行学习训练，但两者的学习方式不尽相同，两者所需的数据类型也有差异。
  A. 数据　　　　B. 程序　　　　C. 行为　　　　D. 资源
14. 一般而言，（　　）是通过对数据进行分析，找到数据的表达模型，随后利用该模型，在新输入的数据上进行决策。
  A. 简单学习　　B. 强化学习　　C. 无监督学习　　D. 监督学习
15. 在基于模型的强化学习中，智能体使用环境的（　　）来帮助解释奖励信号并决定如何行动。

　　A．动态规划　　　B．转移模型　　　C．奖励模型　　　D．策略模型

16．在免模型强化学习中，智能体直接学习如何采取行为方式，使用（　　）法求解。

　　A．动态规划　　　B．转移模型　　　C．奖励模型　　　D．策略模型

17．从系统设计者的角度来看，向智能体提供（　　）通常比提供有标签的行动样本要容易得多。在这种学习中，智能体与世界就其反映表现进行互动。

　　A．动态规划　　　B．环境参数　　　C．奖励信号　　　D．效用函数

18．考虑这样的情形：有少量动作和状态，且环境完全可观测，其中智能体已经有能力决定其动作的固定策略。智能体将尝试学习（　　）——从状态出发，采用策略得到的期望总折扣奖励。

　　A．动态规划　　　B．环境参数　　　C．奖励信号　　　D．效用函数

19．某些领域过于复杂，以至于很难在其中定义强化学习所需的奖励函数。（　　）研究这样的问题：在提供了一些对专家行为观测的基础上，如何让学习表现得较好。

　　A．逆强化学习　　B．学徒学习　　　C．专业学习　　　D．效用调度

20．通过优化真实奖励函数的某个较为精确的近似函数，学习者可能会比专家表现得更好，我们称该方法为（　　）：通过观察策略来学习奖励，而不是通过观察奖励来学习策略。

　　A．逆强化学习　　B．学徒学习　　　C．专业学习　　　D．效用调度

💡【实训与思考】熟悉文生视频大模型 Sora

　　2024年2月15日，OpenAI发布了文生视频大模型Sora，揭示了其背后的强大训练思路和详细的技术特性。用户通过输入简短说明文字，Sora就能输出一段时长1分钟、包含多镜头切换、画面元素互动符合真实物理规律的视频（见图9-7）。相比起2023年亮相的其他人工智能视频演示，技术的突破上了一个台阶，Sora的横空出世，进一步证明人工智能学习能力的进化。

图 9-7　小狗玩雪的 Sora 示例

　　Sora 与 ChatGPT 背后的支持模型 GPT，其底层技术都是 Transformer 模型。对于大众用户来说，两者的日常使用感受都类似于"发出指令 - 获得反馈"的过程。

　　自文生视频工具 Sora 推出以来，OpenAI 始终在与视觉艺术家、设计师、创意人士以

及电影制作人等各界精英展开合作,共同探讨 Sora 如何助力创作之旅。2024 年 3 月 25 日,OpenAI 公布了首批获得 Sora 访问权限的艺术家创作的视频,艺术家对 Sora 的评价普遍积极,认为它不仅能够创造逼真的视觉效果,而且能带来超现实的创意表现,为故事讲述和艺术创作开辟了新的可能性。Sora 的试用反馈显示其在创意产业中的应用潜力,可能推动行业创新和竞争。

1. 实训目的

(1) 尝试使用文生视频大模型,对比分析文生文、文生图和现在的文生视频大模型的产品成熟度,思考它们的不同应用方向。

(2) 有条件的可以登录闭源大模型(如 Sora),或者在网上查收顺手的开源视频大模型。比较这些产品的异同点。

(3) 积极思考大模型未来的产品应用方向,以及大模型会对各行各业的影响。

2. 实训内容与步骤

(1) 请仔细阅读本课,熟悉强化学习方法的重要知识内容。

(2) 初步应用 OpenAI Sora。Sora 是收费注册的,若不方便注册,可阅读下述步骤。建议在网上搜索一款开源的国内文生视频大模型,注意评价分析该产品。

① 使用前的准备工作。在浏览器中搜索 Sora,获得产品界面,如图 9-8 所示。

图 9-8　Sora 下载界面

② 下载并安装 Sora,如图 9-9 所示。安装后,确保获得 OpenAI 账号和 Sora 的访问权限。

图 9-9　Sora 下载界面

③ 登录 Sora 系统主界面，如图 9-10 所示。

图 9-10　Sora 操作界面

④ 欣赏 Sora 案例。Sora 的应用范围非常广泛，从教育教学、产品演示到内容营销等，都可以通过 Sora 实现高质量的视频内容创作。下面是几个 OpenAI 官方发布的应用案例。

案例 1（见图 9-11）：【提示词】一位时尚的女性走在街头，周围是温暖闪亮的霓虹灯和活力四射的城市标识。她穿着一件黑色皮夹克，一条长长的红色连衣裙，搭配黑色靴子，并背着一个黑色手提包。她戴着墨镜，涂着红色口红。她步履自信，悠然自得地走着。街道潮湿而反光，呈现出丰富多彩的灯光的镜面效果。许多行人在街上走动。

案例 2（见图 9-12）：【提示词】几只巨大的长毛猛犸象踏过一片雪白的草地，它们长长的毛发在微风中轻轻飘动着，远处覆盖着雪的树木和雄伟的雪山，午后的光线下有些薄云，太阳高悬在远方，营造出温暖的光芒。低角度的摄影视角令人惊叹，捕捉到了这些大型毛茸茸的哺乳动物，画面景深感强烈。

图 9-11　Sora 案例：时尚女性

图 9-12　Sora 案例：猛犸象过雪地

案例 3（见图 9-13）：【提示词】参观一个艺术画廊，展示了许多不同风格的精美艺术品。

案例 4（见图 9-14）：【提示词】一个有中国龙的中国农历新年庆祝视频。

⑤ 文本描述。准备好想要转化成视频的文本描述，越详细越好。

登录 OpenAI 的 Sora 账号。在界面的指定区域输入文本描述，可以是一个故事概述、场景描述或是具体的动作指令。

图9-13　Sora案例：艺术画廊

图9-14　Sora案例：中国新年

⑥ 生成视频。完成文本描述和自定义设置后，单击"生成视频"按钮。Sora将开始处理生成请求，这可能需要几分钟时间。完成后，应该可以预览所生成的视频。

⑦ 评价。

评价：□ 完美　　　　　□ 合适　　　　　□ 待提高

-------------------- 请将丰富内容另外附纸粘贴于此 --------------------

3. 实训总结

4. 实训评价（教师）

第 10 课
提示工程技术

● **学习目标**

（1）熟悉人工智能定义及基础知识。
（2）熟悉人工智能实现途径。
（3）熟悉大数据与人工智能发展的关系。

● **学习难点**

（1）大数据与人工智能学科知识的关系。
（2）理解人工智能行为与人工智能发展的关系。

● **素质要素**

（1）伦理道德与责任意识：强调在设计和应用提示工程时，应遵循伦理规范，确保生成内容的准确性、中立性和无害性，避免生成含有偏见、误导或有害信息的文本。教育学生在追求技术进步的同时，应时刻铭记对社会的正面影响，培养其责任感和道德判断力。

（2）隐私保护与数据安全：讲解在处理和使用数据进行提示工程时，应严格遵守数据保护法律法规，尊重个人隐私，确保数据的安全与合规使用。通过案例分析，让学生认识到数据安全的重要性，提升其法律意识和数据伦理观念。

（3）公平性与无偏见：讨论大模型中可能存在的偏见问题，以及如何通过提示工程减少这些偏见，例如通过设计中立提示、多样化数据集训练等方法。培养学生的多元文化意识和社会公正感，促进技术公平。

（4）创新与可持续发展：鼓励在提示工程领域勇于创新，探索新的方法和技术，同时思考技术发展对社会、环境的长期影响，培养可持续发展的观念，使技术进步与社会进步相协调。

大语言模型正在发展成为像水、电一样的人工智能基础设施。像预训练大模型这种艰巨任务通常只会有少数技术实力强、财力雄厚的公司去做，而大多数人则会是其用户。对一般用户来说，掌握用好大模型的技术更加重要。人们已经运用各种技术来从这些大模型系统中提取所需的输出，其中的一些方法会改变模型的行为来更好地贴近人们的期望，而另一些方法则侧重于增强人们查询大模型的方式,以提取更精确、更有关联的信息。提示、微调和检索增强生成等技术是其中应用最广泛的。

表 10-1 对比了提示、微调和检索增强生成方法,帮助读者了解不同方法之间的差异,并决定哪种方法最适合自己的需求。

表 10-1 提示、微调和检索增强生成技术的对比

特 性	提 示	微 调	检索增强生成
所需技能等级	低:需要对如何构建提示有基本的了解	中等到高等:需要了解及其学习原理和模型架构	中等:需要了解机器学习和信息检索系统
成本与资源	低:使用现有模型,计算成本最低	高:训练需要大量计算资源	中等:需要检索系统和模型交互的资源,但需求少于微调
可定制性	低:受到模型预训练知识和用户编写有效提示的能力限制	高:允许对特定域或样式进行广泛的定制	中等:可通过外部数据源进行定制,但定制自由度取决于其质量和相关性
数据需求	无:只利用预先训练好的模型,不需要额外的数据	高:需要大量相关的数据集,才能进行有效的微调	中等:需要访问相关的外部数据库或信息源
升级频率	低:跟随底层模型一起升级	变量:取决于何时使用新数据重新训练模型	高:可以纳入最新的信息
质量	可变:高度依赖于用户编写提示的技巧	高:针对特定数据集进行定制,从而获得更相关、更准确的响应	高:利用上下文相关的外部信息增强响应
用例	一般问答、常用主题、教育目的	专业应用、特定行业需求、定制任务	需要最新信息的情况以及涉及上下文的复杂查询
实现难度	低:利用现有工具和界面直接实现	高:需要深入的设置和训练过程	中等:需要将语言模型与检索系统相结合

选择提示工程、微调工程还是检索增强生成方法,取决于应用项目的具体要求、可用资源和期望的结果。每种方法都有其独特的优势和局限性。提示是易用且经济高效的,但提供的定制能力较少。微调以更高的成本和复杂性提供充分的可定制性。检索增强生成实现了某种平衡,提供最新且与特定领域相关的信息,复杂度适中。

10.1 提示工程的定义

一种新的职位"提示工程师"正在科技媒体上引起轰动,并登上了顶级人工智能公司的职业需求页面。"提示工程"这个术语其实是在近几年里才刚被创造出来的,它是促使大模型取得更好结果的艺术和科学。这些大模型可用于所有类型的语言任务,从起草电子邮件和文档到总结或分类文本都能适用。

本质上,提示是指向大模型提供输入的方法,是与任何大模型交互的最基本方式,如图 10-1 所示。用户可以把提示看作是给模型提供的指令。当你使用提示时,会告诉模型你希望它给反馈什么样的信息。这种方法有点像是学习如何提出正确的问题以获得最佳答案的方法。但是,用户能从中获得的东西是有限的,这是因为模型只能反馈它从训练中获知的内容。

图 10-1 提示方式

大模型的提示工程是一种策略,它关注提示词的开发和优化,用于引导大模型生成高质量、符合预期的输出,帮助用户将语言模型用于各种应用场景和研究领域。掌握提示工程相关技能帮助用户更好地了解大模型的能力和局限性。研究人员可利用提示工程来提高大模型处理复杂任务场景的能力,如问答和算术推理能力以及大模型的安全性。开发人员可通过提示工程设计和实现与大模型或其他生态工具的交互和高效接轨,借助专业领域知识和外部工具来增强大模型能力。随着大模型参数量的剧增和功能的日益强大,如何有效地与这些模型交互以获取有用的信息或创造性的内容变得尤为重要。

(1)设计有效提示:这是指构造问题或指令的方式,目的是最大化模型的响应质量。这包括选择合适的词汇、句式结构,甚至创造上下文环境,以激发模型展示其最佳性能。例如,通过构建问题-回答对,精心设计的提示可以引导模型输出特定类型的内容,如创意写作、代码编写、专业建议等。

(2)领域知识嵌入:为了提高模型在特定领域的表现,提示工程可能会融入该领域的专业知识。这有助于模型更好地理解和生成与该领域相关的高质量内容,如在化学、生物学或法律等专业领域。

(3)提示优化与迭代:通过不同的提示策略,评估模型输出的质量,并据此调整提示,以达到最优效果。这可能包括 A/B 测试、迭代改进以及使用自动化工具来寻找最有效的提示形式。

(4)减少偏见与提高一致性:由于大语言模型可能继承训练数据中的偏见,提示工程也致力于设计减少偏见的提示,以及确保模型输出的一致性和可预测性。这可能涉及制定公平性原则,以及使用特定的提示来测试和校正模型的偏见。

(5)利用提示模板和示例:开发一套提示模板和示例,可以作为引导模型输出的起点。这些模板可以根据不同的应用场景进行定制,帮助用户快速上手并获得期望的结果。

(6)模型交互的界面设计:为了让非技术人员也能高效使用大语言模型,提示工程还包括设计直观易用的用户界面,让用户能够轻松输入提示、调整设置并查看模型的响应。

大模型的提示工程是一个涉及语言学、心理学、计算机科学以及产品设计等多个领域的交叉学科,其目的是通过巧妙设计的输入,最大限度地发挥大模型的潜能,同时确保输出内容的质量、一致性和道德性。

10.2 提示的原理

提示扮演着至关重要的角色,它不仅是用户与人工智能模型(如 ChatGPT)交互的桥梁,也是一种全新的"编程语言",用户通过精心设计的提示指导人工智能模型产生特定的输出,执行各种任务。

提示任务的范围非常广泛,如简单问答、文本生成、复杂的逻辑推理、数学计算和创意写作等。与传统的编程语言相比,提示通常更加即时和互动。用户可以直接在人工智能模型的接口中输入提示并立即看到结果,而无须经过编译或长时间的运行过程。

作为通用人工时代的"软件工程",提示工程涉及如何设计、优化和管理提示内容,以确保人工智能模型能够准确、高效地执行用户的指令,如图 10-2 所示。

图 10-2 提示工程的内容

(1)设计:提示设计需要仔细选择词汇、构造清晰的句子结构,并考虑上下文信息,确保人工智能模型能够准确理解用户的意图并产生符合预期的输出。

(2)优化:优化提示可能涉及调整词汇选择、改变句子结构或添加额外的上下文信息,以提高人工智能模型的性能和准确性。这可能需要多次尝试和迭代,以达到最佳效果。

(3)管理:随着通用人工智能应用的不断增长和复杂化,管理大量的提示内容变得至关重要。这包括组织、存储和检索提示,以便在需要时能够快速找到并使用它们。同时,还需要定期更新和维护这些提示,以适应人工智能模型的改进和变化的需求。

10.2.1 提示构成

一个完整的提示应该包含清晰的指示、相关上下文、有助于理解的例子、明确的输入以及期望的输出格式描述。

(1)指示:对任务的明确描述,相当于给模型下达了一个命令或请求,它告诉模型应该做什么,是任务执行的基础。

(2)上下文:与任务相关的背景信息,有助于模型更好地理解当前任务所处的环境或情境。在多轮交互中,上下文尤其重要,因为它提供了对话的连贯性和历史信息。

(3)示例:给出一个或多个具体示例,用于演示任务的执行方式或所需输出的格式。这种方法在机器学习中称为示范学习,已被证明对提高输出正确性有帮助。

(4)输入:任务的具体数据或信息,它是模型需要处理的内容。在提示中,输入应该被清晰地标识出来，以便模型能够准确地识别和处理。

（5）输出格式：模型根据输入和指示生成的结果。提示中通常会描述输出格式，以便后续模块能够自动解析模型的输出结果。常见的输出格式包括结构化数据格式，如 JSON、XML 等。

10.2.2 提示调优

提示调优是一个人与机器协同的过程，需明确需求、注重细节、灵活应用技巧，以实现最佳交互效果。

（1）人的视角：明确需求。
- 核心点：确保清晰、具体地传达自己的意图。
- 策略：简化复杂需求，分解为模型易理解的指令。

（2）机器的视角：注重细节。
- 核心点：机器缺乏人类直觉，需要详细提供信息和上下文。
- 策略：精确选择词汇和结构，避免歧义，提供完整线索。

（3）模型的视角：灵活应用技巧。
- 核心点：不同模型、情境需要有不同的提示表达方式。
- 策略：通过实践找到最佳词汇、结构和技巧，适应模型特性。

10.3 提示工程

提示输入通常是一组描述如何执行所需任务的指令。例如，要使用 ChatGPT 根据职位描述起草求职信，可以使用以下提示：

"您是一位申请以下职位的申请人。写一封求职信，解释为什么您非常适合该职位。"

这看上去很容易，但研究人员发现，大模型提供的结果在很大程度上取决于给出的具体提示。所以，虽然解释清楚一项任务（例如写求职信）似乎很简单，但简单的调整（例如措辞和格式）变化会极大影响用户收到的模型输出。

提示工程从根本上来说是不断做实验改变提示内容，以了解提示的变化对模型生成内容的影响，因此不需要高级的技术背景。此外，每个使用大模型的用户都可以而且应当成为一名提示工程师。最基本的原因是，提示工程将为大模型的输出带来更好的结果，即使只使用了一些基本技术，也可以显著提高许多常见任务的性能。

由于提示工程的效果很大程度上取决于模型的原始学习水平，所以它可能并不总能提供用户需要的最新或最具体的信息。如果处理的是一般性的主题，或只需要一个快速答案，而不需要太多细节时，提示工程最好用。

提示工程的主要优点如下：

（1）易于使用：不需要高级技术技能，因此可供广大受众使用。
（2）成本效益：由于它使用预先训练好的模型，与微调相比，其所涉及的计算成本极低。
（3）灵活性：用户可以快速调整提示以探索各种输出，而无须重新训练模型。

提示工程存在的主要缺点如下：

（1）不一致：模型响应的质量和相关性可能因提示的措辞而有很大差异。

（2）有限的定制能力：定制模型响应的能力受限于用户制作有效提示的创造力和技巧。

（3）对模型知识的依赖：输出局限于模型在初始训练期间学到的内容上，使其对于高度专业化或最新的信息需求来说效果不佳。

10.3.1 链式思考提示

链式思考提示（chain-of-thought，CoT）又称思维链提示，是一种注重和引导逐步推理的方法。通过将多步骤问题分解为若干中间步骤，构建一系列有序、相互关联的思考步骤，使模型能够更深入地理解问题，并生成结构化、逻辑清晰的回答（见图10-3），使大模型能够解决零样本或少样本提示无法解决的复杂推理任务。

图 10-3　链式思考提示示例

链式思考提示的核心特点如下：

（1）有序性：要求将问题分解为一系列有序的步骤，每个步骤都建立在前一个步骤的基础上，形成一条清晰的思考链条。

（2）关联性：每个思考步骤之间必须存在紧密的逻辑联系，以确保整个思考过程的连贯性和一致性。

（3）逐步推理：模型在每个步骤中只关注当前的问题和相关信息，通过逐步推理的方式逐步逼近最终答案。

所谓"零样本提示"是指通过提示向大模型授予一项任务，而该模型之前未曾见过该任务的数据。即使没有任何示例，大模型也能够通过简单的提示正确执行多步骤推理任务，而这是通过少样本提示方法无法做到的。CoT提示法对于多步骤推理问题、受益于中间解释的任务或只用简单的标准提示技术不足以完成的任务来说是一种有用的技术。

10.3.2 生成知识提示

生成知识提示是一种强调知识生成的方法，通过构建特定的提示语句，引导模型从已有的知识库中提取、整合并生成新的、有用的知识或信息内容。

生成知识提示的核心特点如下：

（1）创新性：旨在产生新的、原创性的知识内容，而非简单地复述或重组已有信息。

（2）引导性：通过精心设计的提示语句，模型被引导去探索、发现并与已有知识进行交互，从而生成新的见解或信息。

（3）知识整合：该过程涉及对多个来源、多种类型的知识进行融合和整合，以形成更全面、深入的理解。

10.3.3 少样本提示

考虑一个想要使用大模型来完成的任务：按内容中表达的情绪来分类客户评论。当大模型通过提示接受一项任务时，如果模型以前没有见过该任务的数据，就称为零样本提示。这个案例中的任务将是零样本分类任务，其中用户向大模型发出对电影评论进行分类的说明。

不过，在针对文本的各种语言任务中，几乎总能通过一些示例或者"少样本提示"来提高性能。在这个案例中，少样本提示方法一开始的做法可能是一样的，但会附加几个期望的输出示例。针对文本的语言任务，通过一些示例可以提高性能，称为少样本提示。

事实上，提供示例可以显著提高模型完成任务的能力。与其他机器学习模型不同，大模型能够执行它们尚未训练过的各种任务，但每种方法都有其自身的局限性。虽然少样本提示对于许多任务来说是一种有效的技术，但在解决更复杂的推理任务时，往往会力不从心。

10.3.4 自一致提示

自一致提示是一种由谷歌研究人员引入的建立在 CoT 基础上的提示技术，这种方法旨在为大模型提供多种推理路径，然后在生成的响应中选择最一致的答案。与 CoT 结合使用时，自一致提示方法会更强大，并可提高复杂推理任务的性能。

自一致方法的三个步骤如下：

（1）使用 CoT 提示语言模型。

（2）从语言模型中采样一组不同的推理路径。

（3）边缘化推理路径以聚合最终答案，并选择最一致的答案。

例如，一个分析电子邮件的示例。假设一家软件咨询公司每天收到数百封电子邮件，但通常大多数是促销内容或垃圾邮件。他们希望将电子邮件分类为重要或不重要两类。

您好！

我相信这封电子邮件会让您感到满意。我们目前正面临严峻挑战，鉴于您在软件工程方面的成功记录，相信您的专业知识可以提供宝贵见解和建议以有助于解决此问题。

能否在您方便的时候尽早安排一次会议，来讨论细节并探讨我们如何合作应对这一挑战？

非常感谢您对此事的及时关注。

此致，

约翰·多伊

现在，将此电子邮件放入提示中，并要求大模型"将上述电子邮件分类为重要或不重要，因为它与软件咨询公司相关。让我们一步一步思考。"然后，可以使用这个提示来生成多个响应，从中选择最一致的响应。

响应 1：电子邮件明确提到组织内部面临严峻挑战，这表明了此事的重要性。我会将这封电子邮件归类为"重要"。

响应 2：电子邮件提到组织内部面临严峻挑战，但他们没有描述问题或挑战。我会将这封电子邮件归类为"不重要"。

响应 3：虽然没有明确说明，但电子邮件的语气和要求立即关注的请求表明了一种紧迫感，强调了及时回应的重要性。我会将这封电子邮件归类为"重要"。

通过探索多种路径，大模型很可能得出正确或很有意义的响应。此外，它可能有助于抵消模型或其训练数据中可能固有的偏差。虽然自一致提示方法在单独使用 CoT 方法没有效果时显示出了改善的结果，但对于需要探索或战略前瞻性的任务来说，它还是不够的。

10.3.5　思维树提示

思维树提示（ToT）是一个超越 CoT 的激励框架，鼓励模型探索多种想法作为使用大模型解决更广泛问题的中间步骤。将复杂思维过程通过树状结构清晰展现，逐级分解主题或问题，形成具有逻辑层次和关联性的思维节点，从而帮助用户更清晰地组织和表达思考过程，如图 10-4 所示。该技术要求大模型在每个级别上考虑多个解决方案，鼓励模型不断评估其结果，规范其决策过程，并增强其对所选解决方案的信心。换句话说，它通过生成中间步骤和潜在的解决方案来形成动态决策，然后对其进行评估以确定它们是否走在正确的道路上。

图 10-4　思维树提示

思维树提示的核心特点如下：

（1）层次性：将思考过程分解为多个层次，每个层次代表不同的思维深度和广度。

（2）关联性：各思维节点之间逻辑联系紧密，形成一个相互关联、互为支撑的思维网络。

（3）可视化：通过将思维过程以树状图的形式展现，增强了思考过程的可视化和直观性。

例如，如果任务是创建一个业务策略，大模型首先为该策略生成多个潜在的初始步骤，然后，当生成初始想法时，可以让模型对每一个想法根据输入的提示来进行自我评价。在此，大模型将评估每个想法或步骤与待解决问题的目标的契合程度。该评估阶段可能会对每个想法进行排名，或者在适当的情况下打分。然后，被评估为不太有用或不太合适的想法可以被丢弃，并且可以扩展剩余的想法。在这个框架中继续类似的自我批评和排名过程，直到做出最终决定。这种技术允许大模型同时评估和追求多条路径。

以下是利用 ToT 框架的一个简化版本的分步过程：

第 1 阶段：头脑风暴——要求大模型在考虑各种因素的同时产生三个或更多选项。

第 2 阶段：评估——要求大模型通过评估其利弊来客观地评估每个选项的潜在成功概率。

第 3 阶段：扩展——要求大模型更深入地研究合适的想法，完善它们，并想象它们在现实世界中的影响。

第4阶段：决策——要求大模型根据生成的评估和场景对每个解决方案进行排名或评分。

对于需要涉及搜索类型的工作、填字游戏甚至创意写作的问题类型，ToT 框架的性能比 CoT 有很大提高。然而，它需要多次提示和多个迭代才能得出最终答案。

10.3.6 提示的通用技巧

以下是设计提示时需要记住的一些技巧：

（1）从简单开始：在设计提示时，记住这是一个迭代过程，需要大量实验来获得最佳结果。使用像 OpenAI 或 Cohere 这样的简单平台是一个很好的起点。

可以从简单提示开始，随着目标获得更好的结果，不断添加更多的元素和上下文。在此过程中对提示进行版本控制至关重要。例子中的具体性、简洁性和简明性通常会带来更好的结果。

当有一个涉及许多不同子任务的大任务时，可以尝试将任务分解为更简单的子任务，并随着获得更好的结果而不断构建。这避免了在提示设计过程中一开始就添加过多的复杂性。

（2）指令：可以使用命令来指示模型执行各种简单任务，如"写入""分类""总结""翻译""排序"等，从而为各种简单任务设计有效的提示。

需要进行大量的实验，以查看哪种方法最有效。尝试使用不同的关键字、上下文和数据尝试不同的指令，看看哪种方法最适合特定的用例和任务。通常情况下，上下文与要执行的任务越具体和相关，效果越好。

也有人建议将指令放在提示开头,用一些清晰的分隔符(如 ###)来分隔指令和上下文。例如：

提示：### 指令 ### 将以下文本翻译成西班牙语："hello!"

（3）具体性：对希望模型执行的指令和任务，提示越具体和详细，结果就越好。当有所期望的结果或生成样式时，这一点尤为重要。没有特定的词元或关键字会导致更好的结果，更重要的是具有良好的格式和描述性提示。实际上，在提示中提供示例非常有效，可以特定格式获得所需的输出。

在设计提示时，还应考虑提示的长度（因为长度有限制），包含太多不必要的细节并不一定是一个好方法。这些细节应该是相关的，并有助于完成手头的任务。鼓励大量实验和迭代，以优化应用程序的提示。

例如，尝试从一段文本中提取特定信息的简单提示。

提示：提取以下文本中的地名。所需格式："地点：< 逗号分隔的公司名称列表 >"
"输入："虽然这些发展对研究人员来说是令人鼓舞的，但仍有许多谜团。"里斯本未知的香帕利莫德中心的神经免疫学家 Henrique Veiga-Fernandes 说："我们经常在大脑和在周围看到的效果之间有一个黑匣子。如果想在治疗背景下使用它，实际上需要了解机制。"

输出：
地点：里斯本，香帕利莫德中心

（4）避免不精确：在关于详细和格式改进的提示中，很容易陷入那些过于聪明的提示陷阱，从而可能创建不精确的描述。通常最好是具体的和直接的，这里类比非常类似于有效的沟通——越直接，信息传递就越有效。

例如，如果有兴趣了解提示工程的概念，可以尝试这样做：
解释提示工程的概念。保持解释简短，只有几句话，不要过多描述。
从上面的提示中不清楚要使用多少句话和什么样的风格，仍然可以获得良好的响应，但更好的提示是非常具体、简洁和直接的。例如：
使用 2 ~ 3 句话向高中学生解释提示工程的概念。

（5）做还是不做：设计提示时的另一个技巧是避免说不要做什么，而是说要做什么。鼓励更具体化，并关注导致模型产生良好响应的细节。
以下是一个电影推荐聊天机器人的示例。

提示：以下是向客户推荐电影的代理程序。代理负责从全球热门电影中推荐电影，它应该避免询问用户的偏好并避免询问个人信息。如果代理没有电影推荐，它应该回答："抱歉，今天找不到电影推荐。"……顾客：请根据我的兴趣推荐一部电影。

客服输出：
抱歉，我没有关于您感兴趣的任何信息。不过，这是目前全球热门的电影列表：[电影列表]。希望您能由此找到自己喜欢的电影！

10.4 提示学习和语境学习

在指令微调大模型方法之前，如何高效地使用预训练好的基础语言模型是人们关注的热点。由此，提示学习和语境学习成为其中的两个核心概念，它们在模型的训练和应用中扮演着关键角色。

10.4.1 提示学习

提示学习是一种策略，通过给模型提供精心设计的提示或指令来引导模型产生更准确、更具针对性的输出。这种技术尤其在预训练和微调阶段的大规模语言模型中展现出巨大潜力。其基本思想是，不是直接要求模型生成答案，而是先给模型一个"提示"或者"模板",使其理解所需完成的任务类型和格式,然后在此基础上生成答案。例如,如果想要一个模型生成关于环保的文章开头,可以使用这样的提示:"随着世界面临日益严峻的环境挑战,至关重要的是……",模型会在这个提示的基础上继续生成内容。通过这种方式,提示学习能够帮助模型更好地理解任务意图,提高生成内容的质量和相关性。

与传统的微调方法不同,提示学习直接利用在大量原始文本上进行预训练的语言模型,通过定义新的提示函数,使该模型能够执行小样本甚至零样本学习,以适应仅有少量标注或没有标注数据的新场景,适应下游各种任务。提示学习通常不需要参数更新,但由于涉及的检索和推断方法多种多样,不同模型、数据集和任务有不同的预处理要求,其实施十分复杂。

使用提示学习完成预测任务的流程非常简洁。如图 10-5 所示,原始输入 x 经过一个模板,被修改成一个带有一些未填充槽的文本提示 x',再将这段提示输入语言模型,语言模型即以概率的方式写入模板中待填充的信息,然后根据模型的输出导出最终的预测标签 $\hat{y}$。使用提示学习完成预测的整个过程可以描述为三个阶段:提示添加、答案搜索、答案映射。

图 10-5　提示学习示例

(1) 提示添加:借助特定模板,将原始的文本和额外添加的提示拼接起来,一并输入到语言模型中。例如,在情感分类任务中,根据任务的特性可以构建如下含有两个插槽的模板:

"[X] 我感到 [Z]"

其中,[X] 插槽中填入待分类的原始句子,[Z] 插槽中是需要语言模型生成的答案。假如原始文本:

x = "我不小心错过了公共汽车。"

通过此模板,整段提示将被拼接成:

x' = "我不小心错过了公共汽车。我感到 [Z]"

(2) 答案搜索:将构建好的提示整体输入语言模型后,需要找出语言模型对 [Z] 处预测得分最高的文本 $\hat{z}$。根据任务特性,事先定义预测结果 z 的答案空间为 Z。在简单的生成任务中,答案空间可以涵盖整个语言,而在一些分类任务中,答案空间可以是一些限定的词语,例如:

Z = { "太好了","好","一般","不好","糟糕" }

这些词语可以分别映射到该任务的最终标签上。将给定提示为 x' 而模型输出为 z 的过程记录为函数，对于每个答案空间中的候选答案，分别计算模型输出它的概率，从而找到模型对 [Z] 插槽预测得分最高的输出 $\hat{z}$。

（3）答案映射：得到的模型输出 $\hat{z}$ 并不一定就是最终的标签。在分类任务中，还需要将模型的输出与最终的标签做映射。而这些映射规则是人为制定的，例如，将"太好了""好"映射为"正面"标签，将"不好""糟糕"映射为"负面"标签，将"一般"映射为"中立"标签。

提示学习方法易于理解且效果显著，提示工程、答案工程、多提示学习方法、基于提示的训练策略等已经成为从提示学习衍生出的新的研究方向。

10.4.2　语境学习

语境学习，也称上下文学习，是指模型在处理输入时，能够基于上下文信息做出更加合理和准确的响应。在自然语言处理中，上下文对于理解句子的意义至关重要。大模型通过深度学习机制，能够捕捉到词语之间的依赖关系和长距离的上下文联系，从而在给定的语境中生成或推断出最合适的词汇、短语或句子。例如，在对话系统中，当用户提到"我昨天去了海边"，接下来如果模型接收到"那里的天气怎么样？"这样的后续询问时，它能够基于之前的对话内容理解到"那里"指的就是海边，从而提供相关的天气信息。这种能力让模型的交流更加自然流畅，仿佛能理解并记忆之前的对话，提升了用户体验。

向模型输入特定任务的一些具体例子（也称示例）及要测试的样例，模型可以根据给定的示例续写测试样例的答案。如图 10-6 所示，以情感分类任务为例，向模型中输入一些带有情感极性的句子、每个句子相应的标签，以及待测试的句子，模型可以自然地续写出它的情感极性为"正面"。语境学习可以看作提示学习的一个子类，其中示例是提示的一部分。语境学习的关键思想是从类比中学习，整个过程并不需要对模型进行参数更新，仅执行前向的推理。大模型可以通过语境学习执行许多复杂的推理任务。

图 10-6　语境学习示例

语境学习作为大模型的一种新的范式，具有许多独特的优势。首先，其示例是用自然语言编写的，提供了一个可解释的界面来与大模型进行交互。其次，不同于以往的监督训练，语境学习本身无须参数更新，可以大幅降低使大模型适应新任务的计算成本。在语境学习中，示例的标签正确性（输入和输出的具体对应关系）并不是有效的关键因素，起到更重要作用的是输入和样本配对的格式、输入和输出分布等。此外，语境学习的性能对特定设置很敏感，包括提示模板、上下文内示例的选择及示例的顺序。如何通过语境学习方法更好地激活大模型已有的知识成为一个新的研究方向。

10.4.3　提示学习与语境学习的关系

提示学习通过提供任务导向的框架，帮助模型理解预期的输出形式；而语境学习则确保模型能够根据具体的上下文信息，生成既符合提示要求又贴合上下文的高质量内容。提示学习和语境学习在大模型中相辅相成，两者结合，使得大模型能够在多样化的应用场景中展现出强大的理解和生成能力。

作　　业

1. 大模型正在发展成为人工智能的一项基础设施。对一般用户来说，掌握用好大模型的技术更加重要。用好大模型的两个层次是（　　）。

①掌握提示工程　　　　　　　　②执行大模型的预训练任务
③做好大模型的微调　　　　　　④严格测试大模型技术产品
A. ①③　　　　B. ②④　　　　C. ①②　　　　D. ③④

2. 选择（　　），取决于应用项目的具体要求、可用资源和期望的结果。每种方法都有其独特的优势和局限性。

①质量工程　　②提示工程　　③微调工程　　④检索增强生成方法
A. ①③④　　　B. ①②④　　　C. ②③④　　　D. ①②③

3. （　　）是促使大模型取得更好结果的艺术和科学。这些大模型可用于所有类型的语言任务，从起草电子邮件和文档到总结或分类文本都能适用。

A. 质量工程　　B. 提示工程　　C. 微调工程　　D. 检索工程

4. 在提示工程中，（　　）是指构造问题或指令的方式，目的是最大化模型的响应质量。这包括选择合适的词汇、句式结构，甚至创造上下文环境，以激发模型展示其最佳性能。

A. 领域知识嵌入　　　　　　　　B. 减少偏见与提高一致性
C. 提示优化与迭代　　　　　　　D. 设计有效提示

5. 在提示工程中，（　　）是指为提高模型在特定领域的表现，提示工程可能会融入该领域的专业知识。这有助于模型更好地理解和生成与该领域相关的高质量内容。

A. 领域知识嵌入　　　　　　　　B. 减少偏见与提高一致性
C. 提示优化与迭代　　　　　　　D. 设计有效提示

6. 在提示工程中，（　　）是指通过不同的提示策略，评估模型输出的质量，并据此调整提示以达到最优效果。这可能包括A/B测试、迭代改进以及使用自动化工具来寻找最有效的提示形式。

A. 领域知识嵌入　　　　　　　　B. 减少偏见与提高一致性
C. 提示优化与迭代　　　　　　　D. 设计有效提示

7. 在提示工程中，（　　）是指由于大语言模型可能继承训练数据中的偏见，为此需要减少偏见提示，确保模型输出的一致性和可预测性。这可能涉及制定公平性原则。

A. 领域知识嵌入　　　　　　B. 减少偏见与提高一致性
C. 提示优化与迭代　　　　　D. 设计有效提示

8. （　　）扮演着至关重要的角色,它是用户与人工智能模型交互的桥梁,更是一种全新的"编程语言",用户通过它来指导人工智能模型产生特定的输出,执行各种任务。
A. 编程　　　B. 检索　　　C. 微调　　　D. 提示

9. 作为通用人工时代的"软件工程",提示工程涉及如何（　　）提示内容,以确保人工智能模型能够准确、高效地执行用户的指令。
①设计　　　②优化　　　③管理　　　④计算
A. ①②③　　　B. ②③④　　　C. ①②④　　　D. ①③④

10. 一个完整提示的构成应该包含（　　）以及有助于理解的例子和期望的输出格式描述。
①清晰的指示　②相关上下文　③明确的输入　④可视化描述
A. ①③④　　　B. ①②④　　　C. ①②③　　　D. ②③④

11. 提示调优是一个人与机器协同的过程,需要（　　）,以实现最佳交互效果。
①明确需求　②自动编程　③注重细节　④应用技巧
A. ①②④　　　B. ①③④　　　C. ①②③　　　D. ②③④

12. 研究人员发现,大模型提供的结果在很大程度上取决于给出的（　　）。所以,虽然解释清楚一项任务似乎很简单,但简单的调整会极大影响用户收到的模型输出。
A. 图片分辨率　B. 词汇数量　C. 质量指标　D. 具体提示

13. 提示工程从根本上来说是不断做实验改变提示内容,以了解提示的变化对模型生成内容的影响,因此不需要高级的技术背景,而只需一点（　　）好奇心和创造力即可。
①好奇心　　　②忍耐力　　　③创造力　　　④执行力
A. ①③　　　B. ②④　　　C. ①②　　　D. ③④

14. 由于提示工程的效果很大程度上取决于模型的原始学习水平,所以它可能并不总能提供用户需要的最新或最具体的信息。当用户处理的是（　　）,而不需要太多细节时,提示工程最好用。
①精确答案　②一般性主题　③快速答案　④丰富细节
A. ①③　　　B. ②④　　　C. ②③　　　D. ①④

15. （　　）提示是一种注重和引导逐步推理的方法。通过将多步骤问题分解为若干中间步骤,构建一系列有序、相互关联的思考步骤,使模型能够解决复杂推理任务。
A. 生成知识　B. 思维树　　C. 自一致　　D. 思维链

16. （　　）提示是一种强调知识生成的方法,通过构建特定的提示语句,引导模型从已有的知识库中提取、整合并生成新的、有用的知识或信息内容。
A. 生成知识　B. 思维树　　C. 自一致　　D. 思维链

17. （　　）提示是一种建立在CoT基础上的提示技术,这种方法旨在为大模型提供多种推理路径,然后在生成的响应中选择最一致的答案。与CoT结合使用时,这种方法会更强大。
A. 生成知识　B. 思维树　　C. 自一致　　D. 思维链

18.（　　）提示是一个超越 CoT 的激励框架，鼓励模型探索多种想法作为使用大模型解决更广泛问题的中间步骤。将复杂思维过程通过树状结构清晰展现，逐级分解主题或问题。

　　A．生成知识　　　B．思维树　　　C．自一致　　　D．思维链

19.（　　）是一种策略，其基本思想是，不直接要求模型生成答案，而是先给模型一个"提示"或者"模板"，使其理解所需完成的任务类型和格式，然后在此基础上生成答案。

　　A．语境学习　　　B．自主学习　　　C．自一致　　　D．提示学习

20.（　　）是指模型在处理输入时，能够基于上下文信息做出更加合理和准确的响应。大模型通过深度学习机制，能够捕捉词语间依赖关系和长距离上下文联系。

　　A．语境学习　　　B．自主学习　　　C．自一致　　　D．提示学习

【实验与思考】文生图：注册使用 Midjourney 绘图工具

Midjourney 是一款著名和强大的人工智能绘画工具（简称 MJ，见图 10-7），它为用户提供了各种创意的绘图功能，可以是文生图或者图生图等。Midjourney 是一个独立的研究实验室，一个位于美国旧金山的小型自筹资金团队，专注于设计、人类基础设施和人工智能的绘图平台，它致力于探索新的思维方式并扩展人类的想象力。MJ 于 2022 年 7 月 12 日首次进行公测，并于 2022 年 3 月 14 日正式以架设在 Discord 上的服务器形式推出，用户直接注册 Discord 并加入 MJ 的服务器即可开始人工智能创作。

图 10-7　Midjourney 文生图大模型首页

Midjourney 的创始人大卫·霍尔茨之前创立的公司是做智能硬件传感器的，该公司于 2019 年被收购，据官网标注，该创始人还是一位 NASA 的研究员。而另一个人工智能绘图工具 Disco Diffusion 的创始人索姆奈在 2021 年 10 月加入了 MJ，并一直在分享画作和制作参数。除了全职人员以外，MJ 还有一个非常强大的技术顾问团队，包括有在苹果、特斯拉、

英特尔、GitHub 等就职背景的一众专业人员。

MJ 产品每隔几个月就会升级一次，它生成的图片分辨率高，写实风格人物主体塑形准确，细节更多且审美在线。

GPT-4 模型拥有 1.8 万亿参数，普通开发者基本没有可能本地部署。文生图模型技术壁垒较低、成熟度高，探索新的模型结构意义相对不大，而大语言模型仍然存在大量研究难点。

1. 实验目的

（1）了解文生图大模型，熟悉 Midjourney 大模型工具的功能。

（2）对比不开源文生图大模型（如 Midjourney）与开源文生图大模型的功能、性能表现，重视注册应用的必要性。

（3）体验人工智能艺术与传统艺术领域的不同表现力及应用发展方向。

2. 实验内容与步骤

（1）请仔细阅读本课，熟悉大模型的提示工程与微调技术。

（2）对于有条件的读者，建议注册登录 Midjourney 网站开始实践体验人工智能艺术创作。

例如，注册登录后，尝试输入提示词：武松，身长八尺，仪表堂堂，浑身上下有百斤力气（小说《水浒》形容）。MJ 生成的武松形象如图 10-8 所示。将提示词调整成：男子身长八尺，仪表堂堂，浑身上下有百斤力气。MJ 生成的男子形象如图 10-9 所示。请对比提示词的不同及生成作品的变化。

图 10-8　MJ 生成的武松形象示例

第 10 课　提示工程技术

图 10-9　Midjourney 绘图工具的操作界面

（3）在网页搜索引擎中输入"文生图"，可以找到一些文生图的开源网站，尝试用同样方式体验体现开源大模型，体会和比较国内外以及闭源和开源大模型的异同及各自的进步水平。

3. 实训总结

_____
_____
_____

4. 实训评价（教师）

_____
_____

第 11 课
微调与检索增强生成

学习目标

（1）熟悉大模型的各种微调工程技术，掌握 PEFT 微调方案。
（2）熟悉检索增强生成技术及其运用方法。
（3）掌握提示工程、微调工程和检索增强生成技术的应用场景。

学习难点

（1）微调的 PEFT 方案。
（2）检索增强生成技术。

素质要素

（1）伦理与责任意识：强调在设计微调模型或检索增强生成系统时考虑伦理原则，如隐私保护、数据偏见消除和算法公平性，培养学生成为有责任感的技术开发者。

（2）法律与规范教育：引入相关法律法规，讲解《数据保护法》《知识产权法》等相关法律知识，确保在进行技术实践中能够合法合规地使用数据和资源，尊重原创，避免侵权行为。

（3）团队合作与沟通：强化团队协作理念，培养学生的团队精神、沟通能力和领导力，强调在多元背景下的相互尊重与协作，共同推进项目的正面社会效应。

（4）批判性思维与自我反思：鼓励学生对技术的局限性和潜在风险进行反思，学会在技术进步的浪潮中保持理性的判断，不断审视技术与社会伦理的互动关系。

大语言模型的微调工程是指在预训练的基础上，使用特定领域或任务的数据对模型进行进一步训练，以优化其在该领域的性能，如图 11-1 所示。这对于提升模型的适应性、精确度和解决特定问题的能力至关重要。而大模型的检索增强生成是一种策略，旨在结合传统语言模型的生成能力与信息检索系统的精准性，以提升模型生成内容的准确性和时效性。

图 11-1　微调工程

11.1　微调的原因

有监督微调，又称指令微调，是指在已经训练好的语言模型的基础上，通过使用有标注的特定任务数据做进一步的微调，使模型具备遵循指令的能力。

对大模型进行微调，通常有以下一些原因：

（1）因为大模型的参数量非常大，训练成本非常高，每家公司都去从头训练一个自己的大模型，性价比非常低。

（2）提示工程相对容易上手但缺点也很明显，因为通常大模型的实现都会对输入序列的长度有限制，而提示方式会使提示变得很长，提示越长大模型的推理成本就越高。另外，提示太长会因超过限制而被截断，进而导致大模型的输出质量打折，这也是一个比较严重的问题。

对于个人使用者而言，如果是解决自己日常生活、工作中的一些问题，直接用提示工程方式通常问题不大。但对于提供对外服务的企业来说，要想在服务中接入大模型的能力，推理成本是不得不考虑的一个因素。相对来说，微调就是一个更优的方案。

（3）提示工程的效果可能达不到要求，企业又有比较好的自有数据，能够通过自有数据，更好地提升大模型在特定领域的能力，这时候微调就非常适用。

（4）要在个性化的服务中使用大模型的能力，这时针对每个用户的数据，训练一个轻量级的微调模型就是一个不错的方案。

（5）数据安全。如果数据不能传递给第三方大模型服务，那么搭建自己的大模型就非常必要。通常这些开源的大模型都需要用自有数据进行微调，才能够满足自身业务的需求。

11.2　微调工程定义

大模型的微调工程是指在预训练得到的大模型基础上，针对特定任务或领域进行调整，以优化模型在该领域的性能。

整个微调工程是一个迭代和实验驱动的过程，需要不断地测试、评估和调整，以确保最终模型能够在特定任务上达到预期的性能。同时,过程中还需要考虑到计算资源的管理、模型的可解释性,以及伦理与法律合规性等问题。

由于微调需要大量的算力和时间,因此成本可能很高。但是,如果需要语言模型很好地理解某些特定主题,微调就会很划算。这就像是教模型成为你所感兴趣的领域专家一样。经过微调后,模型可以提供更准确、更接近于业务需求的答案。

微调工程的主要优点如下:

(1)自定义:微调允许广泛的自定义,使模型能够生成针对特定领域或风格的响应。

(2)提高准确性:通过在专门的数据集上进行训练,模型可以产生更准确、更相关的响应。

(3)适应性:经过微调的模型可以更好地处理原始训练过程中未涵盖的小众主题或新信息。

微调工程的一些缺点如下:

(1)成本:微调需要大量计算资源,因此比提示工程更昂贵。

(2)技术技能:这种方法需要更深入地了解机器学习和语言模型架构。

(3)数据要求:有效的微调工作需要大量且精心策划的数据集,这类数据集可能很难编译。

11.2.1 微调工程关键步骤

微调工程过程通常涉及以下几个关键步骤:

(1)明确微调项目的目标:选择或创建下游任务,确定微调的具体任务,如情感分析、命名实体识别、问答系统、文本生成等。这可能是提高模型在特定领域的准确性、让其适应某种特定的文本风格或者让其执行某项特定的任务。设计任务特定的输出格式和评估指标,以便于后续的性能评估。

(2)数据收集与预处理:收集与目标任务相关的训练数据集,这些数据应该具有代表性,能够覆盖任务的各种场景,反映微调后模型所需处理的实际情境。数据可能需要清洗,以及进行必要的预处理,如去除噪声和重复项、标准化文本格式、分词、标记化等。准备标签(如果适用),确保数据集中的每个样本都有正确的标注或分类信息。

(3)调整模型架构,选择或设计微调策略:可能需要根据任务需求调整模型的顶层结构,如添加分类层、修改输出维度等。决定是否使用全部或部分预训练权重,有时只对模型的最后一层或几层进行微调也是可行的策略。微调策略包括但不限于全模型微调、适配层微调(如 Adapter 适配器或 LoRA 机制)、渐进式微调等。例如,LoRA(low-rank approximation,低秩近似)是一种减少参数量、提高训练效率的方法,尤其适合大规模模型的微调。

(4)配置与初始化:根据所选策略配置模型,包括设置超参数、初始化微调部分的参数等。选择学习率、批次大小、迭代次数等超参数,这些参数的选择对微调效果有显著影响。考虑是否使用早停策略、学习率衰减等技术来避免过拟合或提升训练效率。这一步骤可能需要基于先验知识或初步实验来确定最优配置。

(5)实施微调:使用准备好的数据集和参数配置,在选定的框架和保留预训练权重的基础上执行微调，进行针对性训练。这通常涉及迭代地让模型学习数据集中的样本，同时监控损失函数变化、验证集上的性能和准确率等指标，以及可能的过拟合迹象，以评估模型的表现。

（6）评估与调优：在独立的验证集上评估微调后的模型性能，根据评估结果调整微调参数或策略。可能需要多次迭代以逐步优化，找到最佳模型配置。

（7）模型压缩与优化：微调后的模型往往较大，可能需要进行模型压缩，如量化、剪枝或使用更高效的格式存储（如从 PyTorch 的 .pt 转换为 .safetensors 或 .gguf），以降低部署成本和提高运行效率。

（8）部署与监控：将微调好的模型部署到实际应用环境中，并持续监控其性能，确保其在实际应用场景中的稳定性和效果。要注意收集用户反馈和实际应用数据，用于进一步迭代优化或错误分析。

11.2.2 上下文窗口扩展

由于大模型的参数量十分庞大，当将其应用到下游任务时，微调全部参数需要相当高的算力。为了节省成本，研究人员提出了多种参数的高效微调方法，旨在仅训练少量参数就使模型适应下游任务。

随着更多长文本建模需求的出现，多轮对话、长文档摘要等任务在实际应用中越来越多，这些任务需要模型能够更好地处理超出常规上下文窗口大小的文本内容。当前，尽管大模型在处理短文本方面表现出色，但在支持长文本建模方面仍存在一些挑战，包括预定义的上下文窗口大小限制等。

为了更好地满足长文本需求，有必要探索如何扩展现有的大模型，使其能够有效地处理更大范围的上下文信息。具体来说，主要有以下方法来扩展语言模型的长文本建模能力。

（1）增加上下文窗口的微调：采用直接的方式，即通过使用一个更大的上下文窗口来微调现有的预训练 Transformer 模型，以适应长文本建模需求。

（2）位置编码：改进位置编码，实现一定程度上的长度外推，这意味着它们可以在小的上下文窗口进行训练，在大的上下文窗口进行推理。

（3）插值法：将超出上下文窗口的位置编码通过插值法压缩到预训练的上下文窗口中。

11.2.3 手动构建指令

因为指令数据的质量会直接影响有监督微调的最终效果，所以构建指令数据是一个非常精细的过程。从获得来源上看，构建指令数据的方法可以分为手动构建指令和利用大模型的生成能力自动构建指令两种。指令数据集对于有监督微调非常重要，目前已经有一些开源指令数据集，按照指令任务的类型划分，可以分为传统任务指令和通用对话指令两类。

手动构建指令的方法比较直观，可以在网上收集大量的问答数据，再人为加以筛选过滤，或者由标注者手动编写提示与相应的回答。虽然这是一个比较耗费人力的过程，但其优势在于可以很好地把控指令数据的标注过程，并对整体质量进行很好的控制。

11.2.4 自动构建指令

一些研究尝试寻找更高效的替代方法。具有代表性的工作是利用大模型的生成能力自动构建指令，数据生成过程如图 11-2 所示。

图 11-2　自动构建指令数据生成过程

（1）生成任务指令：手动构建一个例如包含 175 个任务的小型指令数据集，称为种子指令集，用于初始化指令池。然后让模型以自举的方式，利用指令池生成新任务的指令：每次从指令池中采样 8 条任务指令（其中 6 条来自人工编写的种子指令，2 条是模型迭代生成的），将其拼接为上下文示例，引导预训练语言模型 GPT-3 生成更多的新任务的指令，直到模型自己停止生成或达到模型长度限制，或者在单步中生成过多示例。

（2）确定指令是否代表分类任务：由于后续对于分类任务和非分类任务有两种不同的处理方法，因此需要在本步骤对指令是否为分类任务进行判断，同样是利用拼接几个上下文示例的方法让模型自动判断任务类型是否为分类。

（3）生成任务输入和输出：通过第（1）步，语言模型已经生成了面向新任务的指令，然而指令数据中还没有相应的输入和输出。本步骤为此前生成的指令生成输入和输出，让指令数据变得完整。与之前的步骤相同，本步骤同样使用语境学习，使用来自其他任务的"指令""输入""输出"上下文示例做提示，预训练模型就可以为新任务生成输入-输出对。针对不同的任务类别，分别使用"输入优先"或"输出优先"方法：对于非分类任务，使用输入优先的方法，先根据任务产生输入，然后根据任务指令和输入，生成输出；而对于分类任务，为了避免模型过多地生成某些特定类别的输入（而忽略其他的类别），使用输出优先的方法，即先产生所有可能的输出标签，再根据任务指令和输出，补充相应的输入。

（4）过滤低质量数据：为了保证数据的多样性，在将新生成的指令数据加入指令池之前，需要先衡量它和池中已有指令数据的相似度，只有当它和池中任何一条指令数据的相似度都低于 0.7 时，才可能将其加入指令池。为保证数据的质量，还制定了一系列的启发式规则进行筛选：删除包含某些关键词（如"图片"）的指令数据、重复的指令数据、过长或过短的数据等。

11.3 技术路线与流行方案

微调的最终目的是在可控成本的前提下，尽可能地提升大模型在特定领域的能力。从成本和效果的角度综合考虑，PEFT（参数高效微调）是比较流行的微调方案。

11.3.1 微调技术路线

不同的分类角度只是侧重点不一样，对同一个大模型的微调，也不局限于某一个方案，可以多个方案并举。从参数规模的角度，大模型的微调分成两条技术路线：

（1）对全量参数进行训练，这条路径称为全量微调（full fine tuning，FFT）。FFT 的原理就是用特定的数据对大模型进行训练，最大优点是在特定数据领域的表现会好很多。

但 FFT 也会带来一些问题，其中影响比较大的问题主要有两个：一是训练成本比较高，因为微调的参数量跟预训练的是一样多；二是灾难性遗忘，用特定训练数据进行微调可能会把这个领域的表现变好，但也可能会把原来表现好的别的领域的能力变差。

（2）只对部分参数进行训练，这条路径称为参数高效微调（parameter-efficient fine tuning，PEFT）。PEFT 主要解决 FFT 存在的两个主要问题，它是比较主流的微调方案。

从训练数据的来源以及训练方法的角度，大模型的微调有以下几条技术路线：

（1）监督式微调：用人工标注的数据通过监督学习的方法，对大模型进行微调。

（2）基于人类反馈的强化学习微调：把人类的反馈，通过强化学习的方式引入对大模型的微调中，让大模型生成的结果更加符合人类的一些期望。

（3）基于人工智能反馈的强化学习微调：这个方案大致跟基于人类反馈的方案类似，但其反馈来源是人工智能。这里想解决反馈系统的效率问题，因为收集人类反馈相对来说成本会比较高、效率比较低。

11.3.2 提示微调

提示微调的出发点是基础模型的参数不变，为每个特定任务，训练一个少量参数的小模型，在具体执行特定任务时按需调用。其基本原理是在输入序列 X 之前，增加一些特定长度的特殊词元，以增大生成期望序列的概率。具体来说，就是在 Transformer 模型环节中，发生在嵌入环节。将大模型比作一个函数，提示微调是在保证函数本身不变的前提下，在 X 前面加上了一些特定的内容，而这些内容可以影响 X 生成期望中 Y 的概率。

11.3.3 前缀微调

前缀微调的灵感来源是基于提示工程的实践，在不改变大模型的前提下，在提示的上下文中添加适当的条件，引导大模型有更加出色的表现。前缀微调的出发点跟提示微调类似，只不过在具体实现上有一些差异。提示微调是在嵌入环节，往输入序列 X 前面加特定的词元。而前缀微调是在 Transformer 的编码器和解码器网络中都加了一些特定的前缀，它也保证基座模型本身没有变，只是在推理过程中，按需要在前面拼接一些参数。

11.3.4 LoRA 方法

与提示微调和前缀微调不同，LoRA 方法走了另一条技术路线，可以媲美全量微调的效果。LoRA 方法有一个假设：现在看到的这些大模型都是被过度参数化的，其背后有一个低维的本质模型。通俗地说，大模型参数很多，但并不是所有的参数都发挥同样作用。大模型中有一部分参数非常重要，是影响大模型生成结果的关键参数，这部分关键参数就是低维的本质模型。

LoRA 方法的基本思路如下：

首先，适配特定的下游任务，训练一个特定的模型，里面主要是要微调得到的结果；其次，进行低维分解；接下来用特定训练数据训练。

另外，如果要用 LoRA 方法适配不同的场景，切换也非常方便，做简单的矩阵加法即可。

11.3.5　QLoRA 方法

量化是一种在保证模型效果基本不降低的前提下，通过降低参数的精度，来减少模型对于计算资源需求的方法，其核心目标是降成本，降训练成本，特别是降后期的推理成本。

QLoRA 就是量化版的 LoRA，它是在 LoRA 的基础上，进行进一步的量化，将原本用 16 bit 表示的参数，降为用 4 bit 来表示，可以在保证模型效果的同时，极大地降低成本。

11.4　检索增强生成技术

大模型的检索增强生成（retrieval-augmented generation，RAG）是一种策略，旨在结合传统语言模型的生成能力与信息检索系统的精准性，以提升模型生成内容的准确性和时效性，如图 11-3 所示。检索增强生成系统将常见的语言模型与知识库等内容混合在一起，当模型需要回答问题时，它首先从知识库中查找并收集相关信息，然后根据该信息回答问题。模型会快速检查信息库，以确保它能给出最好的答案。

图 11-3　检索增强生成

11.4.1　信息检索基础

信息检索是指从知识源或数据集搜索并提取相关信息的过程。这一过程特别像使用搜索引擎在互联网上查找信息。用户输入查询，系统会检索并呈现最有可能包含正在查找信息的文档或网页。

信息检索涉及使用相关技术来高效索引并搜索大型数据集，从而让人们能够更轻松地从海量的可用数据中访问所需的特定信息。除了用于网络搜索引擎，信息检索还经常用于数字图书馆、文档管理系统，以及各种各样的信息访问应用程序。

11.4.2 检索增强生成的定义

检索增强生成是一种使用来自私有或专有数据源的信息来辅助文本生成的技术。它将检索模型（设计用于搜索大型数据集或知识库）和生成模型（例如大模型，此类模型会使用检索到的信息生成可供阅读的文本）结合在一起。

通过从更多数据源添加背景信息，以及通过训练来补充大模型的原始知识库，检索增强生成能够提高搜索体验的相关性。这能够改善大型语言模型的输出，但又无须重新训练模型。额外信息源的范围很广，从训练大模型时并未用到的互联网上的新信息，到专有商业背景信息，或者属于企业的机密内部文档，都包含在内。

检索增强生成对于诸如回答问题和内容生成等任务，具有极大价值，因为它能支持生成式人工智能系统使用外部信息源生成更准确且更符合语境的回答。它会实施搜索检索方法（通常是语义搜索或混合搜索）来回应用户的意图并提供更相关的结果。

深入研究检索增强生成以及这个方法如何将专有实时数据与生成式人工智能模型关联起来，以获得更好的最终用户体验和准确性。

11.4.3 检索增强生成核心组成

检索增强生成是一种独特的方法，它将传统语言模型的强大功能与外部知识库的精确度结合在一起。在特定情况下，相比单独使用提示或微调方法，检索增强生成的优势特别突出。

检索增强具体分为三种类型：一次性检索、迭代检索和事后检索，如图 11-4 所示。其中，一次性检索是将从单次检索中获得的外部知识直接预置到大模型的提示中；迭代检索允许在整个生成过程中不断收集知识；事后检索是基于检索的修订来完善大模型输出。

图 11-4 检索增强的三种类型

检索增强生成技术的核心组成部分如下：

（1）检索组件：
- 知识库：检索增强生成系统背后通常有一个庞大的知识库，它可以是经过索引的文档集合、篇章、数据库条目或者预先计算好的嵌入向量存储。

- 查询生成：当面临一个生成任务时，首先根据输入查询生成一个或多个检索请求，这个请求旨在从知识库中找到最相关的片段。
- 检索算法：利用高效的向量检索算法（如 FAISS、ANNOY）或传统的倒排索引，从知识库中快速找出与查询最匹配的信息片段。

（2）生成组件：

- 融合检索结果：检索到的相关信息片段用作生成过程的上下文或提示，与原始输入一同输入到语言模型中。
- 大模型：在这个阶段，大语言模型基于增强的输入（原始查询＋检索到的信息）生成最终的输出，这样模型的回答就可以基于更具体和丰富的信息。

（3）联合训练与优化：

- 检索增强生成模型的训练可能涉及对检索和生成两部分的联合优化，确保模型既能有效地检索到相关信息，也能基于这些信息生成高质量的文本。
- 可能包括端到端的微调，使得模型学会何时依赖内部知识（预训练学到的），何时依赖外部检索到的信息。

11.4.4　检索增强生成工作原理

检索增强生成技术的工作原理包括如下步骤：

（1）接收输入：模型接收到用户的问题或指令。

（2）执行检索：基于问题或指令生成检索查询，从知识库中查找相关信息。

（3）融合信息：将检索到的最相关片段与原始输入合并，形成一个更加丰富的上下文环境。

（4）生成回答：大语言模型利用这个上下文环境生成最终的回答，该回答结合了模型的内在知识与外部检索信息的最新内容。

（5）输出：输出经过检索增强生成的、更加精确和可靠的答案。

检索增强生成技术是解决大模型在知识更新性、准确性以及可解释性方面挑战的一种有效手段，尤其是在需要处理特定领域知识或即时信息的任务中。其优势如下：

（1）平衡：在提示的简易性和微调的定制能力之间提供了另一种选择。

（2）减少幻觉：通过直接引用外部数据，可以提供最新且高度相关的信息，减少模型凭空生成不实信息（幻觉）的情况。

（3）实时性：能够访问最新的信息，对于时效性强的问题提供更准确的回答。

（4）可解释性：生成的答案可以追溯到具体的检索来源，增加了答案的透明度和可信度。

（5）相关性：通过附加的上下文来增强模型的响应，从而产生更明智和更细致的输出。

💡 11.5　检索增强生成与微调对比

检索增强生成和微调是训练人工智能语言模型的两种不同方法。检索增强生成会将检索大量外部知识的过程与文本生成结合在一起,而微调则专注于狭窄的数据范围以实现不同的目的。

在微调过程中,系统会使用专门数据对预训练模型进一步加以训练,以便其能适用于任务子集。这一过程涉及基于新数据集修改模型的权重和参数,让模型学习特定于任务的模式,同时保留来自最初预训练模型的知识。

微调可用于各种类型的人工智能。一个基本的例子是识别小猫,具体而言是识别网络上猫的照片。在基于语言的模型中,除了文本生成,微调还能够协助完成诸如文本分类、情感分析和命名实体识别等事务。但是,这一过程可能会极其耗费时间和资金。检索增强生成能够加速完成这一过程,并且由于计算和存储需求较低,还能降低时间和资金成本。

由于能够访问外部资源,检索增强生成在处理下列任务时尤其有用:需要纳入来自网络或企业知识库的实时或动态信息,以便生成明智的回复。微调则有不同的优势:如果手头的任务已经被很好地定义,而且目标是单纯优化该任务的性能,则微调会十分高效。两种技术的共同优势是:无须针对每个任务都从零开始训练大模型。

虽然检索增强生成能提供巨大优势,但也存在数项挑战和局限:

(1)检索增强生成依赖于外部知识。如果检索到的信息不正确,检索增强生成就会生成不准确的结果。

(2)检索增强生成的检索部分涉及在大型知识库或网络上进行搜索,这从计算量方面来看,不仅费用高昂,而且速度慢,尽管相比于微调,速度还是快一些,费用也要低一些。

(3)要将检索和生成部分无缝集成到一起,这需要进行精心设计和优化,而设计和优化可能会在训练和部署方面造成潜在难题。

(4)当处理敏感数据时,从外部来源检索信息可能带来隐私问题。由于需要遵守隐私和合规要求,这也可能会限制检索增强生成能够访问的来源。然而,这能通过文档级访问权限加以解决;文档级访问权限指可以向特定角色赋予访问和安全许可。

(5)检索增强生成的基础是基于事实的准确性。它可能难以生成富有想象力或虚构性质的内容,这限制了它在创意内容生成领域的使用。

检索增强生成的缺点如下:

(1)复杂性:检索增强生成实现起来可能很复杂,需要语言模型和检索系统之间做好集成。

(2)资源密集型:虽然检索增强生成的资源密集程度低于完全微调的方法,但它仍然需要相当大的计算能力。

(3)数据依赖性:输出的质量在很大程度上取决于检索到的信息的相关性和准确性。

作 业

1. 大模型的微调工程是指在(　　　　)的基础上,使用特定领域或任务的数据对模型进行进一步训练，以优化其在该领域的性能。

  A. 监督提示 B. 指令微调 C. 提示工程 D. 预训练

2. ( )是指在已经训练好的语言模型的基础上，通过使用有标注的特定任务数据做进一步的微调，使模型具备遵循指令的能力。

  A. 监督提示 B. 指令微调 C. 提示工程 D. 预训练

3. 整个微调工程是一个迭代和实验驱动的过程，需要不断地( )，以确保最终模型能够在特定任务上达到预期的性能。

  ① 录入 ② 测试 ③ 评估 ④ 调整

  A. ①③④ B. ①②④ C. ②③④ D. ①②③

4. 在微调工程中，需要考虑到( )等问题。由于微调需要大量的算力和时间，因此成本可能很高。

  ① 计算资源的管理   ② 模型的可解释性

  ③ CPU、GPU还是TPU ④ 伦理与法律合规性

  A. ①②④ B. ①③④ C. ①②③ D. ②③④

5. 微调工程过程通常涉及以下关键步骤：明确微调项目的目标、数据收集与预处理、调整模型架构、配置与初始化以及( )以及部署与监控。

  ① 实施微调 ② 评估与调优 ③ 分析可视化 ④ 压缩与优化

  A. ①③④ B. ①②④ C. ①②③ D. ②③④

6. 大模型参数量十分庞大，当将其应用到下游任务时，微调全部参数需要相当高的算力。为了更好地满足长文本需求，扩展语言模型的长文本建模能力的方法主要有( )。

  ① 插值法 ② 权重法 ③ 位置编码 ④ 增加上下文窗口微调

  A. ②③④ B. ①②③ C. ①②④ D. ①③④

7. 为了更好地满足长文本需求，有必要探索如何扩展现有的大模型，使其能够有效地处理更大范围的上下文信息。扩展语言模型的长文本建模能力的具体方法有( )。

  ① 上下文微调 ② 位置编码 ③ 插值法 ④ 链接法

  A. ①③④ B. ①②④ C. ①②③ D. ②③④

8. 指令数据的质量会直接影响有监督微调的最终效果。从获得来源上看，构建指令数据的方法可以分为( )两种。

  ① 手动构建 ② 自动构建 ③ 传统任务 ④ 通用对话

  A. ①② B. ③④ C. ①③ D. ②④

9. 指令数据集对有监督微调非常重要，构建需要花费一定的时间和成本。已经有一些开源指令数据集，按照指令任务的类型划分，可以分为( )指令两类。

  ① 手动构建 ② 自动构建 ③ 传统任务 ④ 通用对话

  A. ①② B. ③④ C. ①③ D. ②④

10. 不同分类角度只是侧重点不一样，对同一大模型的微调，不能局限于某一个方案，可以多个方案并举。( )就是用特定的数据对大模型进行训练，它在特定数据领域的表现会很好。

A. 有监督微调　　B. 半量微调　　C. 全量微调　　D. 参数高效微调

11. 微调的最终目的，是能够在可控成本的前提下，尽可能地提升大模型在特定领域的能力。从成本和效果的角度综合考虑，（　　）是比较流行的微调方案。

　　A. 有监督微调　　B. 半量微调　　C. 全量微调　　D. 参数高效微调

12. （　　）的出发点是基础模型的参数不变，为每个特定任务，训练一个少量参数的小模型，在具体执行特定任务的时候按需调用。

　　A. 前缀微调　　B. LoRA　　C. 提示微调　　D. 参数微调

13. （　　）的灵感来源是基于提示工程的实践，在不改变大模型的前提下，在提示的上下文中添加适当的条件，引导大模型有更加出色的表现。

　　A. 前缀微调　　B. LoRA　　C. 提示微调　　D. 参数微调

14. LoRA微调方案的基本思路是（　　）。用LoRA适配不同场景，切换非常方便，做简单的矩阵加法即可。

　　① 低维分解　　② 训练特定模型　　③ 特定数据训练　　④ 核算基本成本
　　A. ①②④　　B. ①②③　　C. ①②④　　D. ②③④

15. 微调的"量化"是一种在保证模型效果不降低的前提下，通过降低参数的精度来减少模型对于计算资源的需求的方法，核心目标是降低（　　）。

　　① 总成本　　② 训练成本　　③ 研究成本　　④ 推理成本
　　A. ①②③　　B. ②③④　　C. ①③④　　D. ①②④

16. （　　）是一种策略，旨在结合传统语言模型的生成能力与信息检索系统的精准性，以提升模型生成内容的准确性和时效性。

　　A. 检索增强生成　　　　　　B. LoRA微调技术
　　C. 提示工程　　　　　　　　D. 参数微调工程

17. （　　）是指从知识源或数据集搜索并提取相关信息的过程。除了用于网络搜索引擎，它还经常用于数字图书馆、文档管理系统以及各种各样的信息访问应用程序。

　　A. 网络爬虫　　B. 数据挖掘　　C. 信息检索　　D. 文献追溯

18. 检索增强生成是一种使用来自私有或专有数据源的信息来辅助文本生成的技术。它将（　　）结合在一起，以获得更好的最终用户体验和准确性。

　　① 逻辑模型　　② 检索模型　　③ 物理模型　　④ 生成模型
　　A. ③④　　B. ②④　　C. ①③　　D. ①②

19. 检索增强生成是一种独特的方法，它将传统语言模型的强大功能与外部知识库的精确度结合在一起。检索增强具体分为（　　）三种类型。

　　① 一次性检索　　② 多次检索　　③ 迭代检索　　④ 事后检索
　　A. ②③④　　B. ①②③　　C. ①②④　　D. ①③④

20. （　　）是训练人工智能语言模型的两种不同方法。前者会将检索大量外部知识的过程与文本生成结合在一起，而后者则专注于狭窄的数据范围以实现不同的目的。

　　① 微调　　② 提示工程　　③ 自动编码　　④ 检索增强生成
　　A. ①④　　B. ①④　　C. ②③　　D. ④②

【实训与思考】熟悉智谱华章大模型"智谱"

"智谱"是北京智谱华章科技有限公司（简称"智谱 AI"）致力于打造的新一代认知智能大模型（见图 11-5），专注于做大模型的创新。公司合作研发了中英双语千亿级超大规模预训练模型 GLM-130B，并基于此推出对话模型 ChatGLM，开源单卡板模型 ChatGLM-6B。同时，团队还打造了 AIGC 模型及产品矩阵，包括 AI 提效助手智谱清言（chatglm.cn）、高效率代码模型 CodeGeeX、多模态理解模型 CogVLM 和文生图模型 CogView 等。公司践行 Model as a Service（MaaS）的市场理念，推出大模型 MaaS 开放平台，打造高效率、通用化的"模型即服务"AI 开发新范式。通过认知大模型链接物理世界的亿级用户，智谱 AI 基于完整的模型生态和全流程技术支持，为千行百业带来持续创新与变革，加速迈向通用人工智能的时代。

图 11-5　智谱大模型登录界面

1. 实训目的

（1）熟悉智谱华章"智谱"大模型。

（2）探索大模型产品的使用和测试方法，提高应用大模型的学习和工作能力。

（3）熟悉多模态概念和多模态大模型，关注大模型产业的进化发展。

2. 实训内容与步骤

大模型产品如雨后春笋，虽然推出时间都不长，但进步神速，大模型产品的不断进化，很好地诠释了大模型的发展现状。请在图 11-5 所示界面单击"开始使用"按钮，开始实践探索活动，如图 11-6 所示。

单击界面中间右侧的"查看全部"，可以看到智谱大模型具有的全部"应用场景"。请尝试单击各个场景项，大致体验智谱大模型各场景的工作能力，并做简单记录。

图 11-6 智谱大模型对话界面

（1）概念艺术。

任务：_____

响应：_____

_____

评价：□ 正确　　　　□ 待改进　　　　□ 较差

（2）Logo 设计。

任务：_____

响应：_____

_____

评价：□ 正确　　　　□ 待改进　　　　□ 较差

（3）科幻世界。

任务：_____

响应：_____

_____

评价：□ 正确　　　　□ 待改进　　　　□ 较差

（4）动漫风格。

任务：_____

响应：_____

_____

评价：□ 正确　　　　　□ 待改进　　　　　□ 较差

（5）自然风景。

任务：_____

响应：_____

_____

评价：□ 正确　　　　　□ 待改进　　　　　□ 较差

（6）任务肖像。

任务：_____

响应：_____

_____

评价：□ 正确　　　　　□ 待改进　　　　　□ 较差

（7）标题创作。

任务：_____

响应：_____

_____

评价：□ 正确　　　　　□ 待改进　　　　　□ 较差

（8）文章创作。

任务：_____

响应：_____

_____

评价：□ 正确　　　　　□ 待改进　　　　　□ 较差

（9）社媒文案。

任务：_____

响应：_____

_____

评价：□ 正确　　　　　□ 待改进　　　　　□ 较差

（10）知识问答。

任务：_____

响应：_____

_____

评价：□ 正确　　　　　□ 待改进　　　　　□ 较差

第 11 课 微调与检索增强生成

（11）信息提取。

任务：＿＿＿＿＿＿＿＿＿＿＿＿＿＿＿＿＿＿＿＿＿＿＿＿＿＿＿＿＿＿＿

响应：＿＿＿＿＿＿＿＿＿＿＿＿＿＿＿＿＿＿＿＿＿＿＿＿＿＿＿＿＿＿＿

＿＿＿＿＿＿＿＿＿＿＿＿＿＿＿＿＿＿＿＿＿＿＿＿＿＿＿＿＿＿＿＿＿＿＿

评价：□ 正确　　　　□ 待改进　　　　□ 较差

（12）视频脚本。

任务：＿＿＿＿＿＿＿＿＿＿＿＿＿＿＿＿＿＿＿＿＿＿＿＿＿＿＿＿＿＿＿

响应：＿＿＿＿＿＿＿＿＿＿＿＿＿＿＿＿＿＿＿＿＿＿＿＿＿＿＿＿＿＿＿

＿＿＿＿＿＿＿＿＿＿＿＿＿＿＿＿＿＿＿＿＿＿＿＿＿＿＿＿＿＿＿＿＿＿＿

评价：□ 正确　　　　□ 待改进　　　　□ 较差

（13）头脑风暴。

任务：＿＿＿＿＿＿＿＿＿＿＿＿＿＿＿＿＿＿＿＿＿＿＿＿＿＿＿＿＿＿＿

响应：＿＿＿＿＿＿＿＿＿＿＿＿＿＿＿＿＿＿＿＿＿＿＿＿＿＿＿＿＿＿＿

＿＿＿＿＿＿＿＿＿＿＿＿＿＿＿＿＿＿＿＿＿＿＿＿＿＿＿＿＿＿＿＿＿＿＿

评价：□ 正确　　　　□ 待改进　　　　□ 较差

（14）故事创作。

任务：＿＿＿＿＿＿＿＿＿＿＿＿＿＿＿＿＿＿＿＿＿＿＿＿＿＿＿＿＿＿＿

响应：＿＿＿＿＿＿＿＿＿＿＿＿＿＿＿＿＿＿＿＿＿＿＿＿＿＿＿＿＿＿＿

＿＿＿＿＿＿＿＿＿＿＿＿＿＿＿＿＿＿＿＿＿＿＿＿＿＿＿＿＿＿＿＿＿＿＿

评价：□ 正确　　　　□ 待改进　　　　□ 较差

（15）上下文问答。

任务：＿＿＿＿＿＿＿＿＿＿＿＿＿＿＿＿＿＿＿＿＿＿＿＿＿＿＿＿＿＿＿

响应：＿＿＿＿＿＿＿＿＿＿＿＿＿＿＿＿＿＿＿＿＿＿＿＿＿＿＿＿＿＿＿

＿＿＿＿＿＿＿＿＿＿＿＿＿＿＿＿＿＿＿＿＿＿＿＿＿＿＿＿＿＿＿＿＿＿＿

评价：□ 正确　　　　□ 待改进　　　　□ 较差

（16）写作改进。

任务：＿＿＿＿＿＿＿＿＿＿＿＿＿＿＿＿＿＿＿＿＿＿＿＿＿＿＿＿＿＿＿

响应：＿＿＿＿＿＿＿＿＿＿＿＿＿＿＿＿＿＿＿＿＿＿＿＿＿＿＿＿＿＿＿

＿＿＿＿＿＿＿＿＿＿＿＿＿＿＿＿＿＿＿＿＿＿＿＿＿＿＿＿＿＿＿＿＿＿＿

评价：□ 正确　　　　□ 待改进　　　　□ 较差

（17）文本摘要。

任务：＿＿＿＿＿＿＿＿＿＿＿＿＿＿＿＿＿＿＿＿＿＿＿＿＿＿＿＿＿＿＿

响应：_____
_____

评价：□ 正确　　　　□ 待改进　　　　□ 较差

（18）智能客服。

任务：_____

响应：_____
_____

评价：□ 正确　　　　□ 待改进　　　　□ 较差

---------------------- 请将丰富内容另外附纸粘贴于此 ----------------------

3. 实训总结
_____
_____
_____

4. 实训评价（教师）
_____
_____

第 12 课
大语言模型应用框架

● 学习目标

（1）了解大模型内涵的哲学思想。
（2）熟悉大模型应用流程。
（3）熟悉大模型的应用场景。

● 学习难点

（1）大模型哲学问题。
（2）大模型应用流程。

● 素质要素

全球视野与合作精神：通过讨论大模型技术在国际规则制定、跨国数据流动中的角色，结合"构建人类命运共同体"的理念，培养学生具备全球视野，理解国际合作的重要性，以及在技术进步中寻求共赢解决方案的能力。通过思政教育元素的融入，不仅可以让学生深入理解大模型的技术原理和应用前景，还能促使他们形成正确的世界观、人生观和价值观，成为有责任、有担当的社会成员。

个人成长与价值观念：在学习大模型的应用流程与应用场景等知识时，可以结合培养学生的道德意识、社会责任感，以及正确的价值观念，确保技术进步与个人成长、社会福祉相协调。例如，分析大模型如何在医疗、教育、环保等领域服务社会，提升公共福祉，激发学生利用技术解决社会问题的热情，培养其服务社会、报效国家的使命感。强调大模型应用往往需要跨学科知识的融合，鼓励学生在学习过程中培养团队合作精神，提升沟通协调能力，为未来在多元化团队中发挥作用奠定基础。

大语言模型技术就像一把神奇的钥匙，正在为产品开发打开新世界的大门。无论是个人开发者想要借助这项技术来提升自己的技能和打造酷炫的产品，还是企业团队希望通过它在商业战场上取得竞争优势，都要学会运用大模型辅助产品的全流程开发与应用。

简单来说，使用预训练的大模型开发的主要优势在于简化开发过程，降低开发难度，而传统的机器学习开发则需要更多的专业知识和资源投入。

12.1 大语言模型哲学问题

人工神经网络（ANN）和早期的自然语言处理（NLP）结构一直是哲学讨论的焦点，聚焦在它们作为建模人类认知的适用性上。其中有些争论因深度学习的发展和大语言模型的成功而复苏和转变。

12.1.1 组成性

近年来，大模型迅速发展，大量实证调查研究了大模型在需要组合处理的任务上是否能表现出类人水平的性能，主要评估模型的组合泛化能力，即它们是否能够系统地重新组合先前学到的元素，并将这些元素组成的新输入映射到正确的输出上。这对于大模型来说，本来就是一项困难的任务，因为它们通常是用庞大的自然语言语料库训练而成的，而这些数据可能包含了很多特定的句子模式。但研究者通过精心设计的训练-测试划分合成数据集，克服了这一问题。

在组合泛化的合成数据集上，许多基于 Transformer 的模型在测试上取得了不错的表现。通过从许多相关的学习任务中进行泛化以更好地学习，即元学习，也表现出无须进一步进行架构调整即可进行泛化的潜力。元学习让模型接触到多个相关任务的分布，从而帮助它们获取通用知识。通过元学习，在一系列不同于人工训练的 Transformer 模型上实现了系统性泛化，展现出与人类相似的准确性和错误模式，而且这些模型不需要明确的组合规则。这表明，要模仿人类大脑的认知结构，可能不需要严格的内置规则。

人工神经网络使用的是连续向量，使得对自然语言等领域进行更灵活的建模成为可能。利用连续性的统计推理方法，如神经网络，能够提供可处理的近似解决方案。连续性也允许使用深度学习技术，同时优化信息编码和模型参数，以发现最大化性能的任务特定表示空间。因此，基于 Transformer 的人工神经为"神经组合计算"提供了有希望的见解：表明人工神经网络可以满足认知建模的核心约束，特别是连续和组合结构以及处理的要求。

12.1.2 天赋论与语言习得

天赋观念是哲学、美学用语，指人类生来就有的观念。一个传统争议在于，人工神经网络语言模型是否挑战了语言发展中天赋论的论点？原则性主张认为，即使接触再多的语言资料，也不足以使儿童迅速掌握句法知识。也就是说，如果没有内在的先验语法知识，人类就无法学习语言规则。发展性主张则基于"贫乏刺激"理论，认为儿童在发展过程中，实际接触的语言输入的性质和数量不足以诱导出底层句法结构的正确概念，除非他们拥有先天知识。

大模型在学习语法结构上的成功，成了天赋论的反例。大模型仅通过训练数据集，就能够获得复杂的句法知识。从这个意义上说，大模型提供了一种经验主义的证据，即统计学习者可以在没有先天语法的帮助下归纳出语法知识。然而,这并不与发展性主张相矛盾，因为大模型通常接收的语言输入量比人类儿童要多上几个数量级。而且，人类儿童面对的语言输入和学习环境与大模型有很大不同。

12.1.3 语言理解与基础

语义能力通常指的是人们使用和理解一种语言中所表达的含义的能力和知识。有人提出大模型可能展现出一定程度的语义能力。皮安塔多西和希尔认为，大模型中词汇项的含义与人类一样，不取决于外部引用，而取决于相应表示之间的内部关系，这些表示可以在高维语义空间中，以向量形式进行描述。这个向量空间的"内在几何"指的是不同向量之间的空间关系，例如向量间的距离、向量组之间形成的角度，以及向量在响应上下文内容时的变化方式。大模型展示的令人印象深刻的语言能力表明，它们的内部表示空间具有大致反映人类概念空间的基本特性的几何结构。因此，评估大模型的语义能力不能仅通过检查它们的架构、学习目标或训练数据来确定；相反，至少应该部分地基于系统向量空间的内在几何结构。一些观点认为，通过在语料库上进行训练，大模型可能在一定程度上实现真正的语言指称。

虽然大模型通过它们的训练数据与世界之间存在间接的因果关系，但这并不能保证它们的输出是基于真实世界的实际指代。莫洛和米利埃认为，仅在文本上进行训练的大模型实际上可能通过依据人类反馈优化语言模型的微调，获得涉及世界的功能。虽然经过精细调整的大模型仍然无法直接访问世界，但反馈信号可以将它们的输出与实际情况联系起来。

还有重要的一点是大模型不具有沟通意图。大模型输出的句子可能没有明确的含义，句子的含义是由外部解答产生的。当人类给定一个外部目标时，大模型可能表现出类似沟通意图的东西，但这个"意图"完全是由人类设定的目标确定的，大模型本质上无法形成沟通意图。

12.2 大语言模型应用流程

大模型正在重塑产业。但是，企业想要真正拥有大模型，实现自建大模型，仍然面临着很多现实问题：怎样才能拥有企业专属的领域大模型，如何高效率、低成本地处理数据，模型数据如何动态更新，私有数据如何安全地接入大模型，图12-1所示为构建大模型的分步指南。

图12-1 构建大模型的分步指南

12.2.1 确定需求大小

在构建大模型的前期准备中，基础设施十分重要，GPU 的型号及数据直接关系到模型的训练质量和训练时间。随着更强算力资源的推出，大模型的训练速度被大大加快。但即使提升了单个 GPU 的算力，训练超级规模的大模型也不是一件容易的事情。

（1）GPU 内存容量有限，使得即使在多 GPU 服务器上也无法适合大模型。

（2）所需的计算操作的数量可能导致不切实际的长训练时间。

各种模型并行性技术以及单机多卡、多机多卡的分布式训练部分解决了这两个挑战，如图 12-2 所示。其中，P 是数据更新需求，经过各个模型处理之后，产生处理后的结果为 ΔP。通过数据并行性，每个工作人员都有一个完整模型的副本，输入数据集被分割，工作人员定期聚合他们的梯度，以确保所有工作人员都看到权重的一致版本，如图 12-3 所示。对于不适合单个 GPU 的大模型，数据并行性可以在较小的模型碎片上使用。

图 12-2 单机多卡的训练模式

图 12-3 数据并行训练模式在多个设备间共享模型图层

当使用相同转换块的模型时，每个设备可以分配相同数量的转换层。一个批次被分割成更小的微批次；然后在微批次之间通过流水线执行。为了精确地保留严格的优化器语义，技术人员引入了周期性的管道刷新，以便优化器步骤能够跨设备同步。

在大模型开始训练之前，需要考虑吞吐量，估计出进行端到端训练所需的总时间。对于搭建自有的大模型来说，训练多大的规模参数就需要有多大规模的算力。

12.2.2 数据收集

对于初代大模型来说，数据收集以及后续处理面临诸多问题，如数据许可、数据集特征和覆盖率、数据预处理的充分性、如何解决数据集偏差、如何解决数据集公平性、不同数据集的差异、数据隐私、数据安全等。

初代大模型的推出具有跨时代的意义，这不仅让人们能够充分利用大模型的便利性，也为更多大模型的推出铺平了道路。例如，ChatGPT 训练了几乎所有能在公开渠道找到的数据，这对于后续大模型开发提供了便利，一方面后续的大模型可以借助 ChatGPT 更好地完成数据集收集任务，另一方面 ChatGPT 的成功也为后续其他大模型的数据收集提供了经验。

按类别划分的数据集分布在数据收集完成之后，需要按照一定的比例对数据集进行混合，数据混合旨在增强模型的泛化能力和抵抗对抗性攻击。这个过程通常与数据增强结合使用，有助于减轻过度拟合，提高模型的鲁棒性。在进行混合时，需要为每个样本或特征分配一个权重，这些权重可以是固定的，也可以是随机的，权重的选择方式取决于混合策略和具体任务。例如，对于某些图像分类任务，更高的混合比例可能有助于提高模型的泛化能力，而对于其他任务，适度的混合比例可能就足够了。

混合时也要考虑数据的大小和多样性，如果数据集非常庞大，多样性强，就可以考虑使用较低的混合比例，因为已经有足够的数据来训练模型。但是如果数据集相对较小，多样性低，增加混合比例可能有助于增加样本数量，减轻过拟合。

12.2.3 数据集预处理

大模型具有采样效率高的特点，但这意味着如果输入模型的数据充满拼写错误的单词、性质粗俗、包含大量目标语言之外的其他语言，或者具有不受欢迎的恶作剧特征，那么大模型最终的效果会存在问题。基于此，在对大模型进行训练之前，需要对收集到的数据进行预处理操作。

（1）数据清洗、过滤、语句边界检测、标准化。

（2）针对训练性能的数据转换。在训练机器学习模型时，需要对原始数据进行各种处理和转换，以提高模型的性能和泛化能力。数据转换的目标是使训练数据更适合于模型的学习和泛化，以及减少模型的过拟合风险，如特征缩放、特征工程、数据清洗、特征选择、数据增强、标签平滑、数据分割等。

（3）分词器训练。这是自然语言处理中的重要工具，用于将连续的文本序列分解成单个词汇或标记。分词器训练是为了使其能够理解不同语言和领域中的文本，并准确地划分词汇。

12.2.4 大模型预训练

通过模型并行性，模型的图层将在多个设备之间共享。当使用相同转换器的模型时，每个设备可以分配相同数量的转换器层。一个批被分割成更小的微批，然后在微批次之间通过流水线执行。图 12-4 所示为默认的和交错的管道计划。

图 12-4　默认的和交错的管道计划

实际上,大模型预训练的过程中需要注意的问题远不止这么简单。分布式训练能够解决小模型的训练问题,但是随着模型的增大、训练数据集规模的增长,数据并行就会出现局限性。当训练资源扩大到一定规模时,就会出现通信瓶颈,计算资源的边际效应显现,增加资源也没办法进行加速,这就是常说的"通信墙"。

此外,大模型训练可能还会遇到性能墙的困扰,这是指在某个特定任务或计算资源上,模型的性能无法继续有效提升的情况。当模型接近性能墙时,增加更多的计算资源或数据量可能不会显著改善模型的性能,因为模型已经达到了某种极限或瓶颈。

性能墙通常表现为以下几种情况:

(1) 训练时间增长:随着模型规模的增大,训练时间也显示出显著增长的趋势。这是因为更大的模型需要更多的计算资源和时间来收敛,但性能提升可能会递减,最终趋于停滞。

(2) 资源利用不高:增加更多的计算资源(如 GPU 或 TPU)可能会减少训练时间,但利用率不高,因为模型可能无法有效地利用所有资源来提升性能。

那么,什么是大模型训练成功的标准呢?一般会通过定量分析和定性分析来回答这个问题。

- 定量分析:观察大模型的训练损失,这表明模型正在学习并拟合训练数据;检查大模型性能指标,对分类,有准确率、精确度、召回率等;对回归,有均方误差、平均绝对误差等。
- 定性分析:通过合并检查点,将多个模型检查点合并为统一的检查点文件。一旦合并了检查点,就可以从该检查点加载模型,然后使用加载的模型来生成文本。这时就需要检查生成句子的连贯性、语法、相关性、多样性等,评估句子的生成质量。

另外,也通过对验证集和测试集的评估来观察大模型的表现:一是观察大模型在处理验证集和测试集时的各项指标;二是观察大模型是否有过拟合的现象出现。

12.2.5　任务微调与部署

进行预训练之后,往往需要对大模型进行实验和微调处理,实验的作用是检验大模型是否训练成功。如果实验结果证明训练是成功的,接下来就需要进行微调处理。

微调处理的优点是可以对大模型有针对性地做出训练,例如大模型的侧重点是在情感分析还是在机器翻译,又或者是文本分类。通过微调之后,大模型在垂直领域的适应性会更强,准确率更高。这一过程通常称为价值观对齐,目的是提高模型的性能、适应性和效率,充分利用大模型的通用知识,使其更好地适应不同的任务和领域。

训练过程中需要大量的 GPU 资源,在模型部署过程中也同样需要。以 175B 的模型为例,不压缩模型的情况下部署需要 650 GB 的内存,这时可以通过模型缩减和压缩或者采用分布式部署方式来减轻部署压力。

12.3 大语言模型应用场景

大模型应用是指将大规模预训练模型(通常指参数量达到数十亿甚至上百亿级别的深度学习模型)部署到实际场景中,以解决各类复杂任务或赋能不同行业。这些模型因其巨大的参数量、强大的泛化能力和对大量数据的学习能力,能够展现出卓越的性能和广泛的适用性。

大模型应用以其强大的数据处理能力和广泛的知识覆盖范围,正在深度渗透到各行各业,推动数字化转型、智能化升级,助力企业和机构提高效率、降低成本、创新服务模式,并在某些情况下实现超越人类专家的性能。随着技术的持续进步和更多应用场景的探索,大模型的应用前景将更加广阔。

12.3.1 大模型典型应用领域

虽然大模型诞生和发展的时间并不长,但它已经具有广泛的应用场景,以下是大模型的一些实际的主要应用领域。

(1)文本翻译:大模型能够高质量实时翻译各种书面文本,包括文档、网页、社交媒体内容、书籍等,提供跨语言沟通的桥梁。用户只需输入源语言文本,模型即可输出目标语言的高质量译文,而且能够保持原文的语义、风格和文化适应性。

大模型还可用于执行机器翻译质量评估与优化,识别并标记存在错误的句子,指导校对或触发大模型自身进行校对与通读,以提高翻译准确性与一致性。这些应用场景展示了大模型在不同行业和领域的强大适应性和价值,其应用范围有望进一步拓宽。

(2)自然语言生成:大模型能够自动提炼长篇文本的关键信息,生成简洁的摘要,便于用户快速获取核心内容。此外,大模型能够基于用户提供的设定或情节线索生成创意文本,如小说章节、短篇故事、电影剧本、商业报告、新闻报道等,为作家、编剧提供灵感和初步素材。

(3)情感分析与智能客服:在自然语言处理中,大模型能够分析文本中的情感色彩和用户意图,自动对文档进行主题归类或情感标注,用于舆情监测挖掘用户意见倾向和社会情绪变化、产品反馈分析、社交媒体监控等。在智能客服系统中,它们能够理解用户问题,提供精准回答,进行多轮对话,并具备一定的问题解决能力。

(4)知识收取与推理:大模型作为问答系统的后端,提取文本中的实体和关系,能够理解和解答各类复杂问题,从简单的事实查询到深度的专业咨询。结合知识图谱技术,它们能够在大量结构化和非结构化数据中抽取相关信息，进行知识推理，为用户提供准确、详尽的答案。

（5）语音助手与聊天机器人：集成到语音助手平台的大模型使得用户可以通过自然语言与设备交互，执行任务、查询信息、控制家居设备等。开发具备上下文记忆、情感识别等功能的智能聊天机器人则利用大模型在各种在线平台上提供 7×24 小时的智能客户服务、虚拟助手娱乐对话及个性化建议。

（6）代码开发与辅助：某些专门训练的大模型能够根据程序员的描述或注释生成对应的代码片段，协助编写、补全或重构代码，显著提升开发效率。它们也能解释代码逻辑、提供编程指导和最佳实践建议。

（7）教育与培训：大模型能够生成个性化学习材料、创建交互式教程、提供即时答疑服务，以及评估学生作文、论文等书面作业，助力远程教育和自主学习。

（8）法律与合规：在法律行业，大模型可用于起草合同、协议、法律意见书等文件，快速检索相关案例和法规，甚至辅助法务人员进行案件预测。它们还能帮助审查文本的合规性，如检测歧视性语言、确保内容符合法规要求。

（9）医疗健康文本处理：大模型能够解析病历、科研文献、患者咨询等医学文本，辅助诊断决策、生成病例摘要、提供临床建议，甚至参与药物研发过程中的文献分析和假设生成。

（10）计算机视觉（CV）：图像分类与识别，在医疗影像诊断、自动驾驶目标检测、遥感图像分析等领域，大模型能准确识别图像中的物体、特征和异常情况。图像生成与编辑，创造逼真的艺术作品、合成照片、进行图像修复与增强，或者为设计、广告等行业提供高效的创意工具。

（11）跨模态应用：语音识别与合成，实现高保真人机语音交互，如智能音箱、语音助手、电话客服等。视频理解与生成，对视频内容进行实时分析，用于内容审核、行为识别、体育赛事分析等；或者生成动画、游戏画面、影视特效等。

（12）工业领域：故障诊断与预测性维护，如通过学习生产线设备的故障代码及对应处理方案，模型能快速识别故障类型、定位故障发生位置，并提出维修建议，实现生产设备的智能化运维，降低停机时间和维修成本；工艺优化与质量控制，大模型可分析生产数据，找出影响产品质量的关键因素，指导生产工艺调整，提升良品率；供应链管理，预测需求、优化库存、调度物流资源，提升供应链响应速度和效率。

此外，还可进行金融风控，实时监测交易行为，识别潜在欺诈风险，辅助信贷审批、投资决策等金融业务，等等。

12.3.2 大模型助力医疗诊断

大模型进一步推动了循证医学（见图 12-5）的发展。下面看一例发生在一名 4 岁男孩身上的真实经历。

图 12-5　临床医学的循证等级

故事的主人公名叫亚历克斯，他的母亲柯特妮有两个孩子。

某天，在某次体育运动后，亚历克斯的身体出现剧痛。保姆告诉柯特妮，亚历克斯对止痛药有依赖性，不然就会疼到崩溃。接着，亚历克斯又出现了磨牙的症状，父母把这两件事联系到了一起，认为可能是由换牙或者蛀牙引起的疼痛导致的。于是母亲带着亚历克斯去看了牙医，亚历克斯长达三年的寻医之路便开始了。

由于牙医检查之后没有发现任何问题，但提出鉴于亚历克斯正在磨牙，推荐他们去看专业治疗气道阻塞的正畸医生。正畸医生发现，亚历克斯的上颚太小，导致呼吸困难，于是给亚历克斯放置一个扩张器。这种治疗的确起到效果，母亲一度认为亚历克斯的病马上就要痊愈了。

很合理，但现实往往是不讲逻辑的。妈妈很快又发现，只有四岁的亚历克斯突然不长个子了。这一次，妈妈求助的是一名儿科医生。医生认为亚历克斯可能是受到了流行性病毒的影响，但妈妈对这个解释并不满意。不过，妈妈还是在 2021 年初带着亚历克斯去复查了。医生告诉妈妈，亚历克斯的个子"长高了一点"，但发现亚历克斯的左右脚有些不平衡，建议他们选择物理治疗。这次，妈妈相信了医生的话，但在物理治疗开始之前，亚历克斯又出现了头痛的症状，而且越来越严重。物理治疗的事只好先搁置一下，母亲先带亚历克斯去看神经内科医生，结论是亚历克斯患有偏头痛。

在和头痛进行抗争的同时，亚历克斯还被精疲力竭的症状困扰着，于是又被带到了耳鼻喉科医生那里检查是否有鼻窦问题影响睡眠。经历了这番波折之后，亚历克斯终于开始接受物理治疗，他的物理治疗师认为，亚历克斯可能患有一种名为 Chiari 畸形的先天性疾病。这种先天性疾病会导致头骨与脊柱相接处的大脑出现异常。

母亲开始对此展开研究，带着 Chiari 的资料又看了儿科医生、小儿内科医生、成人内科医生和肌肉骨骼医生等。最终，亚历克斯看过的医生多达 17 位，可以说几乎踏遍了能想到的所有科室，甚至被送入急诊，但依旧没能检查出所以然。

直到 ChatGPT 让整个事件出现了 180 度大逆转。

抱着试一试的心态，母亲注册了一个 ChatGPT 账号。她将亚历克斯的症状和磁共振成像报告中的注释一并输入，其中有一个细节，就是亚历克斯无法完成盘腿坐的动作。ChatGPT 给出了诊断——脊髓栓系综合征（TCS）。

当然，柯特妮并没有直接相信，得到答案之后，她先是找到了某社交平台上的一个患儿家长交流群。结果看了里面的讨论之后，母亲觉得这些症状和亚历克斯真的是太像了。

这一发现让几近熄灭的希望之火重新燃了起来，事后母亲回忆说，自己在计算机前坐了一整晚，仿佛经历了所有的一切。

带着这一结论和亚历克斯的磁共振成像报告，找到了神经外科医生。这次终于是找对人了，神外医生看了一眼磁共振成像报告就给出了和 ChatGPT 一样的结论，并指出了栓系的具体位置。后来的事情就比较顺利了。亚历克斯接受了手术治疗，正在进行康复治疗。

那么为什么亚历克斯直到看到第 18 个医生才最终确诊呢？

首先，和亚历克斯自身有一定关系。TCS 患者的背部通常会出现裂口，但亚历克斯并没有裂口，这种情况称为隐式脊髓栓系综合征（OTCS）。虽然 TCS 是罕见病，但在新生儿中的发病率也并不低，为 0.005%～0.025%，比白血病的发病率还要高一些。但 OTCS 就比较罕见了——罕见到发病率根本没统计出来。

不过毕竟故事的最后，外科医生看到磁共振图像之后很快就给出了判断。所以，之前没能确诊，或许是因为"找错了医生"：那 17 名医生中，的确没有人从事外科。当然，这也是正常的，毕竟他们都是擅长各自专业领域的专科医生（对应全科医生），专业之外的知识难免了解不全面。但是这也暴露出一个问题，遇到无法解释的难题时，这些医生都没有考虑进行多学科会诊，是否全面询问过亚历克斯的各项病史也不得而知。

用母亲柯特妮的话说，没有人愿意解决"更大（超出自己学科范围）的问题"，没有人会给出任何关于诊断结果的线索。而 ChatGPT 的知识库至少在广度上比细分领域的专业人士要丰富得多，更加全面地考虑了亚历克斯的情况，最终才给出正确的结论。

对于大模型而言，这几乎是个完美的测试任务。那么，这次 ChatGPT 的成功诊断，究竟是误打误撞，还是确实已经具备诊断能力了？

AI 究竟能否用于诊断？

事实上，用 ChatGPT 或 GPT-4 来做病情诊断工具，也不是第一次有人这样做了。GPT-4 出来后不久，就有人用它成功诊断了自家狗子的一种病例，这段经历一度在网上爆火。

他将狗子从第一次发病开始的症状、治疗过程以及每次的血液检测报告都告诉了 GPT-4：

20 日当天高烧 41.5 ℃，医生根据验血结果诊断为犬巴贝斯虫病（附血液检测结果），接下来的 3 天接受抗生素治疗，24 日当天接受抗生素治疗，但出现牙龈苍白（附新的血液检测结果）。

GPT-4 很快给出了检测结果，并在对话中表明可能是以下两种原因导致的：

（1）溶血：由于各种原因造成的红细胞破坏，如免疫介导性溶血性贫血（IMHA）、毒素或除巴贝斯虫病以外的其他感染。

（2）失血：内部或外部出血，可由创伤、手术或胃肠道问题（如溃疡或寄生虫）引起。

最终医生诊断结果显示，狗子患上的确实是免疫介导性溶血性贫血（IMHA），对症下药后狗子得救了。

除此之外，也有网友自述被 ChatGPT（GPT-4）救了一命的经历。他在去健身房后浑身酸痛，将病症咨询 GPT-4 后，得出"横纹肌溶解症"的答案，立刻去医院并因此捡了一命。

但也有学术研究提到，无论是 ChatGPT 还是 GPT-4，都并非一个完全可以依赖的 AI 医生。例如，哈佛大学附属医院布莱根妇女医院（BWH）发表在 JAMA 上的一项研究就显示，在给出癌症治疗建议时，ChatGPT 只有 62% 的案例是完全正确的。在其他的案例中，有 34% 的建议至少都包含一个或多个和正确诊断结果不一致的答案，还有 2% 的案例给出了不可信的诊断结果。

对此，研究认为，还不能完全将诊断交给 ChatGPT 或 GPT-4，毕竟他们在诊断这一过程上依旧无法和专业的医生相比。不过有网友指出，ChatGPT 没诊断成功的原因，可能也和训练数据有关，2021 年之后的治疗信息并没有包含其中。

对此，哈佛大学流行病学助理教授安德鲁·比姆认为，ChatGPT 和 GPT-4 的使用效果应该分两方面看待：一方面，它们要比一些普通的诊断软件或者搜索引擎更好用，尤其是 GPT-4 这个版本。但另一方面，它们目前还不太可能取代具备大量专业知识的临床医生。毕竟对于人工智能来说，它们确实可能在找不到答案时捏造信息，根据"幻觉"推测出错误结果。

美国医学会（AMA）的主席杰西·埃伦菲尔德对此表示，即使人工智能能诊断结果，最终的责任还是医生自己的。

作　　业

1. 简单来说，使用预训练的大模型开发的主要优势在于（　　），而传统的机器学习开发则需要更多的专业知识和资源投入。
   ① 简化开发过程　　　　　　② 降低开发难度
   ③ 形成复杂开发流程　　　　④ 根据质量要求提高开发强度
   A. ①②　　　　B. ③④　　　　C. ①③　　　　D. ②④

2. 人工神经网络和早期的自然语言处理结构一直是哲学讨论的焦点，聚焦在相比于（　　）对应物模型，它们是否构成了更好的人类认知模型。
   ① 随机的　　　　② 经典的　　　　③ 符号的　　　　④ 基于规则的
   A. ①③④　　　　B. ①②④　　　　C. ②③④　　　　D. ①②③

3. （　　），即通过从许多相关的学习任务中进行泛化以更好地学习，也表现出无须进一步进行架构调整即可进行泛化的潜力。
   A. 监督学习　　　B. 元学习　　　C. 自主学习　　　D. 强化学习

4. 元学习让模型接触到多个相关任务的分布，从而帮助它们获取（　　）。元学习表明，要模仿人类大脑的认知结构，可能不需要严格的内置规则。
   A. 直接知识　　　B. 复杂知识　　　C. 专用知识　　　D. 通用知识

5. （　　）是指人类生来就有的观念。大模型在学习语法结构上的成功，成了这种观念的反例。大模型仅通过训练数据集，就能够获得复杂的句法知识。
   A. 天赋观念　　　B. 经验主义　　　C. 语义能力　　　D. 先知先觉

6. 有人提出大模型可能展现出一定程度的（　　），它通常指的是使用和理解一种语言中所表达的含义的能力和知识。
   A. 天赋观念　　　B. 经验主义　　　C. 语义能力　　　D. 先知先觉

7. 重要的一点是大模型不具有（　　），大模型可能会表现出类似这样的东西，但这完全是由人类设定的目标确定的，大模型本质上无法形成它。
   A. 计算能力　　　B. 沟通意图　　　C. 语言能力　　　D. 音乐形式

8. 人类能够相互合作，将知识从上一代传到下一代，并在（　　）知识方面取得新的进展。这种方式使人类的知识积累和发现保持稳步发展。
   ① 语言学　　　　② 生态学　　　　③ 科学　　　　　④ 社会学
   A. ①③④　　　　B. ①②④　　　　C. ①②③　　　　D. ②③④

9. 企业想要实现自建大模型，仍然面临着很多现实问题，包括（　　）等。
   ① 模型数据如何动态更新
   ② 私有数据如何安全地接入大模型
   ③ 如何高效率、低成本地处理数据
   ④ 怎样才能拥有企业专属的领域大模型
   A. ②③④　　　　B. ①③④　　　　C. ①②③④　　　D. ①②④

10. 在构建大模型的前期准备中，基础设施是最重要的，GPU 的（　　）直接关系到模型的训练质量和训练时间。
    A. 质地与材料　　B. 型号及数据　　C. 国籍与产地　　D. 颜色与尺寸

11. （　　）的推出具有跨时代的意义，这不仅让人们能够充分利用大模型的便利性，也为更多大模型的推出铺平了道路。
    A. 大模型机制　　B. 成功的应用　　C. 成熟算法　　　D. 初代大模型

12. 随着模型的增大，训练数据集规模的增长，数据并行会出现通信瓶颈，计算资源的边际效应显现，增加资源也没办法进行加速，这就是常说的（　　）。
    A. 通信墙　　　　B. 防火墙　　　　C. 性能墙　　　　D. 歪脖子

13. 大模型训练过程中，当模型接近（　　）时，增加更多的计算资源或数据量可能不会显著改善模型的性能，因为模型已经达到了某种极限或瓶颈。
    A. 通信墙　　　　B. 防火墙　　　　C. 性能墙　　　　D. 歪脖子

14. 性能墙通常表现为（　　）几种情况。
    ① 训练时间增长　　　　　　　　　② 数据录入和收集困难
    ③ 资源流动性不足　　　　　　　　④ 资源利用不高
    A. ②③　　　　　B. ①④　　　　　C. ①②　　　　　D. ③④

15. 预训练之后，往往需要对大模型进行实验和微调。微调过程通常称为（　　），目的是提高模型性能、适应性和效率，充分利用大模型的通用知识，使其更好地适应不同的任务和领域。
    A. 效率工程　　　B. 三观一致　　　C. 性能提升　　　D. 价值观对齐

16. 大模型应用是指将大规模预训练模型部署到实际场景中，以解决各类复杂任务或赋能不同行业。这些模型因其（　　），展现出卓越的性能和广泛的适用性。

① 巨大的参数量 　　　　　　　② 强大的泛化能力
③ 对大量数据的学习能力　　　④ 性能稳定且使用成本低廉

　　A. ①②③　　　B. ②③④　　　C. ①②④　　　D. ①③④

17. 在工业领域的（　　）方面，大模型可分析生产数据，找出影响产品质量的关键因素，指导生产工艺调整，提升良品率。

　　A. 故障诊断与预测性维护　　　B. 工艺优化与质量控制
　　C. 工艺优化与质量控制　　　　D. 实时监测交易行为

18. 课文中，ChatGPT 协助诊断小男孩亚历克斯患罕见病 OTCS 的案例说明，大模型正在进一步地推动（　　）的发展。

　　A. 图像分析　　B. 循证医学　　C. 传统医学　　D. 智能诊断

19. 就目前而言，即使人工智能能诊断结果，最终责任还是医生自己的。毕竟对于人工智能来说，它们确实可能在找不到答案时捏造信息，根据"（　　）"推测出错误结果。

　　A. 计算　　　　B. 筛选　　　　C. 统计　　　　D. 幻觉

💡【实训与思考】精通垃圾分类的 ZenRobotics 机器人

垃圾分类是人们很快就会厌倦的工作之一，而且这项工作还有一定的危险性。因此，ZenRobotics 公司制造了从事这项工作的机器人，它尤其精通垃圾分类，能识别 500 多种垃圾。自 2011 年起发展至今，ZenRobotics 公司的机器人已经到了第四代技术。与前几代产品相比，ZenRobotics 4.0 迈出了特别大的一步，如图 12-6 所示。

图 12-6　ZenRobotics 4.0 垃圾分类机器人

这种机器人的基本构想是，将它们安装在城市垃圾处理厂、工厂或其他地方的垃圾进料传送带上，形成一个个被称为"单元"的装置。当木头、塑料、金属、玻璃或其他材料制成的物体经过时，机器人的人工智能物体识别系统会识别出每种材料。然后，机器人的抓手就会伸进去，抓住物体，并将其放入指定的垃圾箱。

此前的设计是一个物体识别系统单独对一条分拣线上的所有物体进行材料识别。但在 ZenRobotics 4.0 中，每个单元都有自己的紧凑型 ZenBrain 人工智能装置。据该公司称，与前几代产品相比，这一变化将精度和效率提高了 60%～100%。

ZenRobotics 4.0 机器人分为重型拾取机 4.0 和快速拾取机 4.0 两种。重型拾取机能够分拣每件重达 40 kg 的物品，每小时可拾取 2 300 次。而快速拾取机的速度比它更快，每分钟可拾取 4 800 次，但它的最大拾取质量仅为 1 kg。ZenRobotics 公司建议，在一个垃圾流中，先用重型拣选机分拣所有重型垃圾，将较小的垃圾留给位于下游的快速拣选机。如果时间紧迫，系统可以设置为首先发现和分拣最有价值的材料，以确保它们不会被遗漏。

1. 实验目的

（1）了解大模型的构建流程，熟悉大模型的应用场景及其发展。

（2）熟悉大模型应用场景和典型应用领域。

（3）熟悉智能机器人技术的发展，了解典型的人形机器人和专业机器人产品，探索了解大模型与机器人的结合发展及其应用意义。

2. 实验内容与步骤

请仔细阅读本课，了解大模型的构建流程，熟悉大模型的应用场景及其发展。

（1）阅读上面的介绍，了解 ZenRobotics 垃圾分类机器人。

请结合本书第 8 课的"智能体"知识，分析文中的"形成一个个被称为'单元'的装置，每个单元都有自己的紧凑型 ZenBrain 人工智能装置"相关技术，并进行记录。

答：_____

_____

_____

你认为，大模型可以结合设计在 ZenRobotics 垃圾分类机器人系统中吗？

答：_____

_____

_____

（2）与大模型一样，人形机器人也是人工智能领域的一个热门研究项目。

请通过网络搜索人形机器人的最新发展信息并进行记录。

答：_____

_____

_____

请思考，大模型和人形机器人结合发展的作用与意义。

答：_____

_____

_____

3. 实训总结

_____

4. 实训评价（教师）

第 13 课 技术伦理与限制

● **学习目标**

（1）理解人工智能面临的伦理挑战。
（2）熟悉数据隐私及其保护对策。
（3）熟悉人工智能伦理原则，了解大模型的知识产权保护。

● **学习难点**

（1）人工智能伦理原则。
（2）大语言模型的知识产权保护。

● **素质要素**

（1）社会责任与伦理意识：通过分析大模型可能带来的伦理挑战，如隐私泄露、数据偏见、算法不透明度等，培养学生对技术应用的社会责任感，强化其在技术开发和使用中遵循伦理规范的意识。这有助于学生树立尊重个人隐私、维护社会公平正义的价值观，与社会主义核心价值观中的"公正""法治"相呼应。

（2）法律遵守与规则意识：讲解人工智能伦理规则及大模型知识产权保护，引导学生了解和尊重相关法律法规，如《网络安全法》《个人信息保护法》等，增强其法律意识和规则意识。这与"法治"理念紧密相连，促进学生在未来职业生涯中合法合规地进行技术研发和创新。

（3）创新与知识产权保护：强调在大模型开发和应用中知识产权的重要性，教育学生尊重原创，正确处理技术借鉴与抄袭的界限，激发其创新精神的同时，培养其保护自身及他人知识产权的意识。这与"创新"观念相契合，激励学生在遵守规则的前提下勇于创新，为科技进步贡献力量。

（4）批判性思维与自我反思：在学习过程中，鼓励学生对大语言模型的技术伦理和社会影响进行批判性思考，培养其自我反思能力，理解技术发展与社会伦理、法律之间的复杂关系。这有助于学生在技术快速迭代的时代中，保持清醒的头脑，做出负责任的选择。

随着人工智能不断取得突破，大模型时代到来，一些潜在的隐患和道德伦理问题也逐步显现出来。例如，人工智能在安全、隐私等方面存在一定风险隐患："换脸"技术有可能侵犯个人隐私，信息采集不当会带来数据泄露，算法漏洞加剧认知偏见……这说明，人工智能及其大模型不单具有技术属性，还具有明显的社会属性。唯有综合考虑经济、社会和环境等因素，才能更好地应对人工智能技术带来的机遇和挑战，推动其健康发展。

人工智能治理带来很多伦理和法律课题，如何打造"负责任的人工智能"正变得愈发迫切和关键。必须加强人工智能发展的潜在风险研判和防范，规范人工智能的发展，确保人工智能安全、可靠、可控。要建立健全保障人工智能健康发展的法律法规、制度体系、伦理道德。致力于依照"以人为本"的伦理原则推进人工智能的发展，应该将"社会责任人工智能"作为一个重要的研究方向。只有正确处理好人和机器的关系，才能更好地走向"人机混合"智能时代。

13.1 人工智能面临的伦理挑战

华裔人工智能科学家李飞飞表示，现在迫切需要让伦理成为人工智能研究与发展的根本组成部分。显然，我们比历史上任何时候都更加需要注重技术与伦理的平衡。因为一方面技术意味着速度和效率，应发挥好技术的无限潜力，善用技术追求效率，创造社会和经济效益。另一方面，人性意味着深度和价值，要追求人性，维护人类价值和自我实现，避免技术发展和应用突破人类伦理底线。只有保持警醒和敬畏，在以效率为准绳的"技术算法"和以伦理为准绳的"人性算法"之间实现平衡，才能确保"科技向善"。

13.1.1 人工智能与人类的关系

从语音识别到智能音箱，从无人驾驶到人机对战，经过多年不断地创新发展，人工智能给人类社会带来了一次又一次惊喜。同时，个人身份信息和行为数据有可能被整合在一起，这虽然能让机器更了解人们，为人们提供更好的服务，但如果使用不当，则可能引发隐私和数据泄露问题。例如，据某网站报道，一名14岁的少年黑客轻而易举地侵入了互联网汽车，他不仅入侵了汽车的互联网系统，甚至可以远程操控汽车，震惊了整个汽车行业。可见，如何更好地解决这些社会关注的伦理相关问题，需要提早考虑和布局。

对人工智能与人类之间伦理关系的研究，不能脱离对人工智能技术本身的讨论。

（1）真正意义上的人工智能的发展路径。在1956年达特茅斯学院的研讨会上，人们思考的是如何将人类的各种感觉，包括视觉、听觉、触觉，甚至大脑的思考都变成信息，并加以控制和应用。因此，人工智能的发展在很大程度上是对人类行为的模拟，让一种更像人的思维机器能够诞生。著名的图灵测试，其目的也是在检验人工智能是否更像人类。

但问题在于，机器思维在做出其判断时，是否需要人的思维这个中介。显然，对于人工智能来说，答案是否定的。人类的思维具有一定的定式和短板，强制性地模拟人类大脑思维的方式，并不是人工智能发展的良好选择。

（2）人工智能发展的另一个方向，即智能增强。如果模拟真实的人的大脑和思维的方向不再重要，那么，人工智能是否能发展出一种纯粹机器的学习和思维方式？倘若机器能够思维,是否能以机器本身的方式来进行?

机器学习,即属于机器本身的学习方式,它通过海量的信息和数据收集,让机器从这些信息中提出自己的抽象观念,例如,在给机器浏览了上万张猫的图片之后(见图13-1),让机器从这些图片信息中自己提炼出关于猫的概念。这时,很难说机器抽象出来的关于猫的概念与人类自己理解的猫的概念之间是否存在着差别。但是,模拟人类大脑和思维的人工智能尚具有一定的可控性,而基于机器思维的人工智能显然不能做简单定论。

图 13-1　人工智能识别猫

第一个提出"智能增强"的工程师恩格尔巴特认为:智能增强技术更关心的是人与智能机器之间的互补性,如何利用智能机器来弥补人类思维上的不足。例如,自动驾驶技术就是一种典型的智能增强技术。自动驾驶技术的实现,不仅是在汽车上安装了自动驾驶程序,更关键的是还需要采集大量的地图地貌信息,需要自动驾驶程序能够在影像资料上判断一些移动的偶然性因素,如突然穿过马路的人。自动驾驶技术能够取代容易疲劳和分心的驾驶员,让人类从繁重的驾驶任务中解放出来。同样,在分拣快递、在汽车工厂里自动组装的机器人也属于智能增强,它们不关心如何更像人类,而是关心如何用自己的方式解决问题。

13.1.2　人与智能机器的沟通

智能增强技术带来了人类思维和机器这两个平面,两个平面之间需要一个接口,接口技术让人与智能机器的沟通成为可能。在这种观念的指引下,今天的人工智能的发展目标并不是产生一种独立的意识,而是如何形成与人类交流的接口技术。也就是说,人类与智能机器的关系,既不是纯粹的利用关系,也不是对人的取代,成为人类的主人,而是一种共生性的伙伴关系。

由人工智能衍生出来的技术还有很多,其中潜在的伦理问题与风险也值得我们去深入探讨。如今关于"人工智能威胁论"的观点有不少支持者。如果人类要想在人工智能这一领域进行深入研究发展,就必须建立起一个稳妥的科技伦理,以此来约束人工智能的研发方向和应用领域。

业界已经展开了一定程度的探索。例如,构建有效的优化训练数据集,防止人工智能生成对公共安全、生产安全等有害的内容;在编程设计阶段,通过技术手段防止数据谬误,增加智能系统的透明度和公平性;预先设立应急机制和应对措施,对人工智能使用人员进行必要培训。这些举措,都在技术层面进一步夯实了人工智能治理的基础。

近年来，我国陆续发布《新一代人工智能伦理规范》《关于加强科技伦理治理的意见》《全球人工智能治理倡议》等，旨在提升人工智能治理能力，有效防控人工智能发展风险。同时，我国还通过积极搭建人工智能发展各方参与的开放性平台，推动形成具有广泛共识的国际人工智能治理方案，向国际社会贡献中国智慧。着眼长远，在发展、应用的同时加强监管和规范，人工智能就能更好地造福人类。

13.2 数据隐私保护对策

数据产业面临的伦理问题包括数据主权和数据权问题、隐私权和自主权的侵犯问题、数据利用失衡问题，这些问题影响了大数据的生产、采集、存储、交易流转和开发使用全过程。

相较于传统隐私和互联网发展初期，大数据技术的广泛运用使隐私的概念和范围发生了很大变化，呈现数据化、价值化的新特点。数据隐私保护伦理问题的解决需要从责任伦理的角度出发，关注技术带来的风险，倡导多元参与主体的共同努力，在遵守隐私保护伦理准则的基础上，加强道德伦理教育和健全道德伦理约束机制。

13.2.1 数据主权和数据权问题

由于跨境数据流动剧增、数据经济价值凸显、个人隐私危机爆发等多方面因素，数据主权和数据权已成为数据和人工智能产业发展遭遇的关键问题。数据的跨境流动是不可避免的，但这也给国家安全带来了威胁，数据的主权问题由此产生。数据主权是指国家对其政权管辖地域内的数据享有生成、传播、管理、控制和利用的权力。数据主权是国家主权在信息化、数字化和全球化发展趋势下新的表现形式，是各国在大数据时代维护国家主权和独立，反对数据垄断和霸权主义的必然要求，是国家安全的保障。

数据权包括机构数据权和个人数据权。机构数据权是企业和其他机构对个人数据的采集权和使用权，是企业的核心竞争力。个人数据权是指个人拥有对自身数据的控制权，以保护自身隐私信息不受侵犯的权利，也是个人的基本权利。个人在互联网上产生了大量的数据，这些数据与个人的隐私密切相关，个人对这些数据拥有财产权。

数据财产权是数据主权和数据权的核心内容。以大数据为主的信息技术赋予了数据以财产属性，数据财产是指将数据符号固定于介质之上，具有一定的价值，能够为人们所感知和利用的一种新型财产。数据财产包含形式要素和实质要素两部分，数据符号所依附的介质为其形式要素，数据财产所承载的有价值的信息为其实质要素。2001 年世界经济论坛将个人数据指定为"新资产类别"，数据成为一种资产，并且像商品一样被交易。

13.2.2 数据利用失衡问题

数据利用的失衡主要体现在两方面：

（1）数据的利用率较低。随着网络应用的发展，每天都有海量的数据产生，全球数据规模呈指数级增长，但是，一项针对大型企业的调研结果显示，企业大数据的利用率仅在 12% 左右。就掌握大量数据的政府而言，其数据的利用率更低。

（2）数字鸿沟现象日益显著。数字鸿沟束缚数据流通，导致数据利用水平较低。大数据的"政用""民用""公用"相对于大数据在商用领域的发展，无论技术、人才还是数据规模都有巨大差距。现阶段大数据应用较为成熟的行业是电商、电信和金融领域，医疗、能源、教育等领域则处于起步阶段。由于大数据在商用领域产生巨大利益，数据资源、社会资源、人才资源均向其倾斜，涉及经济利益较弱的领域，市场占比少。在商用领域内，优势的行业或优势的企业也往往占据了大量的大数据资源。大数据对于改善民生、辅助政府决策、提升工业信息化水平、推动社会进步可以起到巨大的作用，因此大数据的发展应该更加均衡，这也符合国家大数据战略中服务经济社会发展和人民生活改善的方向。

13.2.3 构建隐私保护伦理准则

构建隐私保护伦理的准则包括：

（1）权利与义务对等。数据生产者作为数据生命周期中的坚实基础，既有为大数据技术发展提供数据源和保护个体隐私的义务，又有享受大数据技术带来便利与利益的权利。数据搜集者作为数据生产周期的中间者，他们既可以享有在网络公共空间中搜集数据以得到利益的权利，又负有在数据搜集阶段保护用户隐私的义务。数据使用者作为整个数据生命周期中利益链条上游部分的主体，他们在享有了丰厚利润的同时，也负有推进整个社会发展、造福人类和保护个人隐私的义务。

（2）自由与监管适度。在解决隐私保护的伦理问题时，构建一定的规则与秩序，在维护社会安全的前提下，给予公众适度的自由，也是隐私保护伦理准则所必须关注的重点。所以，要平衡监管与自由两边的砝码，更注重个人隐私的保护，个人加强保护隐私的能力，防止沉迷于网络，努力做到在保持社会良好发展的同时，也不忽视公众对个人自由的诉求。

（3）诚信与公正统一。因丰厚经济利润的刺激和社交活动在虚拟空间的无限延展，使得互联网用户逐渐丧失对基本准则诚信的遵守。例如，利用黑客技术窃取用户隐私信息，通过不道德商业行为攫取更多利益等。在社会范围内建立诚信体系，营造诚信氛围，不仅有利于隐私保护伦理准则的构建，更是对个人行为、企业发展、政府建设的内在要求。

（4）创新与责任一致。在构建隐私保护的伦理准则时，可以引入"负责任创新"理念，对大数据技术的创新和设计过程进行全面的综合考量与评估，使大数据技术的相关信息能被公众所理解，真正将大数据技术的"创新"与"负责任"相结合，以一种开放、包容、互动的态度来看待技术的良性发展。

13.2.4 健全道德伦理约束机制

健全隐私保护的道德伦理约束机制包括：

（1）建立完善的隐私保护道德自律机制。个人自觉保护隐私，首先应该清楚意识到个人信息安全的重要性，做到重视自我隐私，从源头切断个人信息泄露的可能。政府、组织和企业可以通过不断创新与完善隐私保护技术的方式让所有数据行业从业者都认识到隐私保护的重要性，并在数据使用中自觉采取隐私保护技术，以免信息泄露。企业还可以通过建立行业自律公约的方式来规范自我道德行为，以统一共识的达成来约束自身行为。

（2）强化社会监督与道德评价功能。建立由多主体参与的监督体系来实时监控、预防侵犯隐私行为的发生，这在公共事务上体现为一种社会合力，代表着社会生活中一部分人的发声，具有较强的制约力和规范力，是完善隐私保护道德伦理约束机制的重要一步。其次，健全道德伦理约束机制还可以发挥道德的评价功能，让道德舆论的评价来调整社会关系，规范人们的行为。在隐私保护伦理的建设过程中，运用社会伦理的道德评价，可以强化人们的道德意志，增强他们遵守道德规范的主动性与自觉性，将外在的道德规范转化为人们的自我道德观念和道德行为准则。

13.3 人工智能伦理原则

人工智能发展不仅是一场席卷全球的科技革命，也是一场对人类文明带来前所未有深远影响的社会伦理实验。在应用层面，人工智能已经开始用于解决社会问题，各种服务机器人、辅助机器人、陪伴机器人、教育机器人等社会机器人和智能应用软件应运而生，各种伦理问题随之产生。机器人伦理与人因工程相关，涉及人体工程学、生物学和人机交互，需要以人为中心的机器智能设计。随着推理、社会机器人进入家庭，如何保护隐私、满足个性都要以人为中心而不是以机器为中心设计。过度依赖社会机器人将带来一系列的家庭伦理问题。为了避免人工智能以机器为中心，需要法律和伦理研究参与其中，而相关伦理与哲学研究也要对技术有必要的了解。

13.3.1 职业伦理准则的目标

需要制定的人工智能职业伦理准则，应达到以下目标：
（1）为防止人工智能技术的滥用设立红线。
（2）提高职业人员的责任心和职业道德水准。
（3）确保算法系统的安全可靠。
（4）使算法系统的可解释性成为未来引导设计的一个基本方向。
（5）使伦理准则成为人工智能从业者的工作基础。
（6）提升职业人员的职业抱负和理想。
人工智能职业伦理准则至少应包括下列几方面：
（1）确保人工智能更好地造福于社会。
（2）强化以人为本形成双向互进关系。
（3）避免人工智能对人类造成任何伤害。
（4）确保人工智能体位于人类可控范围之内。
（5）提升人工智能的可信性。
（6）确保人工智能的可问责性和透明性。
（7）维护公平。
（8）尊重隐私、谨慎应用。
（9）提高职业技能与提升道德修养并行发展。

13.3.2 创新发展道德伦理宣言

2018年7月11日,中国人工智能产业创新发展联盟发布了《人工智能创新发展道德伦理宣言》(简称《宣言》)。《宣言》除了序言之外,一共有六部分,分别是人工智能系统、人工智能与人类的关系、人工智能与具体接触人员的道德伦理要求,以及人工智能的应用和未来发展的方向,最后是附则。

发布"人工智能创新发展道德伦理宣言",是为了宣扬涉及人工智能创新、应用和发展的基本准则,以期无论何种身份的人都能经常铭记本宣言精神,理解并尊重发展人工智能的初衷,使其传达的价值与理念得到普遍认可与遵行。

《宣言》指出:

(1)鉴于全人类固有道德、伦理、尊严及人格之权利,创新、应用和发展人工智能技术当以此为根本基础。

(2)鉴于人类社会发展的最高阶段为人类解放和人的自由全面发展,人工智能技术研发当以此为最终依归,进而促进全人类福祉。

(3)鉴于人工智能技术对人类社会既有观念、秩序和自由意志的挑战巨大,且发展前景充满未知,对人工智能技术的创新应当设置倡导性与禁止性的规则,这些规则本身应当凝聚不同文明背景下人群的基本价值共识。

(4)鉴于人工智能技术具有把人类从繁重体力和脑力劳动束缚中解放的潜力,纵然未来的探索道路上出现曲折与反复,也不应停止人工智能创新发展造福人类的步伐。

建设人工智能系统,要做到:

(1)人工智能系统基础数据应当秉持公平性与客观性,摒弃带有偏见的数据和算法,以杜绝可能的歧视性结果。

(2)人工智能系统的数据采集和使用应当尊重隐私权等一系列人格权利,以维护权利所承载的人格利益。

(3)人工智能系统应当有相应的技术风险评估机制,保持对潜在危险的前瞻性控制能力。

(4)人工智能系统所具有的自主意识程度应当受到科学技术水平和道德、伦理、法律等人文价值的共同评价。

为明确人工智能与人类的关系,《宣言》指出:

(1)人工智能的发展应当始终以造福人类为宗旨。牢记这一宗旨,是防止人工智能的巨大优势转为人类生存发展巨大威胁的关键所在。

(2)无论人工智能的自主意识能力进化到何种阶段,都不能改变其由人类创造的事实。不能将人工智能的自主意识等同于人类特有的自由意志,模糊这两者之间的差别可能抹杀人类自身特有的人权属性与价值。

(3)当人工智能的设定初衷与人类整体利益或个人合法利益相悖时,人工智能应当无条件停止或暂停工作进程,以保证人类整体利益的优先性。

《宣言》指出,人工智能具体接触人员的道德伦理要求是:

(1)人工智能具体接触人员是指居于主导地位、可以直接操纵或影响人工智能系统和技术，使之按照预设产生某种具体功效的人员，包括但不限于人工智能的研发人员和使用者。

（2）人工智能的研发者自身应当具备正确的伦理道德意识，同时将这种意识贯穿于研发全过程，确保其塑造的人工智能自主意识符合人类社会主流道德伦理要求。

（3）人工智能产品的使用者应当遵循产品的既有使用准则，除非出于改善产品本身性能的目的，否则不得擅自变动、篡改原有的设置，使之背离创新、应用和发展初衷，以致破坏人类文明及社会和谐。

（4）人工智能的具体接触人员可以根据自身经验，阐述其对产品与技术的认识。此种阐述应当本着诚实信用的原则，保持理性与客观，不得诱导公众的盲目热情或故意加剧公众的恐慌情绪。

针对人工智能的应用，《宣言》指出：

（1）人工智能发展迅速，但也伴随着各种不确定性。在没有确定完善的技术保障之前，在某些失误成本过于沉重的领域，人工智能的应用和推广应当审慎而科学。

（2）人工智能可以为决策提供辅助。但是人工智能本身不能成为决策的主体，特别是国家公共事务领域，人工智能不能行使国家公权力。

（3）人工智能的优势使其在军事领域存在巨大应用潜力。出于对人类整体福祉的考虑，应当本着人道主义精神，克制在进攻端武器运用人工智能的冲动。

（4）人工智能不应成为侵犯合法权益的工具，任何运用人工智能从事犯罪活动的行为，都应当受到法律的制裁和道义的谴责。

（5）人工智能的应用可以解放人类在脑力和体力层面的部分束缚，在条件成熟时，应当鼓励人工智能在相应领域发挥帮助人类自由发展的作用。

《宣言》指出，当前发展人工智能的方向主要是：

（1）探索产、学、研、用、政、金合作机制，推动人工智能核心技术创新与产业发展。特别是推动上述各方资源结合，建立长期和深层次的合作机制，针对人工智能领域的关键核心技术难题开展联合攻关。

（2）制定人工智能产业发展标准，推动人工智能产业协同发展。推动人工智能产业从数据规范、应用接口以及性能检测等方面的标准体系制定，为消费者提供更好的服务与体验。

（3）打造共性技术支撑平台，构建人工智能产业生态。推动人工智能领域龙头企业牵头建设平台，为人工智能在社会生活各个领域的创业创新者提供更好支持。

（4）健全人工智能法律法规体系。通过不断完善人工智能相关法律法规，在拓展人类人工智能应用能力的同时，避免人工智能对社会和谐的冲击，寻求人工智能技术创新、产业发展与道德伦理的平衡点。

人工智能的发展在深度与广度上都是难以预测的。根据新的发展形势，对本宣言的任何修改都不能违反人类的道德伦理法律准则，不得损害人类的尊严和整体福祉。

13.3.3 欧盟可信赖的伦理准则

2019年，欧盟人工智能高级别专家组正式发布了《可信赖的人工智能伦理准则》。根据准则，可信赖的人工智能应该是：

（1）合法——尊重所有适用的法律法规。

（2）合乎伦理——尊重伦理原则和价值观。

（3）稳健——既从技术角度考虑，又考虑到其社会环境。

该指南提出了未来人工智能系统应满足的七大原则，以便被认为是可信的，并给出一份具体的评估清单，旨在协助核实每项要求的适用情况。

（1）人类代理和监督：人工智能不应该践踏人类的自主性。人们不应该被人工智能系统所操纵或胁迫，应该能够干预或监督软件所做的每一个决定。

（2）技术稳健性和安全性：人工智能应该是安全而准确的，它不应该轻易受到外部攻击（例如对抗性例子）的破坏，并且应该是相当可靠的。

（3）隐私和数据管理：人工智能系统收集的个人数据应该是安全的，并且能够保护个人隐私。它不应该被任何人访问，也不应该轻易被盗。

（4）透明度：用于创建人工智能系统的数据和算法应该是可访问的，软件所做的决定应该"为人类所理解和追踪"。换句话说，操作者应该能够解释他们的人工智能系统所做的决定。

（5）多样性、无歧视、公平：人工智能应向所有人提供服务，不分年龄、性别、种族或其他特征。同样，人工智能系统不应在这些方面有偏见。

（6）环境和社会福祉：人工智能系统应该是可持续的（即它们应该对生态负责），并能"促进积极的社会变革"。

（7）问责制：人工智能系统应该是可审计的，并由现有的企业告密者保护机制覆盖。系统的负面影响应事先得到承认和报告。

这些原则中有些条款的措辞比较抽象，很难从客观意义上进行评估。这些指导方针不具有法律约束力，但可以影响欧盟起草的任何未来立法。欧盟发布的报告还包括了一份被称为"可信赖人工智能评估列表"，帮助专家们找出人工智能软件中的任何潜在弱点或危险。此列表包括以下问题："你是否验证了系统在意外情况和环境中的行为方式？"以及"你评估了数据集中数据的类型和范围了吗？"此次出台的指导方针为推动人工智能的道德和责任制定了全球标准。

13.4 大模型的知识产权保护

人工智能的技术发展与知识产权归属的边界正变得日益模糊。通过大量公开数据进行训练，从而让模型学习具有生成产物的能力，这就是生成式人工智能的构建方式。这些数据包括文字、画作和代码，模型正是从海量的数据中获得的生成同样产物的能力。随着生成式人工智能的快速崛起，在重塑行业、赋能人类工作生活的同时，也引发了版权制度层面的一系列新的挑战。

13.4.1 Midjourney 绘画工具

Midjourney 为用户提供了各种创意的绘图功能。例如，在操作界面上提出创意要求："男子身长八尺，仪表堂堂，浑身上下有百斤力气"。Midjourney 先将描述文字优化转化为："身长八尺男子，仪表堂堂，肌肉质感，战斗服装，沉稳表情，独自面对山川，壮丽风景，逆光拍摄，长焦镜头，高饱和度，英勇，决心。"可以对其做修改调整，在此基础上，一次生成了四张高质量的艺术作品，如图 13-2 所示。

图 13-2　Midjourney 的文生图作品

Midjourney 的创始人大卫·霍尔茨针对人工智能对创意工作的影响有自己的看法，他强调 Midjourney 的目标是拓展人类的想象力，帮助用户快速产生创意，为专业用户提供概念设计的支持，而不是取代艺术家。他认为人工智能技术的发展将促使市场朝着更高质量、更有创意、更多样化和更深度的内容方向发展。

人工智能技术的出现对那些雄心勃勃的艺术家的未来影响仍有待观察，但艺术工作本身是有趣的，人工智能技术应该服务于让人们自由发展更有回报、更有趣的工作，而不是取代艺术家的创作过程。

艺术家是否愿意将作品纳入人工智能训练模型、是否会对版权问题产生担忧等议题值得深入思考。随着人工智能技术的发展，可能会对艺术创作带来新的影响和挑战。然而，尊重艺术家的创作意愿，维护版权法律，是保障艺术创作多样性和质量的重要途径。通过合理规范和监管，人工智能技术可以更好地服务于艺术创作和创作者，实现技术与人文的和谐共生。

在艺术创作领域，人工智能技术作为一种辅助工具，有助于提高创作效率和创意产出，但无法替代艺术家的独特创作能力和灵感。对于艺术家来说，关键在于如何运用和平衡人工智能技术，创作出更具深度和独特性的作品，从而实现艺术创作与科技创新的有机结合。

Midjourney 的未来发展方向也需要更多的思考和探讨，以确保人工智能技术的应用能够更好地服务于艺术创作和创作者，促进艺术的多样性和创新性。

13.4.2　尊重隐私，保障安全，促进开放

让一个大模型运行起来需要使用海量的文本语料进行学习，而这个过程中大模型使用的是无监督学习方式进行预训练。用于大模型训练的这些文本数据来自互联网的各个角落，包括但不限于书籍、文章、百科、新闻网站、论坛、博客等，凡是互联网上可以找到的信息，几乎都在其学习之列。即使科研人员会对语料进行数据清洗，但其中仍有可能包含个人的隐私信息。

不论是语言模型还是图像生成模型，大模型都会记住训练所使用的样本，可能会在无意中泄露敏感信息。因此，有研究者认为，当前的隐私保护技术方法，如数据去重和差分隐私，可能与人们对隐私的普遍理解并不完全一致。所以，应该在微调阶段纳入更严格的保障措施，以加强对于数据隐私的保护。

专家们明确了大模型存在隐私风险的三个方面：互联网数据训练、用户数据收集和生成内容中的无意泄露。首先需要确保公共数据不具有个人可识别性，并与私人或敏感数据明确区分开。未来应重点关注算法的透明度和对个人信息主体的潜在伤害问题。

对于隐私保护和大模型效率之间存在着一个两难的矛盾——既要最大限度地保护数据隐私，又要最大限度地发挥模型的功效。人们需要通过协作开发一个统一、可信的框架，从而在隐私保护、模型效用和训练效率之间取得一种平衡。

有研究者强调，在大模型开发过程中面临的数据隐私问题上，要确保遵守现行法律法规的规定，并充分评估隐私数据的使用对个人信息主体的影响，采取有效措施防止可能带来负面影响。另外，在确保透明性的基础上，鼓励个人信息主体同意分享隐私数据，以解决共同面对全球重大问题，以确保负责任地开发和安全地利用人工智能，进而带来更加广泛的社会效益。

13.4.3　边缘群体的数字平等

当大模型在技术和社会中扮演起越来越关键的角色时，它能否承担起相应的责任？如何促进负责任的人工智能进步并确保其在价值观上与人类价值观相一致？这些宏观的问题十分棘手，但也十分迫切，因为大模型一旦遭到滥用，其强大的效用和能力有可能反过来损害社会的利益。负责任的人工智能需要技术和社会学两方面的策略双管齐下，而且有必要将大模型与多样化、个性化以及特定文化的人类价值观结合起来，达到一致。其中，对于边缘群体的数字平等问题需要更加关切。人工智能技术可能产生错误陈述和歧视，使得对边缘群体的歧视被制度化。因此，人工智能开发者必须注意不要让边缘群体与人工智能产生角色和利益上的冲突，开发者有责任去主动对抗那些有偏见的态度，倡导平等参与，提高平等意识。

作　　业

1. 人工智能及其大模型不单具有技术属性，还具有明显的社会属性。唯有综合考虑（　　　　）等因素，才能更好地应对人工智能技术带来的机遇和挑战，推动其健康发展。

① 个体　　　　② 经济　　　　③ 社会　　　　④ 环境

A. ②③④　　B. ①②③　　C. ①③④　　D. ①②④

2. 人工智能治理带来很多伦理和法律课题，如何打造"（　　）人工智能"正变得愈发迫切和关键。

A. 专业有效　　B. 更灵活的　　C. 更强大的　　D. 负责任的

3. 显然，我们比历史上任何时候都更加需要注重（　　）的平衡。应发挥好技术的无限潜力，善用技术追求效率。要维护人类价值和自我实现，确保"科技向善"。

A. 成本与效益　　B. 技术与伦理　　C. 定势和短板　　D. 理论与实践

4. 人类的思维具有一定的（　　），强制性地模拟人类大脑思维的方式，并不是人工智能发展的良好选择。

A. 成本与效益　　B. 技术与伦理　　C. 定式和短板　　D. 理论与实践

5. 数据产业面临的伦理问题主要包括（　　），这些问题影响了大数据生产、采集、存储、交易流转和开发使用全过程。

① 数据主权和数据权问题　　　　② 隐私权和自主权的侵犯问题
③ 数据利用失衡问题　　　　　　④ 不同国别大数据的不同存储容量

A. ①②③　　B. ②③④　　C. ①②④　　D. ①③④

6. （　　）是指国家对其政权管辖地域内的数据享有生成、传播、管理、控制和利用的权力。

A. 数据财产权　　B. 机构数据权　　C. 数据主权　　D. 个人数据权

7. （　　）是企业和其他机构对个人数据的采集权和使用权。

A. 数据财产权　　B. 机构数据权　　C. 数据主权　　D. 个人数据权

8. （　　）是指个人拥有对自身数据的控制权，以保护自身隐私信息不受侵犯的权利。

A. 数据财产权　　B. 机构数据权　　C. 数据主权　　D. 个人数据权

9. （　　）是数据主权和数据权的核心内容，以大数据为主的信息技术赋予了数据以财产属性。

A. 数据财产权　　B. 机构数据权　　C. 数据主权　　D. 个人数据权

10. 数据隐私保护伦理问题的解决需要从（　　）的角度出发，关注大数据技术带来的风险，倡导多元参与主体的共同努力，加强道德伦理教育和健全道德伦理约束机制。

A. 伦理哲学　　B. 数字伦理　　C. 责任伦理　　D. 技术伦理

11. 构建隐私保护伦理的准则包括：权利与义务对等，（　　）。相较于传统隐私和互联网发展初期，大数据技术的广泛运用使隐私的概念和范围发生了很大的变化。

① 自由与监管适度　　　　② 学术与产业并举
③ 诚信与公正统一　　　　④ 创新与责任一致

A. ②③④　　B. ①②③　　C. ①②④　　D. ①③④

12. 人工智能的发展在深度与广度上都是难以预测的。但是，无论人工智能的（　　）能力进化到何种阶段，都不能改变其由人类创造的事实。

A. 技术开发　　B. 自主意识　　C. 知识产生　　D. 深度学习

13. 通过大量公开数据进行训练，从而让模型学习具有生成产物的能力。随着生成式人工智能的快速崛起，在重塑行业、赋能人类工作生活的同时，也引发了（　　）层面的一系列新的挑战。

  A．经济利益 B．物权归属 C．版权制度 D．人事制度

14．Midjourney是一款著名和强大的人工智能绘画工具。其创始人大卫·霍尔茨针对人工智能对创意工作的影响有自己的看法，他强调Midjourney的发展目标是（　　）。

  ① 取代人类艺术家   ② 拓展人类的想象力
  ③ 帮助用户快速产生创意 ④ 为专业用户提供概念设计的支持

  A．②③④ B．①②③ C．①②④ D．①③④

15．艺术工作本身是有趣的。人工智能技术应该服务于让人们自由发展（　　）的工作。通过合理规范和监管，人工智能技术可以实现技术与人文的和谐共生。

  ① 更有回报 ② 更复杂 ③ 更有趣 ④ 高深

  A．③④ B．①② C．②④ D．①③

16．大模型运行需要使用海量的文本语料进行学习，而用于训练的文本数据来自于互联网的各个角落，即便对语料进行数据清洗，其中仍有可能包含（　　）信息。

  A．个人隐私 B．产品价格 C．程序代码 D．国家安全

17．专家们明确了大模型存在隐私风险的（　　）三个方面。未来应重点关注算法的透明度和对个人信息主体的潜在伤害问题。

  ① 互联网数据训练   ② 用户数据收集
  ③ 生成内容中的无意泄露 ④ 大模型技术的生成方式

  A．①③④ B．①②④ C．②③④ D．①②③

18．当大模型在技术和社会中扮演起越来越关键的角色时，对于边缘群体的（　　）问题需要更加关切。人工智能技术可能产生错误陈述和歧视，使得对残障人士的歧视被制度化。

  A．经济利益 B．知识获取 C．数字平等 D．文化差异

19．人工智能开发者必须注意不要让（　　）与人工智能产生角色和利益上的冲突，开发者有责任去主动对抗那些有偏见的态度，倡导平等参与，提高平等意识。

  A．社会团体 B．边缘群体 C．生产环境 D．文化差异

【实训与思考】人工智能独立完成的视觉艺术品无法获得版权

  一家法院裁定，完全由人工智能系统创作的作品在某国法律下无法获得版权。此案是基于一个相对狭窄的问题做出的决定，并为未来的决定在这个法律新领域进行拓展留下了空间。

  据报道，视觉艺术品《最近的天堂入口》是由一台计算机使用"创造力机器"人工智能系统运行算法"自主创建的"，原告试图向版权办公室注册该作品。然而，版权办公室以版权法仅适用于由人类创作的作品为理由拒绝了申请。此后，某特区地方法院法官裁定，

版权办公室拒绝申请是正确的,因为"人类创作是有效版权主张的重要组成部分。"

1. 实验目的

(1)了解版权与知识产权的定义,了解我国法律体系中关于类似知识产权的规定。

(2)熟悉应用生成式人工智能工具开展创作的法律保护尺度。

(3)思考生成式人工智能工具对于"创新"的推动意义。

2. 实验内容与步骤

请仔细阅读本课,熟悉技术伦理与限制的相关知识,在此基础上完成以下实验内容。

请记录:

(1)请欣赏作品《最近的天堂入口》(见图 13-3),如果可能,请了解其他人对于这个作品的感受。请问你对这个作品的看法是:

　　□ 优秀,已经深刻　　　　□ 平常:意境浅薄　　　　□ 无聊:不知所云

(2)请通过网络,进一步了解关于该案例的法院判决理由。请给出你理解法院判决的核心内容。

答:_____

_____

_____

(3)你认为:"新类型作品属于版权范围的关键因素"是什么?

答:_____

_____

_____

(4)请尝试思考:完全没有人类角色参与、当人工智能明显"自主"创作作品时应该发生什么?你认为完全人工智能创作,存在"自主意识"吗?

答:_____

_____

_____

3. 实训总结

_____

_____

_____

_____

4. 实训评价(教师)

_____

_____

_____

第 14 课
面向通用人工智能

● **学习目标**

（1）熟悉生成式人工智能分层结构和人工智能生成内容。
（2）熟悉人工智能发展愿景。
（3）了解大模型发展趋势与通用人工智能的顺势涌现。

● **学习难点**

（1）视频作为新的决策语言。
（2）通用人工智能涌现。

● **素质要素**

（1）伦理与责任意识：强调在通用人工智能研究与开发中，应遵循的伦理规范，如确保算法的透明度、可解释性，以及预防技术滥用带来的潜在危害。教育学生在追求技术突破的同时，应考虑其对社会、环境和个体的长远影响，培养其成为有道德责任感的科研人员。

（2）人类中心与人文关怀：引导学生思考通用人工智能如何更好地服务于人类社会，如何在设计和应用中融入对人的尊重、对社会伦理的考量，以及如何确保技术发展促进人的全面发展，而非替代或剥夺人的价值。

（3）创新与国家安全：鼓励学生在通用人工智能领域勇于创新，同时强调技术创新与维护国家安全之间的关系，培养学生的国家安全意识，确保技术进步不会损害国家利益。

（4）可持续发展观：引导学生思考通用人工智能技术如何与可持续发展目标相结合，如何在推动经济发展的同时，注重环境保护、资源节约，以及促进社会公平和包容性增长。

（5）历史与文化自信：结合中国及其他国家在人工智能领域的历史贡献和文化背景，提升学生的文化自信，鼓励他们将中华优秀传统文化融入通用人工智能研究，促进科技与文化的融合发展。

迈向通用人工智能是一条充满挑战与希望的道路。

作为人工智能的一个子集，生成式人工智能利用神经网络算法来生成原始内容，分析和识别所训练数据中的模式和结构，利用这种理解生成新的内容，包括文本、图像、视频、音频、代码、设计或其他形式，既模仿类人的创作，又扩展训练数据的模式。

通用人工智能是一种理论上的智能形态，它能够执行任何智力任务，其能力广度和深度可与人类智能相媲美。通用人工智能不限于特定任务或领域，而是具备广泛的理解、学习、推理、适应、创新和自我意识等能力。

从生成式人工智能到通用人工智能，不仅是技术层面的进步，更是对智能本质、人类价值观和社会秩序的深刻探索和重新定义。这是一场科技革命，也是一场对未来的深刻思考和准备。

14.1 生成式人工智能层次

为了更全面地了解生成式人工智能领域，分析该技术的价值链，考虑将其分为四个相互关联的层，即应用层、平台层、模型层和基础设施层，它们共同创造新内容，其中每一层在整个过程中都发挥着独特作用。

14.1.1 应用层

生成式人工智能的应用层通过允许动态创建内容来使用专门算法实现简化人类与人工智能的交互。这些算法提供了定制和自动化的企业对企业（B2B）和企业对消费者（B2C）应用程序和服务，而用户无须直接访问底层基础模型。这些应用程序的开发可以由基础模型的所有者（如 ChatGPT 的 OpenAI）和包含生成式人工智能模型的第三方软件公司（如 JasperAI）来承担。

生成式人工智能的应用层由通用应用程序、特定领域应用程序和集成应用程序三个不同子组组成。

（1）通用应用程序：包括旨在执行广泛任务的软件，以各种形式生成新内容。此类示例包括 ChatGPT、DALL-E 2、GitHub Copilot、Character.ai（一种聊天机器人服务，允许用户创建人工智能角色并与之交谈）和 Jasper AI（一种人工智能驱动的写作工具）。

（2）特定领域的应用程序：这些是为满足特定行业（如金融、医疗保健、制造和教育）的特定需求和要求而量身定制的软件解决方案。这些应用程序在各自的领域更加专业化且响应更快，特别是当公司对它们进行高质量、独特和专有数据的培训时。例如，金融数据分析的 BloombergGPT 以及谷歌的接受医疗数据训练以回答医疗查询的 Med-PaLM 2。

（3）集成应用程序：该子组由现有软件解决方案组成，其中融入了生成式人工智能功能以增强其主流产品。主要示例包括 Microsoft 365 Copilot（适用于各种微软产品的人工智能驱动助手）、Salesforce 的 Einstein GPT（生成式人工智能 CRM 技术）以及 Adobe Photoshop 的生成式人工智能集成。

14.1.2 平台层

生成式人工智能的平台层主要致力于通过托管服务提供对大模型的访问。这项服务简化了通用预训练基础模型（如 OpenAI 的 GPT）的微调和定制过程。尽管领先的大模型（如

GPT-4）可以仅使用其经过训练的锁定数据集立即回答大多数问题，但通过微调，可以显著提升这些大模型在特定内容领域的能力。

微调涉及解锁现有大模型的神经网络，使用新数据进行额外的训练。最终用户或公司可以将其专有或客户特定的数据无缝集成到这些模型中，以用于定向应用。

平台层的最终目标是简化大模型的使用，降低最终用户或公司的相关成本。这种方法消除了独立从零开始开发这些模型的必要性，而无须投资数十亿美元和数年的努力。相反，用户可以支付月度订阅费用或将其捆绑到基础设施即服务（IaaS）中。与此同时，用户还可以访问诸如安全性、隐私性和各种平台工具等有价值的功能，所有这些都以一种简化的方式进行管理。

14.1.3 模型层

生成式人工智能的模型层启动基础模型。这种大规模机器学习模型通常通过使用 Transformer 算法对未标记数据进行训练。训练和微调过程使基础模型能够发展成为一种多功能工具，可以适应各种任务，以支持各种生成式人工智能应用程序的功能。

基础模型可以大致分为两大类：闭源（或专有）模型和开源模型。

（1）闭源基础模型：这些模型由 OpenAI 等特定组织拥有和控制，底层源代码、算法、训练数据和参数均保密。

闭源（或专有）基础模型可通过应用程序编程接口（API）向公众开放。第三方可以在其应用程序中使用此 API，查询和呈现基础模型中的信息，而无须在训练、微调或运行模型上花费额外的资源。这些模型通常可以访问专有的训练数据，并可以优先访问云计算资源。大型云计算公司通常会创建闭源基础模型，因为训练这些模型需要大量投资。闭源模型通过向客户收取 API 使用或基于订阅的访问费用来产生收入。

OpenAI 的 GPT-4 和谷歌的 PaLM2 等大模型是专注于自然语言处理的特定闭源基础模型。它们针对聊天机器人等应用程序进行了微调，如 ChatGPT 和 Gemini。一个非语言的例子是 OpenAI 的 DALL-E 2，这是一种识别和生成图像的视觉模型。

（2）开源基础模型：相比之下，每个人都可以不受限制地访问开源模型。他们鼓励社区协作和开发，允许透明地检查和修改代码。开源基础模型是协作开发的。它们可以免费重新分发和修改，从而提供训练数据和模型构建过程的完全透明度。许多甚至是免费分发的，具体取决于许可证和数据。

使用开源模型的优点如下：

（1）对数据的完全控制和隐私；与 OpenAI 的 GPT 等闭源模型共享不同。

（2）通过特定提示、微调和过滤改进定制，以针对各个行业进行优化。

（3）具有成本效益的特定领域模型的训练和推理（较小的模型需要较少的计算）。

开源模型的例子如 Meta 的 Llama 2、Databricks 的 Dolly 2.0、Stability AI 的 Stable Diffusion XL 以及 Cerebras-GPT。

14.1.4 基础设施层

生成式人工智能的基础设施层包含大规模基础模型的重要组成部分。这一过程涉及的关键资源是半导体、网络、存储、数据库和云服务，所有这些资源在生成式人工智能模型的初始训练和持续的微调、定制和推理中都发挥着至关重要的作用。生成式人工智能模型通过两个主要阶段发挥作用。

（1）训练阶段：这是学习发生的阶段，通常在云数据中心的加速计算集群中进行。在这个计算密集型阶段，大模型从给定的数据集中学习。参数是模型调整以表示训练数据中潜在模式的内部变量。词元指的是模型处理的文本的个体部分，如单词或子词。例如，GPT-3 是在 3 000 亿个词元上进行训练的，其中一个词元等于 1.33 个单词，主要来自互联网的 Common Crawl、网络百科、书籍和文章。

（2）推断阶段：这是使用经过训练的人工智能模型生成用户响应的过程。在此，新的文本输入被标记为单独的单位，模型使用训练过程中学到的参数来解释这些词元并生成相应的输出。这些经过训练的人工智能模型需要大量的计算能力，并且必须部署在靠近最终用户的地方（在边缘数据中心），以最小化响应时延（延迟），因为实时交互对于保持用户参与至关重要。

总体而言，生成式人工智能的准确性取决于大模型的规模和使用的训练数据量。这些因素反过来需要一个由半导体、网络、存储、数据库和云服务组成的强大基础设施。

14.2 人工智能生成内容

人工智能生成内容是由人工智能技术自动创作生成内容，如生成图形图像、视频、音乐、文字（文章、短篇小说、报告）等。人工智能生成内容就像一支神奇的画笔，拥有无限的创造力。利用人工智能的理解力、想象力和创作力，根据指定的需求和风格，创作出各种内容。人工智能生成内容的出现，打开了一个全新的创作世界，为人们提供了无数的可能性。

从用户生成内容（UGC），到专业生成内容（PGC），再到现在的人工智能生成内容（AIGC），我们看到了内容创作方式的巨大变革和进步。例如，人工智能生成内容是人工智能大模型，特别是自然语言处理模型的一种重要应用，而 ChatGPT 是人工智能生成内容在聊天对话场景的一个具体应用。可以把人工智能生成内容看作一个大的范畴，而 ChatGPT 是其中一个类别的应用。

通过深度学习与自然语言处理的创新融合，诸如 ChatGPT、通义千问等智能系统能够理解并生成高质量的文本内容，人工智能结合大模型的实际应用，重塑了信息时代的内容创作生态。人工智能可以生成文字、图片、音频、视频等内容，甚至让人难以分清背后的创作者到底是人类还是人工智能。例如，ChatGPT 生成的文章、GitHub Copilot 生成的代码、Midjourney 生成的图片等，都属于人工智能生成内容。在很多语境下，人工智能生成内容也被用于指代生成式人工智能。相关人工智能领域术语的关系如图 14-1 所示。这些概念共同构成了人工智能生成内容的核心要素。

图 14-1 人工智能领域术语的关系

14.2.1 内容孪生

智能数字内容孪生主要分为内容的增强与转译。增强即对数字内容修复、去噪、细节增强等，转译即对数字内容转换如翻译等。该技术旨在将现实世界中的内容进行智能增强与智能转译，更好地完成现实世界到数字世界映射。例如，拍摄了一张低分辨率的图片，通过智能增强中的图像超分可对低分辨率进行放大，同时增强图像的细节信息，生成高清图。又如，对于老照片中的像素缺失部分，可通过智能增强技术进行内容复原。而智能转译则更关注不同模态之间的相互转换。例如，录制一段音频，可通过智能转译技术自动生成字幕；又如，输入一段文字可以自动生成语音，两个例子均为模态间智能转译应用。

内容孪生的应用主要有语音转字幕、文字转语音、图像超分等。其中，图像超分辨率是指利用光学及其相关光学知识，根据已知图像信息恢复图像细节和其他数据信息的过程，简单来说就是增大图像的分辨率，防止其图像质量下降。

14.2.2 内容编辑

智能数字内容编辑是通过对内容的理解以及属性控制，进而实现对内容的修改。例如，在计算机视觉领域，通过对视频内容的理解实现不同场景视频片段的剪辑。通过人体部位检测以及目标衣服的变形控制与截断处理，将目标衣服覆盖至人体部位，实现虚拟试衣。在语音信号处理领域，通过对音频信号分析，实现人声与背景声分离。以上例子都是在理解数字内容的基础上对内容的编辑与控制。

智能数字内容生成是通过从海量数据中学习抽象概念，并通过概念的组合生成全新的内容。例如，人工智能绘画，从海量绘画中学习作品不同笔法、内容、艺术风格，并基于学习内容重新生成特定风格的绘画。采用此方式，人工智能在文本创作、音乐创作和诗词创作中取得了不错的表现。又如，在跨模态领域，通过输入文本输出特定风格与属性的图像，不仅能够描述图像中主体的数量、形状、颜色等属性信息，而且能够描述主体的行为、动作以及主体之间的关系。

14.2.3 内容生成的应用

内容生成的应用，如文本生成（写作）、图像生成（绘画）、音频生成、视频生成、多模态生成等五个方面。

（1）文本生成：根据使用场景，基于自然语言处理的文本内容生成可分为非交互式与交互式文本生成。非交互式文本生成包括摘要/标题生成、文本风格迁移、文章生成、图像生成文本等。交互式文本生成主要包括聊天机器人、文本交互游戏等。

（2）图像生成：根据使用场景，可分为图像编辑修改与图像自主生成。图像编辑修改可应用于图像超分、图像修复、人脸替换、图像去水印、图像背景去除等。图像自主生成包括端到端的生成，如真实图像生成卡通图像、参照图像生成绘画图像、真实图像生成素描图像、文本生成图像等。

（3）音频生成：技术比较成熟，在客户端产品中也比较常见，如语音克隆，将人声1替换为人声2。还可应用于文本生成特定场景语音，如数字人播报、语音客服等。此外，可基于文本描述、图片内容理解生成场景化音频、乐曲等。

（4）视频生成：它与图像生成在原理上相似，主要分为视频编辑与视频自主生成。视频编辑可应用于视频超分（视频画质增强）、视频修复（老电影上色、画质修复）、视频画面剪辑（识别画面内容，自动场景剪辑）。视频自主生成可应用于图像生成视频（给定参照图像，生成一段运动视频）、文本生成视频（给定一段描述性文字，生成内容相符视频）。

（5）多模态生成：前面四种模态可以进行组合搭配，进行模态间转换生成，如文本生成图像（人工智能绘画、根据提示语生成特定风格图像）、文本生成音频（人工智能作曲、根据提成术语生成特定场景音频）、文本生成视频（人工智能视频制作、根据一段描述性文本生成语义内容相符视频片段）、图像生成文本（根据图像生成标题、根据图像生成故事）、图像生成视频。

14.3 视频作为新的决策语言

如今，语言模型已经成为解决实际问题和推动技术发展的重要工具之一。然而，与之相比，视频生成仍然主要局限于媒体娱乐和艺术创作。这种局限性往往使得视频数据的潜力和重要性被低估。

实际上，视频数据可以捕捉到难以用语言表达的物理世界中的重要信息。例如，丰富的视觉信息涵盖了语言无法表达的很多信息，它可以捕捉到物体的运动、形态的变化、环境的变化等现象，可以为人类提供更加直观和全面的认识。同样，在科学研究、工程设计、医学诊断等领域，视频数据的应用也已经成为解决复杂问题的重要手段之一。

谷歌 DeepMind 的研究科学家杨雪莉及其团队，联合加州大学伯克利分校教授、伯克利机器人学习实验室主任彼得·阿贝尔和麻省理工学院博士杜奕伦，在一篇题为"视频作为现实世界决策的新语言"的论文中，探索了视频生成技术如何能够像语言模型一样，通过学习上下文信息、规划行为和强化学习等技术，充当规划者、智能体、计算引擎和环境模拟器，在现实世界中发挥更广泛的作用。他们认为，与语言类似，视频可以作为一个统一的界面，吸收互联网知识并体现不同的任务，并提出一个观点：视频生成之于物理世界，就如同语言建模之于数字世界。

与语言模型类似，视频生成模型与给定条件相关联的视频序列，可以模拟和预测物体的运动、环境的变化等现象。作为规划者，视频生成模型可以通过学习视频序列中的时空信息，生成未来帧的预测，从而规划出一系列可能的动作或行为序列。例如，在机器人学领域，模型可以根据环境中的物体位置和运动趋势，预测机器人的下一步动作，以实现特定的任务或目标，如图 14-2 所示。

图 14-2　根据环境中的位置和趋势预测下一步动作

作为智能体，视频生成模型可以通过强化学习等技术不断优化自身的生成能力，使得生成的视频序列更加逼真和符合预期。通过与环境的交互和反馈，模型可以不断学习和改进，逐渐掌握复杂的环境规律和行为模式，从而更好地应对各种情况和挑战。

同时，视频生成模型还可以充当计算引擎的角色，高效地处理大规模的视频数据，并进行复杂的推理和计算。借助深度学习等技术的强大计算能力，视频生成模型可以快速地生成高质量的视频序列，为实时应用和决策提供支持和保障。

此外，作为环境模拟器，视频生成模型可以模拟和重现各种现实世界场景，帮助人们更好地理解和分析复杂的物理过程和现象。通过生成逼真的视频序列，模型可以为科学研究、工程设计和教育培训等领域提供可视化的工具和资源，加深人们对物理世界的认识和理解。

具体而言，研究团队在生成游戏环境、机器人学、计算流体动力学等领域展示了视频生成模型的应用潜力，为解决实际问题提供了新的可能性。

在生成游戏环境方面，该论文提到了使用基于 Transformer 的架构进行动作条件视频生成，从而模拟复杂的计算机游戏环境，如《我的世界》(*Minecraft*)。视频生成模型既充当世界模型又充当策略，可以生成与复杂策略相对应的动作和转换。

此外，视频生成模型还可以生成新游戏环境。使用生成式模型，可以进行新游戏内容和关卡的程序化生成研究。利用未标记的互联网规模的游戏数据，可以学习潜在动作，从而训练一个可控制动作的视频生成模型，使其能够从提示图像生成无穷无尽的多样化交互式环境，如图 14-3 所示。

把两个合成图像提示传递给模型，模型将它们转换为交互式环境，可以通过采取不同的潜在动作来生成不同的轨迹。

视频生成模型可以生成具有真实感的机器人运动和操作场景，这为自主机器人、智能控制系统等领域的研究和开发提供了新的方向和思路，有助于提高机器人在复杂环境中的智能水平和应用能力。图 14-4 所示为自动驾驶的生成模拟。借助互联网知识，可以模拟特定地点的不同驾驶条件，如"金门大桥上的雨"、"优胜美地的黎明"和"去优胜美地的路上白雪皑皑"。

图 14-3　生成的交互式游戏环境

图 14-4　自动驾驶的生成模拟

在计算流体动力学领域，视频生成模型能够生成逼真的流体运动场景，帮助科学家们模拟和分析复杂的流体行为，如空气动力学、水动力学等。这为气象学、航空航天工程、水利工程等领域的研究和应用提供了新的工具和资源。

实验结果表明，视频生成模型不仅可以用于娱乐和艺术领域，还可以应用于科学研究、工程设计等实际问题的解决。研究团队认为：虽然面临着诸如产生幻觉和泛化能力有限等挑战，视频生成模型仍有可能发展成为智能体、规划者、环境模拟器以及计算引擎，并最终成为在物理世界中进行思考和行动的人工大脑。

14.4　人工智能发展愿景

大模型 ChatGPT 的发布代表了人工智能行业的革命，此后 GPT-4 等系统的持续发展，不断彰显着人类和 ChatGPT 所能做的事情之间的差距正在缩小。这种类似人类的特质并非偶然。自 2018 年以来，OpenAI 一直专注于开发通用人工智能。庞大的数据集和从人类语言中深度学习赋予了 ChatGPT 以前认为在人工智能中不可能的直观理解、抽象和形成观点的能力。

有些人认为像 ChatGPT 这样的系统引发了深刻的哲学问题。智能是否可以在没有意识的情况下存在？机器背后是否有"灵魂"？这些问题每天都在越来越多地被辩论，一些科学家甚至报告说在现代人工智能聊天机器人中发现了人类智慧的火花。

探讨中另一个有争议的话题是用于训练人工智能大模型的数据。在数据隐私被广泛关切的时代，大模型对数据的使用和处理将受到审查。显然，后通用人工智能世界是人类和人工智能之间存在共生关系的世界，两者都从彼此的优势中受益。

14.4.1 大模型用于智能制造

OpenAI 推出的 Sora 大模型在影视界、广告界和游戏业取得极大反响，但许多人并没有想到它会涉及智能制造。一些智能制造专家对 Sora 进行观察研究，看到了底层逻辑的相通之处，认为"黑灯工厂、自动驾驶、数字孪生中的一系列难题，有了解决的希望。"制造业为之尚存焦虑的原因，是从技术到应用，中间仍有一些间隙需要弥合。

经过一段时间的摸索和尝试，2024 年，随着发展新质生产力，以及一些大型企业在大模型应用上的动作加快，在智能制造业，尤其是在那些变化快、竞争激烈的领域，应用大模型创新的进程正在提速。

由于 Sora 要做"世界模拟器"，业界也在对比 Sora 和数字孪生的一些差异。数字孪生是真实世界数据化后的投影，而 Sora 是基于模拟样本，构建虚拟和真实交错的数字世界。

由于大模型有不同的数据源，通过 Sora 来模拟世界带有一定的想象力和发散性。例如，在 Sora 生成的一个视频中，一只小蚂蚁穿越洞穴，这在现实中无法拍摄。但也有网友指出它的漏洞：蚂蚁是一个二维生物，走起路来不像人，它们会漫无目的、来来回回，这个 Sora 生成的视频，与潜在物理规律有一些偏差。

现阶段可以理解 Sora 是数字化孪生的一种手段和补充，而不是替代。Sora 可用于真实世界在虚拟世界的美化展示，以及替代人工建模与设计的生成，帮助数字孪生加速。某制造行业研究者认为，Sora 可用于设计阶段的效果构建或产品的生产构建效果，但没法替代数字孪生的数据视图等功能。未来，两者可能会整合，也可能形成一个新技术合集或新突破。Sora 的发散性让它有了新的空间，例如一些高端汽车客户的需求越来越个性化，可以根据客户的描述，马上生成一个视频推给他，然后再完善设计。类似的还有外观设计、车衣、涂鸦等，这是进入研发之前的一个环节。

14.4.2 预测人类行为的新模型

麻省理工学院等研究人员开发了一个框架，根据人类或人工智能代理的计算约束条件，对其非理性或次优行为进行建模。该技术有助于预测代理的未来行为，如国际象棋比赛。

要建立能与人类有效协作的人工智能系统，首先要有一个良好的人类行为模型。但是，人类在做出决策时往往会有一些次优行为。这种非理性的情况尤其难以建模，通常归结为计算上的限制。人类不可能花太多的时间去思考一个问题的理想解决方案。

1. 开发新的建模方法

研究人员开发了一种为代理（无论是人类还是机器）的行为建模的方法，这种方法考虑到了可能妨碍代理解决问题能力的未知计算限制。该模型只需看到代理之前的一些行为痕迹，就能自动推断出代理的计算限制。其结果，即一个代理的所谓"推理预算"可用于预测该代理的未来行为。

2. 实际应用和模型验证

研究人员展示了他们的方法如何用于从先前的路线推断某人的导航目标，以及预测棋手在国际象棋比赛中的后续行动。他们的技术与另一种用于此类决策建模的流行方法不相上下，甚至更胜一筹。

最终，这项工作可以帮助科学家将人类的行为方式教会人工智能系统，从而使这些系统能够更好地回应人类合作者。这一技术的主要研究者阿图尔·保罗·雅各布说，能够理解人类的行为，然后从这种行为推断出他们的目标，会让人工智能助手变得更有用。

3. 行为建模

几十年来，研究人员一直在建立人类行为的计算模型。许多先前的方法都试图通过在模型中加入噪声来解释次优决策。模型可能会让代理人在 95% 的情况下做出正确的选择，而不是让代理人总是选择正确的选项。

然而，这些方法可能无法捕捉到这样一个事实，即人类并不总是以同样的方式做出次优行为。麻省理工学院的其他人还研究了在决策不理想的情况下制订计划和推断目标的更有效方法。

为了建立他们的模型，研究者从之前对国际象棋选手的研究中汲取灵感。他们注意到，棋手在走简单的棋步时，在行动前花费的思考时间较少，而在具有挑战性的比赛中，实力较强的棋手往往比实力较弱的棋手花费更多的时间进行规划。

建立了一个框架，可以从先前的行动中推断出代理的规划深度，并利用该信息来模拟代理的决策过程。方法的第一步是在一定时间内运行算法，以解决所研究的问题。例如，如果研究的是一场国际象棋比赛，他们可能会让下棋算法运行一定步数。最后，研究人员可以看到算法在每一步做出的决定。他们的模型会将这些决策与解决相同问题的代理行为进行比较，从而使代理的决策与算法的决策保持一致，并确定代理停止规划的步骤。

由此，模型可以确定代理的推理预算，或该代理将为这一问题计划多长时间。它可以利用推理预算来预测该代理在解决类似问题时会如何反应。

4. 可解释的解决方案

这种方法非常高效，因为研究人员无须做任何额外工作，就能获取解决问题的算法所做的全部决策。这一框架也可应用于任何可以用某一类算法解决的问题。

研究人员在三个不同的建模任务中测试了他们的方法：从先前的路线推断导航目标、从某人的语言暗示猜测其交流意图，以及预测人与人国际象棋比赛中的后续棋步。在每次实验中，他们的方法要么与流行的替代方法相匹配，要么优于后者。此外，研究人员还发现，他们的人类行为模型与棋手技能（国际象棋比赛）和任务难度的测量结果非常吻合。

展望未来，研究人员希望利用这种方法为其他领域的规划过程建模，例如强化学习（机器人技术中常用的一种试错方法）。从长远来看，他们打算在这项工作的基础上继续努力，以实现开发更有效的人工智能合作者这一更远大的目标。

14.5 通用人工智能涌现

2023 年是通用人工智能从诞生到蔓延生长的一年。这一年人们见证了人工智能大厂在大模型产品和研究方面持续进步，在文字、图片、音频、代码各模态都有相关产品密集发布，并在机器人和医疗方向做出了突破性的研究，其在大模型＋机器人方面的研究值得长期关注。

OpenAI 的富有远见的首席执行官山姆·奥特曼在一次采访中分享了他对人工智能发展轨迹的看法。奥特曼表示："未来的人工智能模型可能需要较少的训练数据，而更多地专注于它们的推理能力。"这不仅暗示技术的转变，而且预示着一个新时代的来临，在这个时代，人工智能的思维过程可能会反映人类的逻辑和直觉。能够达到这种能力的人工智能具有人的适应性和常识，即通用人工智能（artificial general intelligence，AGI）。山姆·奥特曼将其定义为"能够跨多个领域进行泛化，相当于人类工作的系统。"实现这种状态已成为 OpenAI 的首要任务，以至于它甚至修改了其愿景和道德原则以适应这种新的努力。

14.5.1 通用人工智能定义

有别于"专用（特定领域）人工智能"，通用人工智能是指一种能够像人类一样思考、学习和执行多种任务的人工智能系统，它具有高效的学习和泛化能力、能够根据所处的复杂动态环境自主产生并完成任务，它具备自主感知、认知、决策、学习、执行和社会协作等能力，且符合人类情感、伦理与道德观念。

开发 ChatGPT 的 OpenAI 公司针对通用人工智能是这样定义的："OpenAI 的使命是确保通用人工智能，即一种高度自主且在大多数具有经济价值的工作上超越人类的系统，将为全人类带来福祉。"

目前，大多数人工智能系统是针对特定任务或领域进行优化的，例如语音识别、图像识别、自然语言处理、推荐系统等，这是将问题得到简化的一种解决问题的方法。这些系统在其特定领域中可能表现得很出色，但它们缺乏通用性和灵活性，不能适应各种不同的任务和环境。与专注于解决特定问题或领域不同，通用人工智能的目标是创建一个全面智能的系统，可以解决广泛的问题并进行多种任务。这种系统能够在不同的环境中适应和学习，并且可以从不同的来源中获取信息，像人类一样进行推理和决策。

14.5.2 大模型与通用人工智能

虽然大模型已经取得了一些惊人的进展，但它还不符合通用人工智能的要求。

（1）大模型在处理任务方面能力有限。它一般只能处理文本领域的任务，无法与物理和社会环境进行互动。这意味着像 ChatGPT 这样的模型不能真正"理解"语言的含义，缺乏身体而无法体验物理空间。只有将人工智能体放置于真实的物理世界和人类社会中，它们才能切实了解并习得真实世界中事物之间的物理关系和不同智能体之间的社会关系，从而做到"知行合一"。

（2）大模型不具备自主能力。它需要人类来具体定义好每一个任务，只能模仿被训练过的话语。

（3）虽然 ChatGPT 已经在不同的文本数据语料库上进行了大规模训练，包括隐含人类价值观的文本，但它并不具备理解人类价值或与其保持一致的能力，即缺乏所谓的道德指南。

加州大学伯克利分校教授斯图尔特·罗素表示，关于 ChatGPT，更多数据和更多算力不能带来真正的智能。要构建真正智能的系统，应当更加关注数理逻辑和知识推理，因为只有将系统建立在我们了解的方法之上，才能确保人工智能不会失控。

图灵奖得主扬·勒昆认为，语言只承载了所有人类知识的一小部分，大部分人类具有的知识都是非语言的。因此，大模型无法接近人类水平智能。深刻的非语言理解是语言有意义的必要条件。正是因为人类对世界有深刻的理解，所以我们可以很快理解别人在说什么。这种更广泛、对上下文敏感的学习和知识是一种更基础、更古老的知识，它是生物感知能力出现的基础，让生存和繁荣成为可能。这也是人工智能研究者在寻找人工智能中的常识时关注的更重要的任务。大模型，它们的知识更多是以单词开始和结束而非身体感知，这种常识总是肤浅的。人类处理各种大模型的丰富经验清楚地表明，仅从言语中可以获得的东西是如此之少。

技术发展趋势不可逆，这离不开各国在立法层面达成互通和共识，以及在规范人工智能方面所做出的努力。

14.5.3 通用人工智能的关键特性

"通用人工智能"这个词汇最早可以追溯到 2003 年瑞典哲学家尼克·博斯特罗姆发表的论文《先进人工智能的伦理问题》。在该论文中，博斯特罗姆讨论了超级智能的道德问题，并在其中引入了"通用人工智能"这一概念，描述一种能够像人类一样思考、学习和执行多种任务的人工智能系统。超级智能被定义为在几乎所有感兴趣的领域中都大大超过人类认知表现的智能。

因此，通用人工智能可以被视为一种更高级别的人工智能，是当前人工智能技术发展的一个重要方向和目标。但由于其在技术和理论方面的挑战，它仍然是一个比较遥远的目标。

通用人工智能的一些关键特性如下：

（1）广泛的任务适应性：通用人工智能能够理解和解决任何类型的问题，从简单的计算任务到复杂的科学探索，甚至是创造性和情感性的任务。

（2）自主学习与进化：能够通过自我学习不断优化自己的算法和知识库，无须人类进行明确编程。

（3）跨领域推理：能够在不同知识领域之间进行有效的信息整合与推理，形成全面的理解和决策。

（4）情境理解与适应：理解环境并根据情境调整行为，具备高度的环境适应性和应变能力。

（5）情感与伦理：可能具备理解、表达甚至体验情感的能力，以及基于伦理道德做出判断和决策的能力。

14.5.4　从生成式人工智能迈向通用人工智能

从生成式人工智能迈向通用人工智能的关键步骤主要如下：

（1）增强泛化能力：虽然生成式人工智能在特定任务上表现出色，但要达到通用人工智能，需要进一步提高模型的泛化能力，使其能在未经训练的领域也能有效运作。

（2）跨领域推理：通用人工智能要求人工智能能够跨越不同的知识领域进行推理，这需要生成式人工智能不仅能生成内容，还能理解其背后的逻辑和概念。

（3）情感与意识：发展能够理解、模拟乃至体验情感的模型，这是通用人工智能追求的一个高级目标，也是生成式人工智能向更深层次智能演进的关键一步。

（4）伦理与自我约束：通用人工智能需要具备道德判断力和自我约束机制，确保其行为符合人类伦理和社会规范，这是当前生成式人工智能所不具备的。

（5）持续学习与进化：通用人工智能应该能够像人类一样持续学习，不断优化自身，而非仅仅依赖于预设的算法和数据集。

未来，通用人工智能会从以下几方面展现其发展趋势：

（1）基础研究突破：在认知科学、神经科学和计算机科学等领域的交叉研究中，寻找灵感和理论依据，以支撑更高级别的智能模型。

（2）技术的融合与突破：生成式人工智能与其他人工智能技术（如强化学习、符号人工智能）的深度融合，可能为通往通用人工智能开辟新途径。实现通用人工智能需要在算法、计算能力、数据处理和硬件设计等方面取得重大突破，包括更高效的机器学习算法、量子计算等技术的应用。

（3）伦理与法律框架：随着通用人工智能的逼近，建立相应的伦理准则和法律框架以确保安全、公平、无偏见的应用变得愈发紧迫。通用人工智能将深刻影响社会经济，改变工作市场、教育体系、医疗保健、娱乐产业等众多领域，带来生产力的飞跃和社会结构的重塑。

通用人工智能可能与人类形成更深层次的合作关系，共同解决问题，提升人类生活质量，但也可能引发失业、技能过时等社会问题。随着通用人工智能智能水平的提升，可能会引发关于意识、自我意识、机器权利（身份）以及人机关系的哲学探讨。

（4）安全与监管：确保通用人工智能的安全性，防止恶意使用，将是未来研究的重要方向。需要全球合作，建立有效的监管和治理体系。

总之，通用人工智能的未来充满了无限可能性和挑战。它既是科技进步的顶点，也承载着人类对于更好生活的憧憬，同时伴随着对未知后果的担忧。实现通用人工智能的道路漫长且充满不确定性，但无疑，这一领域的发展将深刻影响人类社会的未来走向。

作 业

1. 通用人工智能是一种理论上的（　　），它能够执行任何智力任务，具备广泛的理解、学习、推理、适应、创新和自我意识等能力，其能力广度和深度可与人类智能相媲美。
   A. 智能形态　　B. 开发工具　　C. 科学理论　　D. 工作模型

2. 分析生成式人工智能技术的价值链，可以将其分为（　　）和基础设施层等四个相互关联的层，它们共同创造新内容，其中每一层在整个过程中都发挥着独特作用。
   ① 应用层　　② 平台层　　③ 虚拟层　　④ 模型层
   A. ②③④　　B. ①②③　　C. ①②④　　D. ①③④

3. 生成式人工智能的应用层通过允许动态创建内容来使用专门算法实现简化人类与人工智能的交互，它由（　　）三个不同子组组成。
   ① 核心应用程序　　　　② 通用应用程序
   ③ 特定领域应用程序　　④ 集成应用程序
   A. ①②③　　B. ②③④　　C. ①②④　　D. ①③④

4. 生成式人工智能的平台层主要通过（　　）提供对大模型的访问，它简化了通用预训练基础模型的微调和定制过程。通过微调可以显著提升大模型在特定内容领域的能力。
   A. 服务转移　　B. 抽象简化　　C. 程序设计　　D. 托管服务

5. 生成式人工智能的模型层启动（　　），它通常通过使用 Transformer 算法对未标记数据进行训练，使其发展成为一种多功能工具，以支持各种生成式人工智能应用程序的功能。
   A. 基础模型　　B. 功能函数　　C. 逻辑模型　　D. 托管服务

6. 生成式人工智能的基础设施层涉及的关键资源是半导体、（　　）和云服务，这些资源在模型初始训练和持续的微调、定制和推理中发挥着至关重要的作用。
   ① 网络　　② 组件　　③ 存储　　④ 数据库
   A. ②③④　　B. ①②③　　C. ①③④　　D. ①②④

7. 人工智能生成内容的出现，打开了一个全新的创作世界，为人们提供了无数的可能性。从（　　），展现了内容创作方式的巨大变革和进步。
   ① AIGC　　② UGC　　③ AGC　　④ PGC
   A. ②③④　　B. ②④①　　C. ①②③　　D. ①②④

8. 智能数字（　　）主要分为内容的增强与转译。增强即对数字内容修复、去噪、细节增强等，转译即对数字内容转换如翻译等。该技术旨在更好地完成现实世界到数字世界映射。
   A. 内容编辑　　B. 内容生成　　C. 自动编译　　D. 内容孪生

9. 智能数字（　　）是通过对内容的理解以及属性控制，进而实现对内容的修改。例如，在计算机视觉领域，通过对视频内容的理解实现不同场景视频片段的剪辑。
   A. 内容编辑　　B. 内容生成　　C. 自动编译　　D. 内容孪生

10. 智能数字（　　）是通过从海量数据中学习抽象概念，并通过概念的组合生成全新的内容。采用此方式，人工智能在文本创作、音乐创作和诗词创作中取得了不错的表现。

  A．内容编辑 B．内容生成 C．自动编译 D．内容孪生

11. 自2018年以来，OpenAI一直专注于开发通用人工智能而不仅仅是人工智能。庞大的数据集和从人类语言中深度学习赋予了ChatGPT以前认为在人工智能中不可能的（ ）的能力。

  ①直观理解 ②模拟再现 ③抽象分析 ④形成观点

  A．①③④ B．①②④ C．①②③ D．②③④

12. 一些智能制造专家对Sora大模型进行观察研究，看到了底层逻辑的相通之处，认为"（ ）中的一系列难题，有了解决的希望。"

  ①黑灯工厂 ②自动驾驶 ③工业互联 ④数字孪生

  A．②③④ B．①②③ C．①②④ D．①③④

13. 麻省理工学院等的研究人员开发了一个框架，根据人类或人工智能代理的计算约束条件，对其非理性或次优行为进行建模，其中的主要技术包括（ ），最终得到可解释的解决方案。

  ①开发新的建模方法   ②实际应用和模型验证

  ③行为建模   ④数据建模

  A．②③④ B．①②③ C．①②④ D．①③④

14. OpenAI的首席执行官奥特曼分享了他对人工智能发展轨迹的看法，他表示："未来的人工智能模型可能需要较少的训练数据，而更多地专注于它们的（ ）。"

  A．运算时间 B．参数数量 C．计算水平 D．推理能力

15. 所谓通用人工智能是指一种能够像人类一样思考、学习和执行多种任务的人工智能系统，它具备自主感知、认知、决策等能力，且符合人类（ ）。

  ①形态 ②情感 ③伦理 ④道德观念

  A．①③④ B．①②④ C．①②③ D．②③④

16. 开发ChatGPT的OpenAI公司针对通用人工智能是这样定义的：它是"一种高度自主且在大多数具有经济价值的工作上（ ）的系统，将为全人类带来福祉。"

  A．超越人类 B．模仿动物 C．辅助人类 D．全新构造

17. 大模型是一种基于深度神经网络学习技术的大型算法模型，虽然它已经取得了惊人的进展，但它还不符合通用人工智能的要求，主要理由是（ ）。

  ①大模型在处理任务方面能力有限

  ②大模型不具备自主能力

  ③它无法承担多模态生成任务

  ④虽然已经进行了大规模训练，但它仍缺乏所谓道德指南针

  A．②③④ B．①②③ C．①③④ D．①②④

18. 图灵奖得主扬·勒昆认为：深刻的（ ）是语言有意义的必要条件，这也是人工智能研究者在寻找人工智能中的常识时关注的更重要的任务。

  A．非语言理解 B．知识更新 C．语言模型 D．语料库发展

19. 通用人工智能可以被视为是一种更高级别的人工智能，是人工智能技术发展的一

个重要方向和目标。如今，它仍然是一个比较（　　）的目标。

A. 孤立　　　　B. 遥远　　　　C. 现实　　　　D. 具体

【实训与思考】利用人工智能生成内容完成人机交互界面设计

UI（人机界面）设计更多是创建直观、易用、吸引人的用户界面，而人工智能生成内容则是指通过人工智能技术生成的文本、图像、音频或视频内容。将二者结合，可以极大地提高用户体验和交互效率。利用人工智能做界面设计主要用到的几个工具：文心一言（或者 ChatGPT）、Figma（Wireframe Designer 插件）、即时设计（即时人工智能）。

UI 设计原则与人工智能生成内容的融合，具体分析如下：

（1）一致性与风格化的人工智能生成内容。
- 原则：UI 设计强调界面元素的一致性，包括颜色、字体、布局等。
- 融合：人工智能生成内容可以生成与应用风格一致的图像或文本。例如，如果一个应用的 UI 风格是极简主义，那么人工智能可以生成简洁、风格统一的图像或文本内容，以保证整体风格的一致性。
- 技巧：利用 Stable Diffusion 训练模型、Midjourney（seed、tune）、文心一言、ChatGPT 结合上下文的能力都可以实现一致性问题，如图 14-5 所示。

（2）反馈与交互式人工智能生成内容。
- 原则：及时反馈是提高用户体验的关键。
- 融合：使用人工智能生成内容实时生成反馈内容。例如，在一个线上教育平台，学生提交答案后，人工智能立即生成个性化的反馈和建议，增强学习体验。
- 技巧：可以尝试将 ChatGPT 的 API 接口融入产品，此方案也是各大教育类 App 经常使用的方案。

（3）简化操作与智能化人工智能生成内容。
- 原则：UI 设计应简化用户操作，使用户易于理解和使用。
- 融合：人工智能生成内容可以自动生成用户可能感兴趣的内容，减少搜索和选择时间。例如在新闻应用中，基于用户阅读历史和偏好智能推荐相关新闻，简化用户寻找内容的过程。
- 案例：最常见到的就是抖音，通过用户的观看历史、点赞/不喜欢的视频、观看时间等数据来推荐视频；电商类平台通过搜索、访问以及购买来推荐喜欢的产品。这种推荐机制使用户能够发现与以往观看内容类似产品，增加用户黏性。

（4）可用性与适应性人工智能生成内容。
- 原则：UI 设计要考虑到不同用户的可用性需求。
- 融合：人工智能生成内容可以生成适应不同用户的内容。例如，对于视觉障碍用户，人工智能可以将文本内容转化为音频；或者根据用户的阅读习惯调整字体大小和对比度，使内容更易于阅读。

（a）输入图像　　　　　　　（b）目标风格　　　　　　　（c）生成图片

图 14-5　风格化的人工智能生成内容

- 案例：例如 Safari 浏览器译文朗读、虎嗅、36kr 的文本调节等，本质是为了照顾弱势群体，让产品更有温度。

（5）吸引力与创意人工智能生成内容。

- 原则：UI 设计应吸引用户的注意力，并提供愉悦的用户体验。
- 融合：人工智能生成内容能生成创意和吸引人的内容，如根据用户兴趣生成个性化的图形设计或视频内容，增加用户的参与度和满意度。
- 案例：许多企业通过人工智能生成内容的帮助生产了大量视觉效果爆炸的宣传图，同时结合人工智能生成内容也参与了相应的视频。

与人工智能生成内容相结合可以让我们更高效、更丰富、更标准地完成设计。

1. 实验目的

（1）熟悉生成式人工智能和人工智能生成内容的相关知识。

（2）熟悉生成式人工智能的预训练语言模型。

（3）熟悉人工智能生成内容的知识、应用及其模型典型案例。

2. 实验内容与步骤

下面以人工智能生成内容为例来设计人机交互界面，尝试开展人工智能生成内容的应用实训，思路是"定义—发散—重组—原型—测试—修改"。

（1）使用"文心一言"询问。简单的询问方法式：角色扮演—问题诉求—寻求答案。

身为一名资深的交互设计师，如果现在想搭建一款工具类产品，这款 App 的主要作用是"寄快递、查快递"，具体应该怎么做？

请组织提示词，尝试多次提问，得到回答，再根据共同的重点提炼关键词。

第一次回答：＿＿＿＿＿＿＿＿＿＿＿＿＿＿＿＿＿＿＿＿＿＿＿＿＿＿＿＿＿＿＿＿

＿＿＿＿＿＿＿＿＿＿＿＿＿＿＿＿＿＿＿＿＿＿＿＿＿＿＿＿＿＿＿＿＿＿＿＿＿＿

＿＿＿＿＿＿＿＿＿＿＿＿＿＿＿＿＿＿＿＿＿＿＿＿＿＿＿＿＿＿＿＿＿＿＿＿＿＿

第二次回答：＿＿＿＿＿＿＿＿＿＿＿＿＿＿＿＿＿＿＿＿＿＿＿＿＿＿＿＿＿＿＿＿

＿＿＿＿＿＿＿＿＿＿＿＿＿＿＿＿＿＿＿＿＿＿＿＿＿＿＿＿＿＿＿＿＿＿＿＿＿＿

＿＿＿＿＿＿＿＿＿＿＿＿＿＿＿＿＿＿＿＿＿＿＿＿＿＿＿＿＿＿＿＿＿＿＿＿＿＿

核心功能：＿＿＿＿＿＿＿＿＿＿＿＿＿＿＿＿＿＿＿＿＿＿＿＿＿＿＿＿＿＿＿＿＿

第 14 课　面向通用人工智能

评价：_____
_____
_____

（2）刨根问底。在得到答案后，借助"文本类人工智能"联系上下文的能力，可以在更深层次上，让大模型直接绘制原型图与信息架构。

请根据以上的回答绘制出这个 App 的框图与信息架构。

回答：_____
_____
_____
_____

信息架构：_____
_____

评价与优化：_____
_____

（3）搭建详细页面。问题已明确，可以开始详细页面搭建，会用到另外两款人工智能工具 Figma（Wireframe Designer 插件）和即时设计（即时人工智能）。

请根据这些内容，搭建一下这款 App 首页的布局。

顶部区域：_____
主功能区：_____
特色服务：_____
底部导航栏：_____

梳理这些信息，结合竞品分析，总结大致的功能结构如下：

- 顶部区域：_____
- 主功能区：_____
- 信息区：_____
- 底部导航栏：_____

梳理信息后代入 Wireframe Designer 插件、即时人工智能。

一个寄快递、查快递的工具类 App，首页分为四个区域：顶部区域展示特色标识，主功能区展示寄快递、查快递两项功能，信息区域展示物流信息（包括未取件、已取件、派送中的状态），底部导航栏为三个状态。

考虑到 Wireframe Designer 工具，需要将其翻译成英文。

（4）人工智能生成内容搭建可视化大屏。这时需要用到三款工具 PS、Figma、Mid Journey。

首先找到 Mid journey，仍然使用"定制化"的方法。

对于一名 Midjourney 专家，现在需要使用 Midjourney 生成数据大屏，背景包含地球元素，请将提示词制作成相应的 Prompt。这里之所以要求以 Prompt 形式，是因为这样它会

243

以代码形式发送，直接单击 Copy code 就可以复制。

或者换个问法：

对于 Midjourney 专家，想生成关于"数据大屏"的图像，应该输入哪些相关的 Prompt。在详细描述之后，得到一个准确的 Prompt：

_____

_____

在使用人工智能工具时会发现，Midjourney、Stable Diffusion、Chat GPT 等，它们看起来更像是一个理性的标准答案，但是设计的本质并不是理性的。理性可以帮助人们做到标准化、一致化，但是真正去从内核影响到人们的一定是设计的表达、对生活的洞察力。

设计是将问题转化为可能性的艺术。这是一个本质上旨在解决问题的过程，也是一种以人为本的创新方法，整合人的需求、技术的可能性和商业成功的要求，更多地去做一些"有温度的作品"。就像理查德·格雷夫说的那样"设计是信息和理解之间的中介。"

3. 实训总结

_____

_____

_____

4. 实训评价（教师）

_____

_____

附 录

附录 A 作业参考答案

第1课
1. C   2. A   3. D   4. B   5. D   6. B   7. C   8. A   9. C   10. D
11. B   12. A   13. C   14. D   15. B   16. A   17. C   18. D   19. B   20. A

第2课
1. D   2. A   3. C   4. B   5. D   6. A   7. D   8. B   9. C   10. D
11. B   12. A   13. C   14. D   15. B   16. D   17. C   18. A   19. B   20. D

第3课
1. B   2. C   3. A   4. D   5. C   6. B   7. A   8. D   9. C   10. B
11. A   12. C   13. D   14. B   15. A   16. C   17. B   18. D   19. A   20. C

第4课
1. B   2. A   3. D   4. C   5. B   6. A   7. D   8. C   9. B   10. A
11. D   12. C   13. B   14. A   15. A   16. B   17. D   18. B   19. A   20. C

第5课
1. D   2. B   3. C   4. A   5. D   6. B   7. C   8. A   9. D   10. B
11. C   12. A   13. D   14. B   15. A   16. C   17. D   18. C   19. A   20. B

第6课
1. A   2. C   3. D   4. B   5. C   6. A   7. D   8. B   9. C   10. A
11. C   12. D   13. B   14. A   15. C   16. B   17. D   18. A   19. C   20. D

第7课
1. A   2. C   3. B   4. D   5. A   6. C   7. B   8. D   9. D   10. A
11. B   12. B   13. A   14. A   15. D   16. B   17. C   18. D   19. A   20. A

第8课
1. C   2. A   3. B   4. A   5. D   6. C   7. B   8. A   9. D   10. B
11. C   12. A   13. D   14. B   15. C   16. D   17. A   18. B   19. D   20. C

245

第 9 课

1. B　2. D　3. A　4. C　5. B　6. C　7. A　8. C　9. A　10. D
11. B　12. C　13. A　14. D　15. B　16. A　17. C　18. D　19. B　20. A

第 10 课

1. A　2. C　3. B　4. D　5. A　6. C　7. B　8. D　9. A　10. C
11. B　12. D　13. A　14. C　15. D　16. A　17. C　18. D　19. D　20. A

第 11 课

1. D　2. B　3. C　4. A　5. B　6. D　7. C　8. A　9. B　10. C
11. D　12. C　13. A　14. B　15. D　16. A　17. C　18. D　19. D　20. A

第 12 课

1. A　2. C　3. B　4. D　5. A　6. C　7. B　8. A　9. C　10. B
11. D　12. A　13. C　14. B　15. D　16. A　17. B　18. C　19. D

第 13 课

1. A　2. D　3. B　4. C　5. A　6. C　7. B　8. D　9. A　10. C
11. D　12. B　13. C　14. D　15. A　16. A　17. C　18. D　19. B

第 14 课

1. A　2. C　3. B　4. D　5. A　6. C　7. B　8. D　9. A　10. B
11. A　12. C　13. B　14. D　15. D　16. A　17. D　18. A　19. B

附录 B　课程学习与实训总结

1. 课程的基本内容

至此，我们顺利完成了"大语言模型"课程的全部教学任务。为巩固通过课程学习和实训活动所了解和掌握的知识和技术，就此做一个系统的总结。由于篇幅有限，如果书中预留的空白不够，请另外附纸张粘贴在边上。

（1）本学期完成的"大语言模型"课程的学习内容主要有（请根据实际完成的情况填写）：

第 1 课：主要内容是_____

_____

_____

第 2 课：主要内容是_____

_____

_____

第 3 课：主要内容是_____

_____

_____

第 4 课：主要内容是_____

第 5 课：主要内容是_____

第 6 课：主要内容是_____

第 7 课：主要内容是_____

第 8 课：主要内容是_____

第 9 课：主要内容是_____

第 10 课：主要内容是_____

第 11 课：主要内容是_____

第 12 课：主要内容是_____

第 13 课：主要内容是_____

第 14 课：主要内容是_____

（2）请回顾并简述：通过学习，你初步了解了哪些有关人工智能和大语言模型的重要概念（至少 3 项）。

①名称：_____

简述：_____

②名称:_____

简述:_____

_____

_____

③名称:_____

简述:_____

_____

_____

2. 对实训活动的基本评价

（1）在全部实训活动中，你印象最深，或者相比较而言认为最有价值的是：

① _____

理由是：_____

_____

_____

② _____

理由是：_____

_____

_____

（2）在实训活动中，你认为应该得到加强的是：

① _____

理由是：_____

_____

_____

② _____

理由是：_____

_____

_____

（3）对于本课程和本书的学习内容，你认为应该改进的其他意见和建议是：

_____

_____

_____

_____

3. 课程学习能力测评

请根据在本课程中的学习情况，客观地在人工智能与大语言模型知识方面对自己做一个能力测评，在表 B-1 的"测评结果"栏中合适的项下打"√"。

表 B-1　课程学习能力测评

关键能力	评价指标	测评结果					备注
		很好	较好	一般	勉强	较差	
课程基础内容	1. 了解本课程概况、知识体系和理论基础						
	2. 熟悉人工智能相关知识						
	3. 熟悉大模型定义与发展						
专业基础知识	4. 了解大模型架构						
	5. 了解大模型人工数据标注						
	6. 了解大模型预训练及其数据						
	7. 了解大模型开发组织						
大模型技术应用	8. 了解基于大模型的智能体技术						
	9. 了解强化学习方法						
	10. 熟悉提示工程技术						
	11. 熟悉微调工程技术						
	12. 熟悉检索增强生成技术						
	13. 熟悉大模型应用框架						
	14. 熟悉人工智能生成内容						
	15. 了解大模型技术的发展与前景						
安全与发展	16. 熟悉大模型技术伦理与限制						
	17. 熟悉生成式人工智能发展						
	18. 了解通用人工智能发展趋势						
解决问题与创新	19. 掌握在线提高专业能力、丰富专业知识的学习方法						
	20. 能根据现有的知识与技能创新地提出有价值的观点						

说明:"很好" 5 分,"较好" 4 分,依此类推。全表满分为 100 分,测评总分为 _____ 分。

4. 大语言模型学习总结

_____
_____
_____
_____
_____
_____

5. 教师对课程学习总结的评价

_____
_____

参考文献

［1］张奇. 大规模语言模型 [M]. 北京：电子工业出版社，2024.

［2］周苏. 人工智能通识教程（微课版）[M]. 2 版. 北京：清华大学出版社，2024.

［3］杨武剑，周苏. 大数据分析与实践：社会研究与数字治理 [M]. 北京：机械工业出版社，2024.

［4］周苏. 大数据导论（微课版）[M]. 2 版. 北京：清华大学出版社，2022.

［5］姚云，周苏. 机器学习技术与应用 [M]. 北京：中国铁道出版社有限公司，2024.

［6］周斌斌，周苏. 工业机器人技术与应用 [M]. 北京：中国铁道出版社有限公司，2024.

［7］周斌斌，周苏. 智能机器人技术与应用 [M]. 北京：中国铁道出版社有限公司，2022.

［8］孟广斐，周苏. 智能制造技术与应用 [M]. 北京：中国铁道出版社有限公司，2022.

［9］周苏. 创新思维与 TRIZ 创新方法（创新工程师版）[M]. 北京：清华大学出版社，2023.